网络安全部署
（第2版）

郭 琳 编著

清华大学出版社
北京

内 容 简 介

本书是省级资源共享课程建设项目的配套教材,基于"项目驱动、任务导向"的项目教学方式编写而成,体现了"基于工作过程"的教学理念。

本书以 Windows 7、Kali Linux、Windows Server 2012、Packet Tracer 和 eNSP 为实验平台,结合了职业资格认证 CCNA、HCNA 的相关知识及全国职业技能大赛"信息安全技术应用""信息安全管理与评估"赛项的操作内容。全书包括常见网络攻击分析、主要防护技术分析以及企业网中主要网络设备的安全设置 3 大学习情境,共 20 个教学实训项目。书中每个项目内容设置均按"用户需求与分析""预备知识""方案设计""项目实施""常见问题解答"和"认证试题"的思路编写任务描述与实施流程,使教、学、做融为一体,实现理论与实践的完美统一。

本书可作为高职高专院校计算机网络技术专业、信息安全技术专业、计算机应用技术专业和网络系统管理专业的理论与实践一体化教材,也可作为广大网络管理人员、安全维护人员及技术人员学习网络安全知识的参考书或培训教材。

本书封面贴有清华大学出版社防伪标签,无标签者不得销售。

版权所有,侵权必究。举报:010-62782989,beiqinquan@tup.tsinghua.edu.cn。

图书在版编目(CIP)数据

网络安全部署/郭琳编著.—2 版.—北京:清华大学出版社,2018(2024.7 重印)
(高职高专计算机教学改革新体系规划教材)
ISBN 978-7-302-48470-7

Ⅰ. ①网… Ⅱ. ①郭… Ⅲ. ①计算机网络—网络安全—高等职业教育—教材 Ⅳ. ①TP393.08

中国版本图书馆 CIP 数据核字(2017)第 225759 号

责任编辑:孟毅新
封面设计:傅瑞学
责任校对:袁 芳
责任印制:刘 菲

出版发行:清华大学出版社
   网   址:https://www.tup.com.cn,https://www.wqxuetang.com
   地   址:北京清华大学学研大厦 A 座   邮 编:100084
   社 总 机:010-83470000   邮 购:010-62786544
   投稿与读者服务:010-62776969,c-service@tup.tsinghua.edu.cn
   质量反馈:010-62772015,zhiliang@tup.tsinghua.edu.cn
   课件下载:https://www.tup.com.cn,010-62770175-4278
印 装 者:三河市龙大印装有限公司
经 销:全国新华书店
开 本:185mm×260mm 印 张:24.25 字 数:558 千字
版 次:2012 年 11 月第 1 版 2018 年 1 月第 2 版 印 次:2024 年 7 月第 5 次印刷
定 价:69.00 元

产品编号:075159-02

本书第 1 版出版以来,受到广大师生的欢迎,被许多高职院校选用。"网络安全部署"课程成为省级资源共享建设项目后,在紧扣专业教学标准、教学大纲及课程标准的基础上,为保持教材内容的先进性,充分反映学科最新研究成果和产业发展新动态,在广泛征集行业专家、一线教师和学生的意见和建议之下进行配套教材修订。

1. 本书特点

(1) 实验内容满足操作系统升级要求,与时俱进求发展。实验环境中的客户机系统从 Windows XP 升级到 Windows 7,服务器的版本从 Windows Server 2003 升级到 Windows Server 2012,删除了陈旧的内容,增加了渗透测试平台 Kali Linux 的安装与配置、利用 Kali 进行信息搜集与漏洞扫描、SQL 注入攻击、Linux 系统加固、AAA 配置的讲解,丰富了教材内容及配套资源。

(2) 突破实验设备品牌单一的局限,满足更多学习者的实验需求。在学习情境三中,若使用某一品牌的硬件设备,在教学中会具有一定的产品局限性。本书的设备配置实验内容是基于 Packet Tracer 和 eNSP 模拟器的使用,降低了项目教学对网络硬件环境的要求,便于教材的使用。

(3) 技能大赛助推内容更新,完善教材知识体系。本书将全国职业技能大赛"信息安全技术应用""信息安全管理与评估""云安全"赛项中的技能操作内容添加到教材中。全国职业技能大赛竞赛项目是企业和社会需求的风向标,比赛内容常涉及最新技术和核心内容,本书内容与大赛内容相衔接,引入大赛中最新技术和经典案例,促进学校与企业的深度结合,让学生熟练掌握核心和前沿技术。

(4) 职业资格考证是对教育教学改革成果、对教材修订水平和质量的检验。在本书的过关练习中,增加了职业资格认证 CCNA、HCNA、CCNP 和 HCNP 涉及的网络安全知识,为学生成为网络安全管理员、网络安全工程师搭建桥梁。

2. 配套资源

本书是基于工作过程导向的教、学、做一体化的工学结合教材,集项目教学与实训为一体，便于教师通过"创设情境，引出任务""师生互动，分析任务""新知引入，分解任务""分组合作，完成任务""检查结果，多维反馈"和"总结点评，拓展提高"六个步骤完成引导教学。

本书是省级资源共享课程建设项目的配套教材，教学资源丰富，所有实训指导资料、学习指南、教学录像和实验视频全部放在课程网站上，供下载学习和在线收看。本书配套的电子课件、课程标准、授课计划、工具软件和试题答案等教学资源，任课教师可登录清华大学出版社网站（www.tup.com.cn）免费下载，也可与编著者联系索取基本教学资源（E-mail：85036@qq.com）。

3. 合作与致谢

全书由郭琳编写。在本书的编写过程中，得到了北京信息职业技术学院、上海信息职业技术学院、清华大学网络科学与网络空间研究院、深圳职业技术学院、广东科学技术职业学院、广东技术师范学院、乐山职业技术学院、广州国为信息科技有限公司、广州中星信息技术服务股份有限公司、星网锐捷网络股份有限公司等兄弟院校和企事业单位的大力支持，在这里一并表示感谢；另外向朱义勇、张宇辉、龚发根、李军、钟名春、池瑞楠、王隆杰、喻涛、胡燏、陈智龙、吴晓永、李超对本书出版作出的特殊贡献深表谢意！

由于编著者水平有限，书中难免有不足之处，敬请广大读者批评、指正。

编著者

2017 年 12 月

目 录

CONTENTS

学习情境一　常见网络攻击分析

学习情境二　主要防护技术分析

学习情境一

常见网络攻击分析

随着互联网的飞速发展,网络的安全问题也显得日益重要。每一台与互联网连接的计算机都有可能成为黑客的攻击对象。对于那些防范意识较差或者对网络安全不甚了解的用户,都极易成为黑客攻击的目标。当计算机用户上网聊天、浏览网页、下载文件时,无论是登录账号、密码,还是电子邮件,甚至涉及商业秘密的文档都有可能被黑客偷窥。学习情境一主要对黑客的定义、历史、常用的攻击工具及手段做了详尽的叙述,以实际的案例,带领大家进入黑客的世界,以实例的方式让人们了解黑客的攻击手法,从而采取各种防护策略,让黑客无从下手,让系统更为安全。

黑客技术就像一把双面的利刃,它可以入侵他人的计算机,但是人们也可以通过了解黑客入侵的手段,掌握如何防护自己的计算机,以保护计算机不受他人的入侵。通过本学习情境所有项目的实践,揭秘黑客攻击的手法;盘点包括常见的黑客命令、端口扫描与入侵、局域网嗅探、远程控制、拒绝服务攻击等当前比较流行的黑客入侵技术;让大家对常见的网络攻击手段了如指掌;使用攻防互渗的防御方法,全面确保用户的网络安全。

本学习情境需要完成的项目有:

项目 1　常用黑客命令的使用

项目 2　黑客操作系统 Kali Linux 的安装与设置

项目 3　利用 Kali Linux 收集及利用信息

项目 4　漏洞扫描

项目 5　密码破解

项目 6　网络监听工具的使用

项目 7　远程控制

项目 8　拒绝服务攻击

项目 9　SQL 注入攻击

常用黑客命令的使用

1.1 用户需求与分析

提起网络安全问题，人们便不由自主地联想到黑客，将他们和破坏网络安全、盗取网络账户等问题联系起来。由于少数高水平的黑客可以随意入侵他人的计算机，并在被攻击者毫不知晓的情况下窃取计算机中的信息后悄悄退出，于是人们对此产生了较强的好奇心和学习黑客技术的欲望，并在了解黑客攻击技术之后不计后果地进行尝试，给网络带来了极大的威胁。黑客进行攻击的常见理由有：想在别人面前炫耀一下自己的技术，让别人更崇拜自己；看不惯某人、某单位的某些做法，攻击他的计算机算是一种教训；纯粹为了好玩、恶作剧；练习，为了成为一个高手做实验；窃取数据，谋取经济利益。其实黑客及黑客技术并不神秘，也不高深。一个普通的网民在具备了一定的基础知识后，也可以成为一名黑客。黑客技术是一把双刃剑，通过它既可以入侵他人的计算机，又可以了解黑客的入侵手段、掌握保护计算机、防范入侵的方法。在学习黑客技术时，应该首先明确学习的正确目的。

DOS(Disk Operating System，磁盘操作系统)操作系统采用命令提示符界面，直接运行系统中的命令提示符来完成。在使用 DOS 时，所有的核心启动程序都被临时存储在内存中，用户可以随意使用。黑客在入侵的过程中会使用各种网络命令进行探测并获得信息，这些命令也是黑客入门最基本的要求。熟练使用这些命令，将为信息收集和安全防御带来极大便利。在这一项目里将介绍黑客常用的一些命令。

1.2 预 备 知 识

1.2.1 网络安全简介

随着信息科技的迅速发展以及计算机网络的普及，计算机网络深入国家的政府、军事、文教、金融、商业等诸多领域，可以说网络无处不在。资源共享和计算机网络安全一直作为一对矛盾体而存在着，计算机网络资源共享进一步加强，信息安全问题日益突出。

2017年1月22日,中国互联网络信息中心(CNNIC)在北京发布第39次《中国互联网络发展状况统计报告》,如图1-1所示。报告显示,截至2016年12月底,中国网民规模达到7.31亿,全年新增网民4299万人,增长率为6.2%。中国网民规模已经相当于欧洲人口总量。互联网普及率较上年提升2.9个百分点,达到53.2%,超过全球平均水平3.1个百分点,超过亚洲平均水平7.6个百分点。手机网民达到6.95亿,增长率连续3年超过10%。台式计算机、笔记本电脑的使用率均出现下降,手机不断挤占其他个人上网设备的使用。2016年,我国手机网上支付用户规模增长迅速,达到4.69亿,年增长率为31.2%,网民手机网上支付的使用比例从57.7%提升至67.5%,有50.3%的网民在线下实体店购物时使用手机支付结算。三成网民使用线上政务办事,互联网推动服务型政府建设及信息公开。截至2016年12月底,中国域名总数达到4228万个,国家顶级域名.cn的注册量达到2061万个,占中国域名总数的78.7%。我国境内外上市互联网企业数量达到91家,总体市值为5.4万亿元人民币,其中腾讯公司和阿里巴巴公司的市值总和超过3万亿元人民币。企业的计算机使用、互联网使用以及宽带接入已全面普及,分别达到99%、95.6%和93.7%,企业在线销售、在线采购的开展比例实现10个百分点的增长,分别达到45.3%和45.6%,互联网营销推广比例达38.7%,有六成企业建有信息化系统,相比去年提高13.4个百分点。

图1-1　"中国互联网络信息中心"网站

网络应用已经渗透到现代社会生活的各个方面,包括电子商务、电子政务、电子银行等领域。至今,网络安全不仅成为商家关注的焦点,也是技术研究的热门领域,同时也是国家和政府的行为。信息安全空间成为传统的国界、领海、领空三大国防和基于太空的第四国防之外的第五国防,"国家互联网应急中心"网站如图1-2所示。

图 1-2 "国家互联网应急中心"网站

国家计算机网络应急技术处理协调中心(简称 CNCERT/CC)在 2017 年 2 月发布的《CNCERT 互联网安全威胁报告》中指出,2017 年 2 月我国基础网络运行总体平稳,未发生较大规模网络安全事件,但存在一定数量的流量不大的针对互联网基础设施的拒绝服务攻击事件。政府网站和金融行业网站仍然是不法分子攻击的重点目标,安全漏洞是重要联网信息系统遭遇攻击的主要内因。在网络病毒活动情况方面,境内感染网络病毒的终端数约为 118 万个。2017 年 2 月境内近 66 万个 IP 地址对应的主机被木马或僵尸程序控制,按地区分布感染数量排名前三位的分别是广东省、江苏省和河南省。木马或僵尸网络控制服务器 IP 总数为 14489 个,其中,境内木马或僵尸网络控制服务器 IP 数量为 10030 个,按地区分布数量排名前三位的分别是广东省、山东省、浙江省。境外木马或僵尸网络控制服务器 IP 数量为 4459 个,主要分布于美国、俄罗斯、日本。其中位于美国的控制服务器控制了境内 313300 个主机 IP,控制境内主机 IP 数量居首位,其次是位于中国台湾和荷兰的 IP 地址,分别控制了境内 23964 个和 23683 个主机 IP。其中,境内 8904 万个用户感染移动互联网恶意程序,按地区分布感染数量排名前三位的分别是广东省、四川省和上海市。恶意程序累计传播 32 万次。各安全企业报送的恶意代码捕获数量中,瑞星公司截获的新增病毒种类较上月增长 29.1%,猎豹移动报送的计算机病毒事件数量较上月下降 2.3%;在网站安全方面,本月境内被篡改网站数量为 4493 个,其中被篡改的政府网站 165 个,占境内被篡改网站的 3.7%。境内被篡改网站数量按地区分布排名前三位的分别是广东省、北京市、河南省。按网站类型统计,被篡改数量最多的是.com 域名类网站,其多为商业类网站,被篡改的.gov 域名类网站有 165 个,占境内被篡改网站的 3.7%。境内被植入后门的网站数量为 3228 个,境内被植入后门的网站数量按地区分布排名前三位的分别是广东省、北京市、河南省。按网站类型统计,被植入后门数量最多的是.com 域名类网站,多为商业网站,被植入后门的政府网站有 109 个,占境内被植入后门网站的3.4%。境外 2450 个 IP 地址通过植入后门对境内 3090 个网站实施远程控制。针对境内网站的仿冒页面数量为 2120 个,涉及域名 1717 个,IP 地址 552 个,平均每个 IP 地址承载 4 个仿冒页面,这些仿冒页面绝大多数是仿冒我国金融机构和著名社会机构。这 552 个 IP 中,94.0%位于境外,主要位于中国香港和美国。安全漏洞方面,国家信息安全漏洞共享平台(CNVD)收集整理信息系统安全漏洞 998 个,其中,高危漏洞 388 个,可被利用来实施远程攻击的漏洞有 893 个。受影响的软硬件系统厂商包括 Adobe、CISCO、Drupal、Google、IBM、Microsoft、Mozilla、WordPress 等。按漏洞类型排名前三位的分别是应用程序漏洞、Web 应用漏洞、操作系统漏洞;事件受理方面,2017 年 2 月 CNCERT 接收网络安全事件报告 7309 件,数量排名前三位的分别是漏洞、恶意程序和网页仿冒。

1.2.2　黑客的定义

黑客是对英语 hacker 的翻译,hacker 原意是指用斧头砍柴的工人,最早被引进 IT 世界则可追溯自 20 世纪 60 年代。他们破解系统或者网络基本上是一项业余嗜好,通常是出于自己的兴趣,而非为了赚钱或工作需要。当时麻省理工学院(MIT)的学生通常分为两派:一派是 tool,意指"乖乖学生",成绩都拿甲等;另一派则是所谓的 hacker,也就是常逃课、上课爱睡觉,但晚上却又精力充沛喜欢搞课外活动的学生。真正一流 hacker 并非整天不学无术,而是会热衷追求某种特殊嗜好,比如研究电话、无线电,或者是计算机。也因此后来才有所谓的 computer hacker 出现,意指计算机高手。有些人很强调黑客和骇客的区别,认为黑客是有建设性的,而骇客则专门搞破坏。对一个黑客来说,学会入侵和破解是必要的,但最主要的还是编程。对于一个骇客来说,他们只追求入侵的快感,不在乎技术,他们不会编程,不知道入侵的具体细节。还有一群人被称作"白帽黑客"或"匿名客"(sneaker)或"红客",他们通常是信息安全公司的雇员,并在完全合法的情况下攻击某系统。他们的工作是试图破解某系统或网络以提醒该系统所有者系统的安全漏洞。

1.2.3　黑客的历史

黑客的早期历史可以追溯到 20 世纪五六十年代,麻省理工学院(MIT)率先研制出"分时系统",学生们第一次拥有了自己的计算机系统。不久之后,学生们中出现了一批狂热分子,称自己是黑客,他们要彻底破坏大型主机的控制。

1961 年拉塞尔的三位大学生编写了第一游戏程序"空间大战"。其他学生也纷纷编写出更多好玩的游戏,比如象棋程序、留言软件等。他们属于第一代黑客,开发了大量有实用价值的应用程序。

20 世纪 60 年代中期,贝尔实验室的邓尼斯·里奇和肯·汤姆森编写出 UNIX 操作系统和 C 语言,推动了工作者计算机和网络的成长。MIT 的理查德·斯德尔曼成立了自由软件基金会,成为国际自由软件运动的精神领袖。他们是第二代黑客的代表人物。

1975 年,爱德华·罗伯茨发明第一台微型计算机。美国的计算机爱好者组织成立了"家庭酿造计算机俱乐部",相互交流组装计算机的经验,他们属于第三代黑客。

1970 年,约翰·达帕尔利用口哨玩具开启电话系统,进行免费的长途通话。因盗用电话线路而多次被捕。

1982 年年仅 15 岁的凯文·米特尼闯入了北美空中防务指挥系统,这是首次发现的从外部入侵的网络事件。他后来连续进入美国多家大公司的计算机网络,1944 年向圣迭戈超级计算机中心发动攻击。他是著名的世界头号黑客,曾多次入狱,被指控偷窃了数以千计的文件并非法使用多张信用卡。

1984 年,德国汉堡出现了混沌计算机俱乐部(CCC),1987 年,CCC 的成员攻入了美国宇航局的 SPAN 网络。美国黑客戈德斯坦创办了著名的黑客杂志:The Hack Quarterly。

1988 年,美国康奈尔大学学生罗伯特·莫里斯向互联网释放蠕虫病毒,导致 10% 以上的网络计算机同时出现故障,造成用户直接经济损失近 1 亿美元。

1995 年,俄罗斯黑客列文在英国被捕。他被指控从纽约花旗银行非法转移至少 370 万美元。

1999 年,美国黑客戴维·斯密斯制造了梅丽莎病毒,通过互联网在全球感染数百万台计算机和数万台服务器。

2000 年,全世界黑客联手发动的黑客战争,袭击了互联网最热门的八大网站,包括 Yahoo 和微软,造成网站瘫痪数小时,17 亿美元的经济损失。菲律宾学生奥内尔·古兹曼制造的爱虫病毒,因计算机瘫痪造成的经济损失高达 100 亿美元。

1.2.4　端口概述

端口是计算机与外界通信交流的出口。根据端口的性质可以分为以下三类。

(1) 公认端口,也称为"常用端口"。范围为 0~1023,它们紧密绑定于一些特定的服务。通常这些端口的通信能够明确地表明某种服务的协议,这种端口是不可以被其他的协议所占用的。例如 21 端口就是 FTP(文件传送协议)的端口,23 号端口则是 Telnet 服务专用的,而 80 端口实际是 HTTP 通信所使用的,这些端口通常不会被黑客程序利用。

(2) 注册端口的范围是 1024~49151。它们分散地绑定于一些服务,也就是说有很多服务绑定于这些端口,这些端口同样用于许多其他目的。这些端口大多数没有明确的定义服务对象,不同的程序可以根据实际需要自行定义。

(3) 动态和私有端口号的范围是 49152~65535,理论上不应该把常用服务分配在这些端口上。但实际上有些较为特殊的程序,特别是一些木马程序就非常喜欢用这些端口,因为这些端口一般不被引起注意,非常容易隐蔽。

1.3　方案设计

方案设计如表 1-1 所示。

表 1-1　方案设计

任务名称	常用黑客命令的使用
任务分解	1. 熟悉黑客常用的 DOS 命令 （1）了解 DOS 命令的格式 （2）熟悉黑客常用的目录操作命令 （3）熟练掌握黑客常用的文件操作命令 2. 掌握黑客常用的网络命令 （1）使用 net 命令发动 IPC＄攻击 （2）利用 telnet 命令进行远程登录 （3）利用计划管理程序 at 命令创建后门账号 （4）利用 arp 命令防范 ARP 攻击 （5）使用 netstat 命令查看计算机是否"身处险境" （6）利用 tracert 命令确定访问目标通过的路径 （7）使用 route 命令查看修改路由条目
能力目标	1. 能使用 dir、cd、md、rd 命令进行目录操作 2. 能使用 copy、type、ren、del 命令进行文件操作 3. 能使用 netstat 命令查看网络状态 4. 能使用 net user 命令显示、修改、添加或删除账户 5. 能使用 net localgroup 命令提升、降低账户权限 6. 能使用 net share 命令创建、删除共享资源 7. 能使用 net view 命令显示域列表、计算机列表或指定计算机共享资源列表 8. 能使用 net use 命令建立 IPC＄通道 9. 能使用 telnet 命令远程登录其他计算机 10. 能使用 arp 命令显示和修改本地 arp 列表 11. 能使用 at 命令在指定时间运行命令和程序 12. 能使用 netstat 命令显示计算机的连接状态 13. 能使用 tracert 命令显示途径路由器的 IP 地址 14. 能使用 route 命令显示、添加和删除路由条目
知识目标	1. 了解网络安全的重要意义 2. 熟悉黑客的定义 3. 了解黑客的发展历史 4. 熟悉黑客入侵的一般过程 5. 了解端口的作用和分类
素质目标	1. 掌握网络安全行业的基本情况 2. 培养良好的职业道德 3. 培养创新能力 4. 树立较强的安全、节约、环保意识 5. 培养良好的沟通与团队协作能力

1.4 项目实施

一般来说,黑客对计算机进行攻击的步骤大致相同,主要包括扫描漏洞、试探漏洞、取得权限与提升权限、木马入侵、建立后门与清理痕迹。其中扫描系统开放的端口、创建用户、提升用户权限等操作均可以使用系统自带命令完成。

1.4.1 任务1:熟悉黑客常用的DOS命令

1. 任务目标

DOS命令是黑客们必须掌握的技能,黑客入侵系统后,对目录和文件的操作是必不可少的,下面简单介绍一下黑客常用的目录和文件操作命令。

2. 工作任务

(1)了解DOS命令的格式。
(2)熟悉黑客常用的目录操作命令。
(3)熟练掌握黑客常用的文件操作命令。

3. 工作环境

一台预装Windows 7系统的主机。

4. 实施过程

1)了解DOS命令的格式
DOS命令的语法格式如下。

[<盘符>][<路径>]<命令名>[<开关>][<参数>]

其中,[<盘符>]就是DOS命令所在盘符。[<路径>]是DOS命令所在具体位置,若使用系统自带的DOS命令则[<盘符>][<路径>]两项一般可以省略。<命令名>决定命令执行的功能,是MS-DOS命令中不可缺少的部分。[<开关>]通常是一个字母或数字,用于指定命令实施操作的方式,开关前要使用一个斜杠/。例如dir命令中使用开关/P来分屏显示文件列表。[<参数>]通常用于指定操作的具体对象,有些命令可能需要多个参数,有些命令可能不需要参数,例如清屏命令cls。需要注意的是DOS命令不分大小写。

2)熟悉黑客常用的目录操作命令
黑客常用的目录操作命令有dir、cd、md、rd等,下面一一详细介绍。

(1)dir命令。dir命令是英文单词Directory(目录)的缩写,功能是显示一个磁盘上全部或部分文件目录,显示的文件信息包括文件名、扩展名、文件长度、修改日期和时间等,但不显示文件的具体内容。命令dir C:\Windows\可以查看指定文件夹下的文件,其效果与在 C:\Windows 下执行 dir 命令完全一样。命令 dir/p 可以分屏和分栏显示文件，效果如图 1-3 所示。若计算机显示完一屏内容后，暂停下来，在屏幕底部有一行英文"press any key to continue..."，它的中文含义是"按任意键继续..."，此时按键盘上任意键即可继续显示下一屏。若要完整显示当前目录，可以使用/w 参数，该参数将文件的大小和生成时间均省略，可以显示更多的文件和文件夹。如果不知道文件的具体位置，可以使用/s 来查找，例如命令 dir/s bears.jpg 可以查找 bears.jpg 文件。直接使用 dir 命令看不

图 1-3　dir 命令应用举例

到当前目录中隐藏文件和系统文件,使用命令 dir/a:h 可以显示当前目录下的隐藏文件。DOS 命令支持使用通配符,因此可以使用 dir 命令查找和显示某一类文件,例如要显示所有扩展名为 .txt 的文件,可以使用命令 dir/s *.txt,效果如图 1-3 所示。

（2）cd 命令。cd 是英文 Change Directory（改变目录）的缩写,要进入一个目录就需要使用 cd 命令。其语法格式如下。

```
cd[<路径>]
chdir [<路径>]
```

命令 cd.. 用于退出上一级目录,如果进入目录较深,则需要多次执行 cd.. 才能退回到根目录,也可以直接执行命令cd\直接返回到根目录,如图 1-4 所示。注意 cd Windows 和 cd \Windows 命令不同,cd Windows 指进入当前目录下的 Windows 子目录,如果当前没有该子目录

图 1-4　cd 命令应用举例

则会出错,而 cd \Windows 指进入当前盘符根目录下的 Windows 子目录中,前者 Windows 目录称为"相对路径",后者 Windows 目录称为"绝对路径"。

（3）md 命令。在 DOS 下建立新目录使用 md 命令,其语法格式如下。

```
md <路径>
mkdir <路径>
```

其中,<路径>的最后是所建立的新子目录名称,路径既可以用相对路径也可以用绝对路径。假设当前目录为 C 盘根目录 C:\,在当前根目录下创建一个新目录 back,执行命令 md back,当前根目录中就多了一个 back 目录,如图 1-5 所示。注意,在同一磁盘的同一目录中不允许有同名的目录和文件,但在不同的目录中,子目录和文件名可以相同。

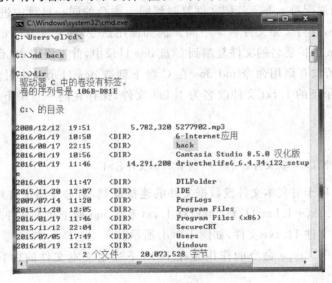

图 1-5　md 命令应用举例

（4）rd命令。在DOS下可以用rm命令和rd命令删除目录和文件夹。其语法格式如下。

　　rm <路径>
　　rd <路径>

rd命令只可删除空文件夹，如果该文件夹下游其他目录或文件存在，则需要先删除最深层的目录，最后再删除该目录。例如使用命令 rd back1 删除当前目录中不需要的back1目录。注意rd命令用于删除目录，删除文件则用del命令。

3）熟练掌握黑客常用的文件操作命令

黑客常用的文件操作命令有copy、type、ren、del等，下面进行详细介绍。

（1）copy命令。copy的中文含义是复制，可以把磁盘上的文件复制到另外位置，也可以把文件复制到同一个路径下，使用一个新的文件名，文件内容保持不变。

语法格式1：

　　copy con: [<目标文件名>]

执行此命令后，光标停在命令行的下一行等待输入数据，每输入完一行都要按Enter键换行，当全部数据输入完毕，按F6和Enter键，刚输入的所有内容就被存储在指定的文件中，这种方式一般用于创建新的文本文件。例如在C盘根目录下使用命令 copy con 1.txt，创建内容为"hi，everyone！"的文本文件1.txt，创建方式如图1-6(a)所示。

语法格式2：

　　copy <源文件名> [<目标文件名>]

该命令将<源文件名>指定的一个文件或一类文件复制到[<目标文件名>]下，源文件的内容不变。如果希望文件复制后重新命名，则<目标文件名>不可省略，且<源文件名>不可使用通配符 * 等。若把文件复制到同一磁盘的同一目录中进行，则<目标文件名>不可省略，且与<源文件名>不同。例如使用命令 copy * .txt c:\dos 将当前目录下所有以.com为扩展名的文件复制到C盘dos目录中，首先使用dir命令确定C盘是否有dos目录，若没有则用命令 md dos 在C盘下创造dos目录。使用命令 copy 1.txt 1.bat 将当前目录下的1.txt文件改名为1.bat文件，保存在同一目录下，如图1-6(b)和图1-6(c)所示。

语法格式3：

　　copy <源文件名1>+<源文件名2>[+ …] [<目标文件名>]

该命令只适应于对文本文件或数据文件的连接复制，对命令型文件则无意义。例如使用命令 copy 1.txt+1.bat 11.txt 可以将1.txt和1.bat两个文本文件的内容相连合并成一个新的文本文件11.txt文件，如图1-6(d)所示。

（2）type命令。type命令的作用是在DOS下显示文本文件的内容。其语法格式如下。

　　type <文件名全称>

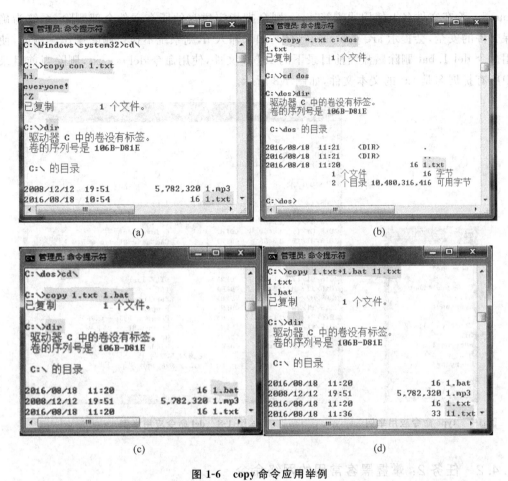

图1-6 copy命令应用举例

要显示的文件名不能使用通配符,若文件很长不能在显示中自动停止,则可以通过按Pause键暂停来阅读屏幕内容。例如,使用命令type 1.txt来显示当前目录下文件11.txt中的内容,如图1-7所示。

(3) ren命令。ren是rename的缩写,用于给文件重命名。其语法格式如下。

```
ren <旧文件名> <新文件名>
rename <旧文件名> <新文件名>
```

改名后原文件名消失,新文件列于磁盘目录中,文件内容不变,旧文件名若不存在或新文件名已存在均会导致错误信息返回。例如,可以使用命令ren 1.txt 1back.txt将当前目录下的1.txt改名为1back.txt。

(4) del命令。在DOS下删除文件用del命令。其语法格式如下。

```
del <文件名全称> [/P]
```

该命令将指定的一个或一类文件从磁盘目录中删除,原文件所占用磁盘空间被释放,/P选项删除文件之前等待用于确认。如果所删除文件不存在,则系统提示file no found。若在文件名上使用通配符 * . * 则会把指定磁盘的所有文件全部删除，系统为确保文件的安全，会提示 are you sure(y/n)，如果输入 n，则系统不执行删除操作。例如，使用命令 del 1.bat 删除磁盘当前目录下的 1.bat 文件，使用命令 del * .txt，删除当前目录中所有扩展名是 txt 的文本文件，如图 1-8 所示。

图 1-7　type 命令应用举例　　　　　　图 1-8　del 命令应用举例

1.4.2　任务 2：掌握黑客常用的网络命令

1. 任务目标

熟练掌握使用 net 命令显示、修改、添加或删除账户，提升、降低账户权限，创建、删除共享资源，启动、停止 Windows 网络服务，向网络的其他用户、计算机发送消息，显示域列表、计算机列表或指定计算机共享资源列表，熟练掌握使用系统自带命令 netstat 命令查看网络连接情况，能熟练使用 tracert 命令确定 IP 数据包访问目标所通过的路径，使用 route 命令查看、添加、修改和删除路由条目。

2. 工作任务

（1）使用 net 命令发动 IPC $ 攻击。

（2）利用 telnet 命令进行远程登录。

（3）利用计划管理程序 at 命令创建后门账号。

（4）利用 arp 命令防范 ARP 攻击。

（5）使用 netstat 命令查看计算机是否"身处险境"。

（6）利用 tracert 命令确定访问目标通过的路径。

（7）使用 route 命令查看修改路由条目。

（8）使用 nslookup 命令查询域名信息。

3. 工作环境

两台预装 Windows 7 系统的主机，通过网络相连。

4. 实施过程

1）使用 net 命令发动 IPC ＄ 攻击

net 命令功能强大，以命令行方式执行，使用它可以轻松地管理本地或远程计算机的网络环境以及各种服务程序的运行和配置。它还包括多个不同的附加命令，通过这些命令可以添加、删除、显示本地组，连接计算机或共享资源，启动、停止服务，添加、删除用户账户，提升或降低用户权限等各种重要功能。下面就介绍 net 命令中一些常用命令的基本功能。

（1）net user 命令。该命令主要用来显示账户信息，修改、添加或删除账户。下面就以创建一个名为 vip 的受限账户，然后将其升级为超级管理员账户为例，介绍 net user 命令的使用方法。

① 选择"开始"→"所有程序"→"附件"→"命令提示符"命令，打开命令提示符窗口。

② 创建一个名为 vip 的受限账户。在命令提示符窗口中执行 net user vip 123 /add 命令即可创建一个名为 vip、密码为 123 的受限账户，如图 1-9 所示。此时打开计算机管理的本地用户和组即可看到刚创建的受限账户，如图 1-10 所示。

图 1-9　添加账号

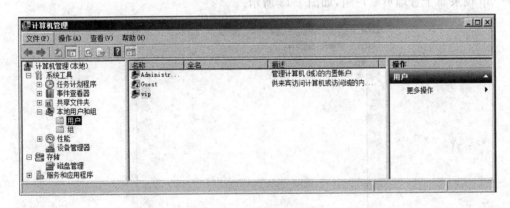

图 1-10　查看受限账号

③ 如果用户想要将该账户提升为管理员账户，可以在命令提示符窗口中执行 net localgroup administrators vip /add 命令，如图 1-11 所示。此时打开计算机管理查看该账

户的属性，可看到账户 vip 已经隶属管理员账户组，如图 1-12 所示。

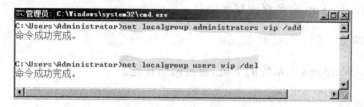

图 1-11　提升和降低账号权限

图 1-12　查看账号属性

④ 如果用户想要将该账户从一般用户组 users 里删除，可以在命令提示符窗口中执行 net localgroup users vip /del 命令，此时打开计算机管理查看该账户的属性，可看到账户 vip 仅隶属于管理员账户组，如图 1-13 所示。

图 1-13　此时账户 vip 仅隶属于管理员账户组

　　⑤ 如果用户想要将该账户从超级用户组 Administrators 中删除,可以在命令提示符窗口中执行 net localgroup administrators vip /del 命令,此时打开计算机管理查看该账号属性,可发现账户 vip 已经不属于 Administrators 组,权利已经降级。

　　⑥ 如果用户想要删除刚才创建的账户,可以在命令提示符窗口中执行 net user vip /del 命令,此时即可将创建的账户 vip 删除。此时打开计算机管理的本地用户和组就看不到刚创建的受限账户 vip 了。

　　⑦ 可以使用 net 命令创建账户 guolinvip,并将其添加到超级用户组,或者从超级用户组删除,创建账户 guolintelnet,并将其添加到 telnetclients 组,创建账户 guolindesktop,并将其添加到 remote desktop users 组。

　　(2) net share 命令。该命令的作用是创建、删除共享资源。下面就以将本地磁盘 C 设为最多允许 60 人访问的共享磁盘为例,介绍 net share 命令的使用方法。

　　① 在 Windows 7 中,按 Win+R 组合键,弹出"运行"对话框,输入 cmd,然后单击"确定"按钮。

　　② 首先将本地磁盘 C 共享,并设置最大共享人数为 60 人。在命令提示符窗口中执行 net share c=c:/user:60 命令,即可将本地磁盘 C 设为最多允许60人访问的共享磁盘,如图 1-14 所示。

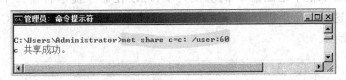

图 1-14　共享 C 盘

　　③ 在"我的电脑"窗口中右击,从弹出的快捷菜单中选择"刷新"命令可以查看结果,在磁盘 C 图标上有一个"两人头像",如图 1-15 所示。

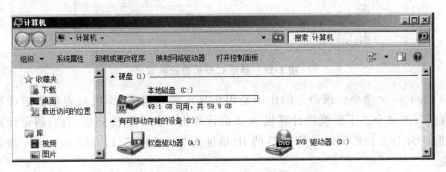

图 1-15　C 盘共享后图标发生变化

　　④ 如果想要取消本地磁盘 C 的共享,可以在命令提示符窗口中执行 net share c /del 命令。

　　⑤ 如果将本次磁盘 C 设置为隐藏共享,在命令提示符窗口中执行 net share c$=c: 命令,如图 1-16 所示,即可将本地磁盘 C 设为隐藏的共享磁盘。即在"我的电脑"窗口中右击,从弹出的快捷菜单中选择"刷新"命令也看不到 C 盘图标共享的"头像"。

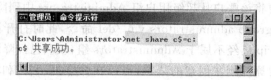

图 1-16　C 盘隐藏共享

⑥ 只有在命令提示符窗口中执行 net share 命令，才可以看到隐藏的共享磁盘 C，如图 1-17 所示。

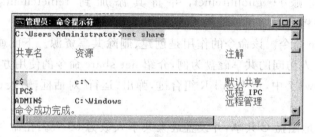

图 1-17　查看共享磁盘

⑦ 如果想要取消本地磁盘 C 的隐藏共享，可以在命令提示符窗口中执行 net share c$ /del 命令，这时在命令提示符下执行 net share 命令，可以看到磁盘 C 没有隐藏共享了，如图 1-18 所示。

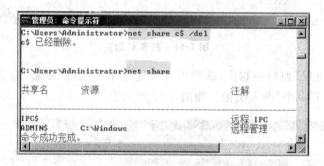

图 1-18　删除 C 盘的隐藏共享

（3）net view 命令。该命令的作用是用于显示域列表、计算机列表或指定计算机共享资源列表的命令。下面就以计算机 A 查询计算机 B 共享资源列表为例，假定计算机 A 的 IP 地址为 192.168.5.2，计算机 B 的 IP 地址为 192.168.5.1，介绍 net view 命令的使用方法。

① 在计算机 A 的命令提示符窗口中执行 net view 命令，即可显示计算机 A 的当前域中的计算机列表。

② 在计算机 A 的命令提示符窗口中执行 net view 192.168.5.1 命令，查看计算机 B 的共享资源。如果弹出错误提示"发生系统错误 5，拒绝访问"，如图 1-19 所示。则需要在计算机 A 中添加计算机 B 的凭据才能查看到计算机 B 中的共享资源。

图 1-19　查看共享资源失败提示

③ 在计算机 A 中,选择"开始"→"控制面板"命令,在控制面板窗口中选择"用户账户和家庭安全"命令,然后选择窗口右侧的"凭据管理器"下的"管理 Windows 凭据"命令,选择"添加 Windows 凭据"命令,接着在对话框中分别输入计算机 B 的 IP 地址、用户名和密码,最后单击"确定"按钮,如图 1-20 所示。

图 1-20　添加 Windows 凭据

④ 在计算机 B 的命令提示符窗口中执行 net share c=c:命令,在计算机 A 的命令提示符窗口中执行 net view 192.168.5.1 命令,查看计算机 B 的共享资源如图 1-21 所示。

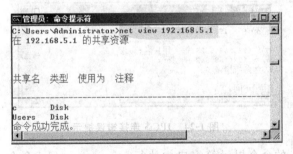

图 1-21　查看共享资源

(4) net use 命令。该命令主要用来与远程计算机建立 IPC$ 连接,连接双方可以建立安全的通道并以此通道进行加密数据的交换,从而实现对远程计算机的访问。实际上往往被黑客用来与远程主机实现通信和控制,黑客利用 IPC$ 攻击建立、复制以及删除远程计算机文件,在远程计算机上执行命令等。

下面假设黑客的本地计算机 A 的 IP 地址为 192.168.5.1,远程主机 B 的 IP 地址为 192.168.5.2,介绍 net use 命令的使用方法。

① 在计算机 B 的命令提示符窗口中用 net share 命令确认 C 盘是否已被隐藏共享，如图 1-22 所示。如果没有，则使用命令 net share c $=$ c：设置计算机 B 的 C 盘隐藏共享，在计算机 B 创建超级管理账号。

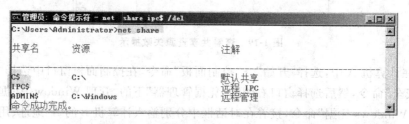

图 1-22　在计算机 B 中创建超级管理员账号

② 在计算机 A 的命令提示符窗口中，首先用 ping 命令测试与计算机 B 的连通性，然后输入 net use \\192.168.5.2 与远程主机 B 建立 IPC $ 连接，根据提示需要输入计算机 B 的用户名和密码，如图 1-23 所示。

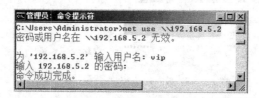

图 1-23　建立 IPC $ 连接

③ 执行 net use f：\\192.168.5.2\c $，输入用户名和密码，映射网络驱动器，将远程主机 B 的 C 盘映射为本地计算机 A 的本地磁盘 F，如果发生"拒绝访问"的错误提示，如图 1-24 所示，表示账号 vip 的权限不够。

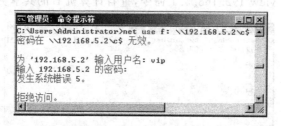

图 1-24　IPC $ 连接错误提示

④ 在计算机 A 的命令提示符窗口中执行 net use * /del 命令，断开所有 IPC $ 连接，如图 1-25 所示。

⑤ 计算机 A 注销重启后，在命令提示符窗口执行 net use z：\\192.168.5.2\c $ 命令与远程主机 B 建立 IPC $ 连接，重新输入计算机 B 的用户名 administrator 和密码 123，映射网络驱动器，将远程主机 B 的 C 盘映射为本地计算机 A 的本地磁盘 Z，命令完成，如图 1-26 所示。

⑥ 双击打开计算机 A 桌面的"计算机"图标，可以看到一个"网络位置 c $(\\192.168.5.2)(Z:)"，如图 1-27 所示。双击打开，则是计算机 B 的 C 盘，如图 1-28 所示。

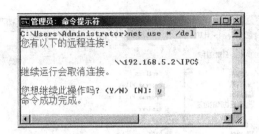

图 1-25 断开所有 IPC $ 连接

图 1-26 建立磁盘映射(1)

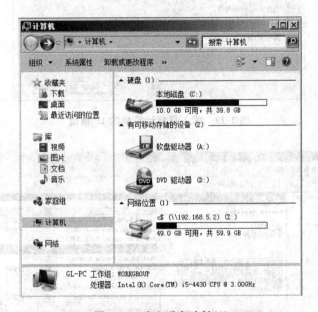

图 1-27 建立磁盘映射(2)

⑦ 在计算机 A 的计算机桌面右击"计算机"图标,从弹出的快捷菜单中选择"管理"命令,打开"计算机管理"窗口,在菜单栏中选择"操作"→"连接到另一台计算机"命令,打开"选择计算机"对话框,输入计算机 B 的 IP 地址,单击"确定"按钮,如图 1-29 所示。

⑧ 返回"计算机管理"窗口,即可在左侧窗格中看到新添加的目标计算机名称,在左侧窗格中单击"计算机管理(192.168.5.2)"下方"服务和应用程序"左侧的＋,出现"服务"选项,单击"服务"选项,然后在右侧"服务"列表窗格中双击 Remote Registry 选项,如图 1-30 所示。在弹出的"Remote Registry 的属性"对话框中,单击"启动"按钮,如图 1-31所示。此服务可以使远程用户修改此计算机上的注册表设置。

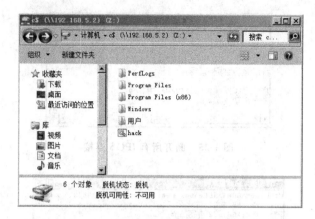

图 1-28 打开远程计算机的映射磁盘

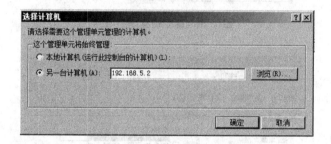

图 1-29 输入目标计算机的 IP 地址

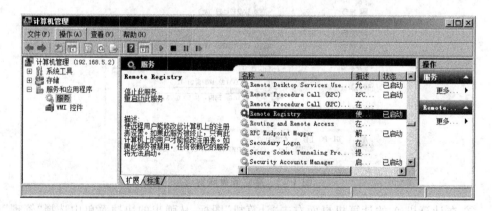

图 1-30 选择 Remote Registry 选项

⑨ 在右侧"服务"列表窗格中双击 Telnet 选项，如图 1-32 所示。在弹出的"Telnet 的属性"对话框中，单击"启动"按钮，如图 1-33 所示。

⑩ 在计算机 A 的命令提示符窗口中执行 net use ＊ /del 命令，断开所有 IPC＄连接，如图 1-34 所示。

2）利用 Telnet 命令进行远程登录

Telnet 是 TCP/IP 协议簇中的一员，为用户提供了在本地计算机上完成远程主机工作的能力，使用 Telnet 协议进行远程登录需要满足以下条件：①本地计算机上必须装有

图 1-31 启动 Remote Registry 服务

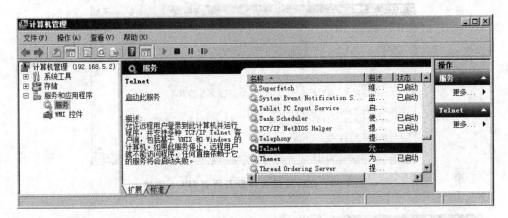

图 1-32 选择 Telnet 选项

包含 Telnet 协议的客户程序；②远程计算机上必须装有包含 Telnet 协议的服务器程序，并需要启动 Telnet 服务；③必须知道远程主机的 IP 地址或域名；④必须知道登录的账户名和密码。因此进行 Telnet 远程登录的准备工作非常重要，具体操作如下。

（1）配置本地主机和远程主机的 IP 地址，确保两台计算机能够互相 Ping 通。假定本地计算机 A 的 IP 地址为 192.168.5.1，远程计算机 B 的 IP 地址为 192.168.5.2。在计算机 A 上选择"开始"→"所有程序"→"附件"→"命令提示符"命令，打开命令提示符窗口。执行 ping 192.168.5.2 命令即可查看来自计算机 B 的回复信息。在计算机 A 上安装客户端程序，如图 1-35 所示。

（2）在计算机 B 上安装 Telnet 协议的服务器程序。选择"开始"→"控制面板"→"程序和功能"→"打开或关闭 Windows 功能"命令，在"Windows 功能"对话框中选中"Telnet 服务器"复选框，然后单击"确定"按钮，如图 1-36 所示。

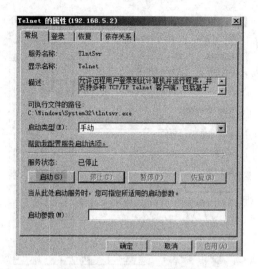

图 1-33　启动 Telnet 服务

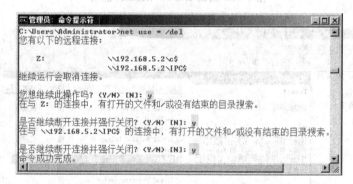

图 1-34　在计算机 A 中断开所有 IPC $ 连接

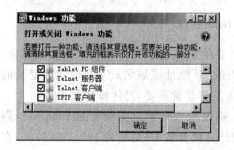

图 1-35　在计算机 A 上安装客户端程序

图 1-36　在计算机 B 上安装服务器程序

（3）在计算机 B 上启动 Telnet 服务，若出现 1068 问题，则需要开启 RPC 服务和 Secondary Logon 服务。具体操作为：右击计算机 B 的"计算机"选择"管理"命令，在"计算机管理"的"服务"中找到 Telnet 服务，把 Telnet 服务的启动类型更改为手动，并单击"启动"按钮，如出现 1068 问题无法正常启动，则单击"依存关系"选项卡，将 Telnet 服务依赖的两个系统组件 RPC 和 Secondary Logon 分别启动，如图 1-37 所示，从而最后把计

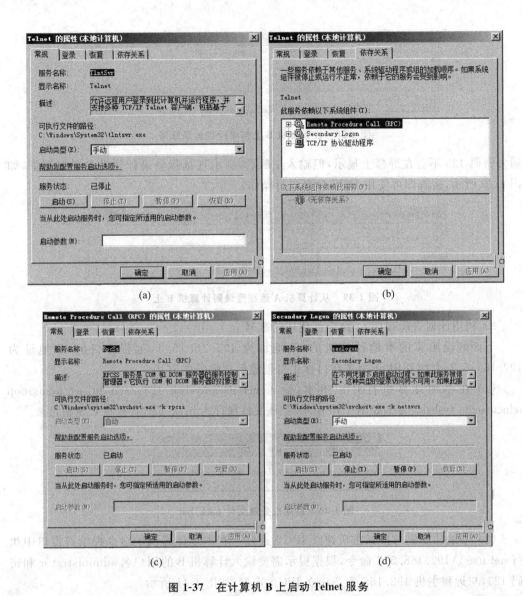

图 1-37 在计算机 B 上启动 Telnet 服务

算机 B 的 Telnet 服务启动。

（4）在计算机 B 上新建账户 guolintelnet，密码 123。并把该账户添加到 telnetclients 组。在计算机 B 的命令提示符窗口中执行 net user guolintelnet 123 /add 和 net localgroup telnetclients guolintelnet /add 命令，如图 1-38 所示。

（5）在计算机 A 上安装 Telnet 协议的客户程序。选择"开始"→"控制面板"→"程序和功能"→"打开或关闭 Windows 功能"命令，在"Windows 功能"对话框中选择"Telnet 客户端"复选框，然后单击"确定"按钮，如图 1-36 所示。

（6）从计算机 A 远程登录到计算机 B 上。在计算机 A 的命令提示符窗口中执行 telnet 192.168.5.2 命令，弹出是否发送密码信息的提示框，输入 n。在 login：后输入计算机 B 的账号 guolintelnet，按 Enter 键。在 password：后输入密码 123，然后按 Enter 键。

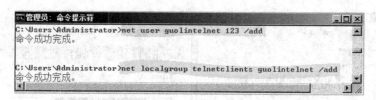

图 1-38　在计算机 B 上创建远程登录账号

通常密码 123 不会在屏幕上显示，但输入正确后，会出现远程登录计算机 B 的对话框，如图 1-39 所示，接着即可使用 DOS 命令进行操作。

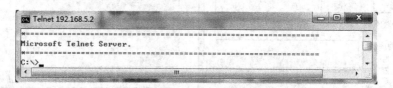

图 1-39　从计算机 A 远程登录到计算机 B 上

3）利用计划管理程序 at 命令创建后门账号

下面假设黑客的本地计算机的 IP 地址为 192.168.5.1，远程主机的 IP 地址为 192.168.5.2，介绍利用 at 命令在目标主机创建后门账号的方法。

（1）在本地计算机打开记事本，输入 net user sysbak 123 /add 和 net localgroup telnetclients sysbak /add，如图 1-40 所示，把该文件保存为 hack.bat，存放在 C 盘根目录。

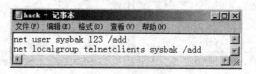

图 1-40　建立批处理文件 hack.bat

（2）本地计算机与目标主机建立 IPC＄连接。在本地计算机的命令提示符窗口中执行 net use \\192.168.5.2 命令，根据提示需要输入计算机 B 的用户名 administrator 和密码 123，与远程主机 192.168.5.2 建立 IPC＄连接，如图 1-41 所示。

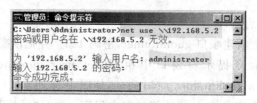

图 1-41　建立 IPC＄连接

（3）在本地计算机的计算机桌面右击"计算机"图标，从弹出的快捷菜单中选择"管理"命令，打开"计算机管理"窗口，在菜单栏中选择"操作"→"连接到另一台计算机"命令，打开"选择计算机"对话框，输入远程计算机的 IP 地址 192.168.5.2，单击"确定"按钮。

（4）返回"计算机管理"窗口，即可在左侧窗格中看到新添加的目标计算机名称，在左侧窗格中单击"计算机管理(192.168.5.2)"下方"服务和应用程序"左侧的＋,出现"服务"选项,单击"服务"选项,然后在右侧"服务"列表窗格中双击 Telnet 选项,如图 1-32 所示。在弹出的属性对话框中,单击"启动"按钮。

(5)利用 IPC＄通道从本地主机 C 盘根目录复制批处理文件 hack. bat 到目标主机的 C 盘根目录。在本地主机的命令提示符窗口中执行 copy c:\hack. bat \\192.168.5.2\c ＄命令,如图 1-42 所示。

提示:成功运行此命令的前提是本地主机的 C 盘根目录要有 hack. bat 文件、目标主机的 C 盘必须隐藏共享。

图 1-42　通过 IPC＄连接复制批处理文件到目标主机

(6)通过计划任务使远程主机执行 hack. bat 文件。在本地主机的命令提示符窗口中执行 net time \\192.168.5.2 命令,会回显目标主机当前的系统时间。

(7)在本地主机的命令提示符窗口中执行 at \\192.168.5.2 9:37 c:\hack. bat 命令,表示在上午 9 点 37 分执行目标主机 C 盘根目录的 hack. bat 批处理文件,如图 1-43 所示。

注意:执行批处理文件的时间要比回显的系统时间晚一点。

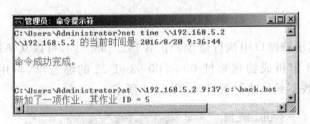

图 1-43　利用 at 命令添加计划任务

(8)计划任务添加完毕后,使用命令 net use ＊ /del 断开 IPC＄连接。

(9)最后验证账号是否成功建立。等待一段时间后,估计远程主机已经执行了 hack. bat 文件,通过 telnet 远程登录来验证是否成功建立 sysbak 账号,如果连接成功,表示 sysbak 账号已经成功建立。

4)利用 arp 命令防范 ARP 攻击

地址解析协议(Address Resolution Protocol,ARP)是 TCP/IP 协议簇网络层的一个协议,为每个网络节点建立 IP 地址与 MAC 地址之间的对应(映射)关系。RARP 协议负责为每个网络节点建立 MAC 地址与 IP 之间的映射关系。命令 arp 用于显示和修改地址解析协议缓存中的项目。选项-a 用于显示所有接口的当前 ARP 表项,格式为 arp -a。选项-s 用于添加一个静态 ARP 表项,将某个 IP 地址与 MAC 地址关联,格式为"arp -s IP 地址 物理地址"。选项-d 用于删除指定的 ARP 表项,格式为"arp -d IP 地址"。当网络感染 ARP 木马时,主机或网关所对应的 MAC 地址被修改。可执行 arp -d 清除 ARP 缓存表,然后再使用 arp -s 命令重新绑定正确的 IP 地址与 MAC 地址对。下面介绍 ARP 命令的具体配置方法。

（1）打开计算机的命令提示符窗口，执行命令 arp -a 可以查看当前计算机所有网络接口的 ARP 缓存表项内容，包括 IP 地址、物理地址和类型。网络适配器自动学习到的映射关系为动态类型，手动添加的映射关系为静态类型。

（2）在命令提示符窗口中执行命令 arp -s 192.168.5.3 00-aa-00-62-c1-22，可以向 ARP 缓存添加将 IP 地址 192.168.5.3 解析成物理地址 00-aa-00-62-c1-22 的静态项，如图 1-44 所示。注意，IP 地址用十进制数值表示，物理地址用十六进制数值表示。通过-s 参数添加的静态项不会在 ARP 缓存中超时，如果 TCP/IP 终止后再启动，这些项会被删除，若要创建永久的静态 ARP 缓存项，需要通过"计划任务程序"在启动时运行使用 arp 命令的批处理文件。

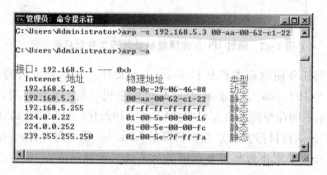

图 1-44　添加 ARP 缓存条目

（3）在命令提示符窗口中执行命令 arp -d 192.168.5.3，可以从 ARP 缓存删除将 IP 地址 192.168.5.3 解析成物理地址 00-aa-00-62-c1-22 的静态项，再用 arp -a 命令查看 ARP 缓存时已经找不到该映射条目，如图 1-45 所示。

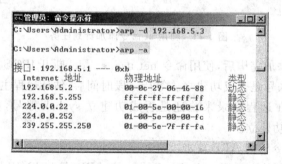

图 1-45　删除 ARP 缓存条目

5）使用 netstat 命令查看计算机是否"身处险境"

netstat 命令是 Windows 操作系统内嵌的命令，是一个监控 TCP/IP 网络非常有用的小工具，用来查看网络状态，其操作简便，功能强大。主要用来显示网络路由表、实际网络连接以及每一个网络接口状态信息，以及与 IP、TCP、UDP 以及 ICMP 有关的统计数据，一般用于检验本机与远程计算机各端口的网络连接情况。

netstat 命令的语法格式如下。

netstat [-a] [-b] [-e] [-n] [-o] [-p proto] [-r] [-s] [-v] [interval]

选项[-a]用于显示活动的 TCP 连接、侦听端口,选项[-e]用于显示以太网统计信息,选项[-p]用于显示指定协议的连接,选项[-r]用于显示路由表内容,选项[-s]用于显示按协议统计信息。

命令中各参数的操作如下。

(1) 选择"开始"→"所有程序"→"附件"→"命令提示符"命令,打开命令提示符窗口。

(2) 在打开的命令提示符窗口中执行 netstat -an 命令即可查看本地计算机所开放的端口信息,如图 1-46 所示。

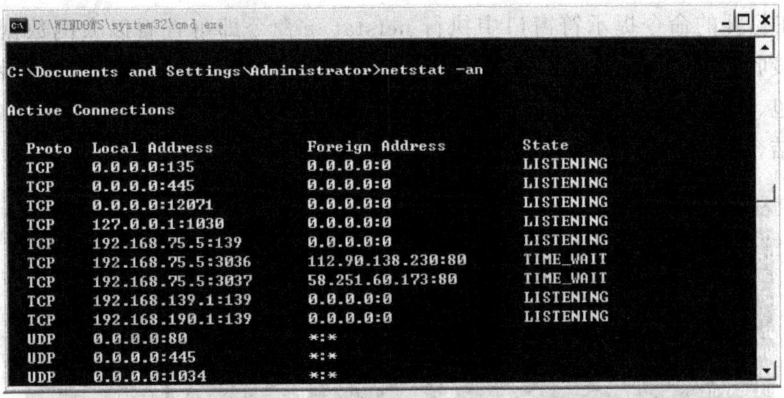

图 1-46　netstat -an 窗口

(3) 在打开的命令提示符窗口中执行 netstat -a 命令即可查看本机与所有连接的端口情况:显示使用协议、本地地址、远程地址、开放端口以及状态信息,包括已经建立连接(ESTABLISHED)与监听连接请求(LISTENING),可以让用户了解目前都有哪些网络连接正在运行,如图 1-47 所示。

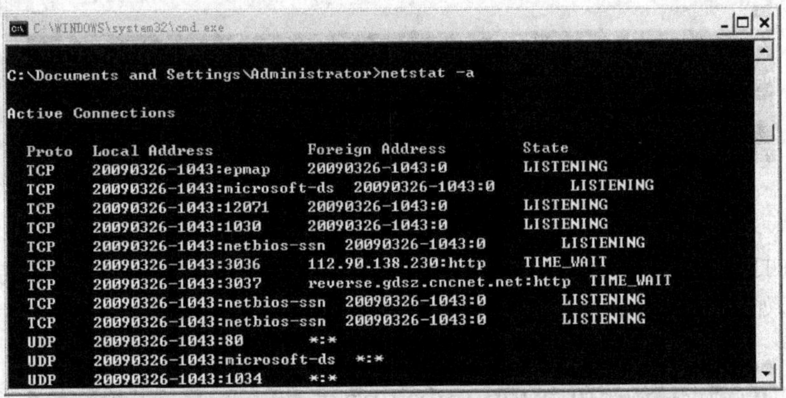

图 1-47　netstat -a 命令执行结果

(4) 在打开的命令提示符窗口中执行 netstat -b 命令即可查看包含于每个连接或监听端口的可执行组件,如图 1-48 所示。

图 1-48　netstat -b 命令执行结果

（5）在打开的命令提示符窗口中执行 netstat -e 命令即可查看以太网数据统计信息，它列出了接收和发送的数据包数量，包括接收和发送数据包的总字节数、单播数据包、非单播数据包、废弃的数据、错误的数据和未知协议的数据，用来统计基本的网络流量，可以与-s 选项结合使用，如图 1-49 所示。

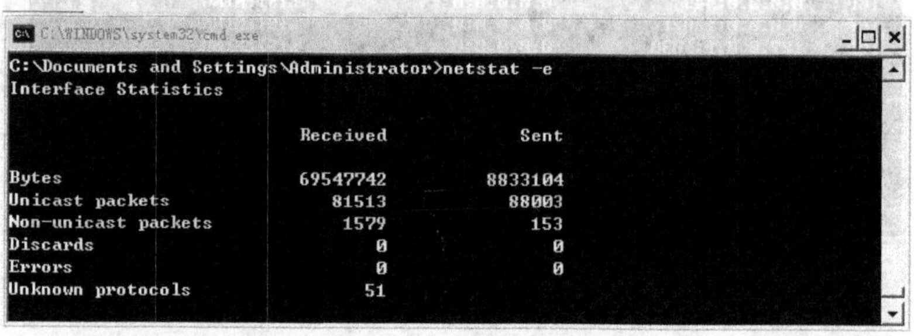

图 1-49　netstat -e 命令执行结果

（6）在打开的命令提示符窗口中执行 netstat -n 命令即可查看以网络 IP 地址代替名称，显示网络连接情形，如图 1-50 所示。

图 1-50　netstat -n 命令执行结果

（7）在打开的命令提示符窗口中执行 netstat -o 命令即可查看与每个连接相关的所属进程 ID，如图 1-51 所示。

图 1-51　netstat -o 命令执行结果

（8）在打开的命令提示符窗口中执行 netstat -p pro 命令（pro 可以是 tcp 或 udp），即可查看 pro 指定协议的连接信息，如图 1-52 所示。

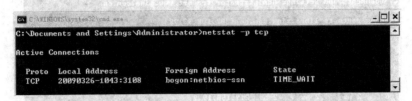

图 1-52　netstat -p tcp 命令执行结果

（9）在打开的命令提示符窗口中执行 netstat -r 命令即可查看路由表信息。

（10）在打开的命令提示符窗口中执行 netstat -s 命令即可查看每个协议的配置统计，包括 TCP、IP、UDP、ICMP 等协议，可以与 -e 选项结合使用。

6）利用 tracert 命令确定访问目标通过的路径

Windows 系统中的 tracert 命令是路由跟踪实用程序，用于确定 IP 数据包访问目标所通过的路径。tracert 命令通过发送包含不同 IP 生存时间字段 TTL 的 ICMP 超时通告报文并监听回应报文来确定从一个主机到网络上其他主机的路由。如果网络连通有问题，可用 tracert 命令检查到达目标 IP 地址的路径，并记录经过的路径。通常当网络出现故障需要检查网络故障的位置时，可以使用 tracert 命令来确定网络在哪个环节上出了问题。

tracert 的工作原理是，当使用 tracert 命令向目标网络发送不同 IP 生存时间（TTL）值数据包，tracert 诊断程序确定到目标所采取的路由，要求路径上的每台路由器在转发数据包之前，至少将数据包上的 TTL 递减 1。一般来说启动 tracert 程序后，先发送 TTL 为 1 的回应数据包，并在随后的每次发送过程将 TTL 递增 1，直到目标响应或 TTL 达到最大值，从而确定路由。当数据包上的 TTL 减为 0 时，路由器应该将"ICMP 已超时"的消息发回源系统。通过检查中间路由器发回"ICMP 已超时"消息，确定网络的路由。

tracert 命令的语法格式如下。

```
tracert [-d] [-h maxmum_hops] [-j host-list] [-w timeoute] target_name
```

其中，[-d] 表示不把 IP 地址解析成域名；[-h maxmum_hops] 表示允许跟踪的最大跳数；[-j host-list] 表示经过的主机列表；[-w timeoute] 表示每次恢复的最大允许延时。

利用 tracert 命令搜索网站结构信息的具体操作如下。

（1）选择"开始"→"所有程序"→"附件"→"命令提示符"命令，打开命令提示符窗口。

（2）在命令提示符窗口中执行 tracert www.sina.com.cn 命令，即可在返回的结果中获知数据包经过了哪些节点，如图 1-53 所示。

如果已经知道了局域网内某个目标主机的名称，那么可以使用 tracert 命令来获取该主机的 IP 地址。也可以通过 tracert 命令追踪那些神秘网友的 IP 地址，了解其中都经过了哪些中转站。

7）使用 route 命令查看修改路由条目

route print 命令一般用于 Windows 操作系统查看本机的路由表信息，了解网络中设

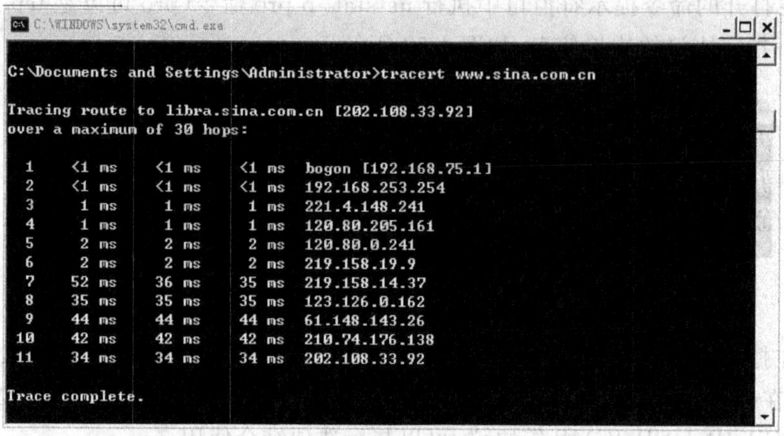

```
C:\WINDOWS\system32\cmd.exe
C:\Documents and Settings\Administrator>tracert www.sina.com.cn

Tracing route to libra.sina.com.cn [202.108.33.92]
over a maximum of 30 hops:

  1    <1 ms    <1 ms    <1 ms  bogon [192.168.75.1]
  2    <1 ms    <1 ms    <1 ms  192.168.253.254
  3     1 ms     1 ms     1 ms  221.4.148.241
  4     1 ms     1 ms     1 ms  120.80.205.161
  5     2 ms     2 ms     2 ms  120.80.0.241
  6     2 ms     2 ms     2 ms  219.158.19.9
  7    52 ms    36 ms    35 ms  219.158.14.37
  8    35 ms    35 ms    35 ms  123.126.0.162
  9    44 ms    44 ms    44 ms  61.148.143.26
 10    42 ms    42 ms    42 ms  210.74.176.138
 11    34 ms    34 ms    34 ms  202.108.33.92

Trace complete.
```

图 1-53　搜索网站结构信息

备分布情况，该命令只有当安装了 TCP/IP 之后才能使用。

使用 route print 命令查看本地 IP 信息的具体操作如下。

(1) 选择“开始”→“所有程序”→“附件”→“命令提示符”命令，打开命令提示符窗口。

(2) 在命令提示符窗口中执行 route print 命令，即可在命令提示符窗口中显示当前主机的路由信息，如图 1-54 所示。

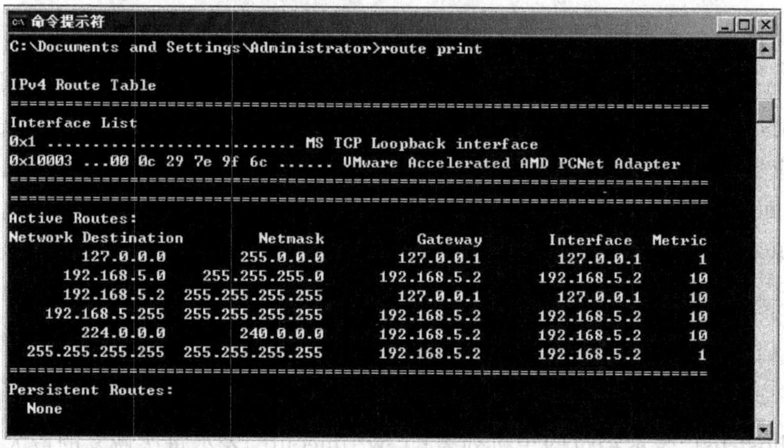

```
命令提示符
C:\Documents and Settings\Administrator>route print

IPv4 Route Table
===========================================================================
Interface List
0x1 ........................... MS TCP Loopback interface
0x10003 ...00 0c 29 7e 9f 6c ...... VMware Accelerated AMD PCNet Adapter
===========================================================================
===========================================================================
Active Routes:
Network Destination        Netmask          Gateway       Interface  Metric
        127.0.0.0        255.0.0.0        127.0.0.1       127.0.0.1       1
      192.168.5.0    255.255.255.0      192.168.5.2     192.168.5.2      10
      192.168.5.2  255.255.255.255        127.0.0.1       127.0.0.1      10
    192.168.5.255  255.255.255.255      192.168.5.2     192.168.5.2      10
        224.0.0.0        240.0.0.0      192.168.5.2     192.168.5.2      10
  255.255.255.255  255.255.255.255      192.168.5.2     192.168.5.2       1
===========================================================================
Persistent Routes:
  None
```

图 1-54　显示路由信息

使用 route print 命令显示本机路由表信息，分为 5 列，第 1 列 Network Destination 是网络目标地址列，列出了本地计算机连接的所有的子网段地址。第 2 列 Netmask 是目标地址的网络掩码列，提供这个网段的子网掩码，让三层路由设备确定目标网络的地址类。第 3 列 Gateway 是网关列，一旦三层路由设备确定要把接收到的数据包转发到哪一个目的网络，三层路由设备就要查看网关列表，确定该数据包应该转发到哪一个网络地址才能到达目标网络。第 4 列 Interface 是接口列，告诉三层路由设备哪一块网卡连接到合适目标网络。第 5 列 Metric 是度量值，告诉三层路由设备为数据包选择目标网络优先级。在通向一个目标网络如果有多条路径，Windows 将查看度量值，度量值越小路径越短。

8) 使用 nslookup 命令查询域名信息

nslookup 命令是 Windows 操作系统内嵌的命令,是一个监测网络中 DNS 服务器是否能正确实现域名解析的命令行工具,是一个查询域名信息非常有用的工具。nslookup 可以查到 DNS 记录的生存时间,还可以指定使用哪个 DNS 服务器进行解释。

使用 nslookup 命令查询域名信息的具体操作如下。

(1) 选择"开始"→"所有程序"→"附件"→"命令提示符"命令,打开命令提示符窗口。

(2) 在打开的命令提示符窗口中执行 nslookup 命令即可查看正在工作的 DNS 服务器主机的名称和 IP 地址。

(3) 在打开的命令提示符窗口中执行"nslookup 域名"或"nslookup IP 地址"命令,可查看 DNS 服务器的正向解析和反向解析是否正常。

1.5 常见问题解答

1. 使用 ren 和 copy con 等 DOS 命令使用系统显示"拒绝服务",该如何处理?

答:选择"开始"→"所有程序"→"附件"命令,然后右击"命令提示符"命令,在弹出的快捷菜单中执行"以管理员身份运行"命令,弹出"用户账户控制"对话框,单击"是"按钮。也可以右击"命令提示符"命令,在弹出的快捷菜单中选择"属性"命令,在"命令提示符 属性"对话框中选择"快捷方式"选项卡,单击"高级"按钮,选中"用管理员身份运行"复选框,单击"确定"按钮。

2. 怎样确定计算机资源共享成功了?

答:有两种方法可以验证是否共享成功,第一种方法是使用 net share 命令进行查看。第二种方法就是打开"计算机"窗口进行验证。会看到 C 盘图标下有两个头像,如果没有看到,可以右击"刷新"命令,即可看到。

3. 忘记系统的登录密码怎么办?

答:以恢复本地用户 magic 口令为例,来说明解决忘记登录密码的步骤:重新启动计算机,在启动画面出现后马上按 F8 键,选择"带命令行的安全模式"命令。运行过程结束时,系统列出了系统超级用户 administrator 和本地用户 magic 的选择菜单,执行 administrator 命令,进入命令行模式。执行命令 net user magic 123456 /add,强制将 magic 的用户口令更改为 123456。若想在此添加一新用户(如用户名为 abc,口令为 123),可执行 net user abc 123 /add 命令,添加后再用 net localgroup administrators abc /add 命令将用户提升为管理员组 Administrators 的成员,并使其具有超级权限。

1.6 认 证 试 题

一、选择题

1. 安全工作的目的是"进不来、拿不走、改不了、看不懂、跑不了",其中"进不来"对应网络安全的（　　）特性,"拿不走"对应网络安全的（　　）特性,"改不了"对应网络安全的（　　）特性,"看不懂"对应网络安全的（　　）特性,"跑不了"对应网络安全的（　　）

特性。

  A. 保密性   B. 完整性   C. 可用性

  D. 可控性   E. 不可否认性

 2. 下列破坏了数据的完整性的情况是（　　　）。

  A. 假冒他人 IP 地址发送数据   B. 数据在传输过程中被窃听

  C. 数据在传输过程中被篡改   D. 被攻击后的服务器无法提供服务

 3. 信息不泄露给非授权的用户指的是信息的（　　　）特性。

  A. 保密性   B. 完整性   C. 可用性

  D. 可控性   E. 不可否认性

 4. 在网络安全中，中断是指攻击者破坏网络系统的资源，使之变成无效的或无用的，这是对（　　　）的攻击。

  A. 保密性   B. 完整性   C. 可用性

  D. 可控性   E. 不可否认性

 5. 信息风险主要是指（　　　）。

  A. 信息存储安全   B. 信息传输安全

  C. 信息访问安全   D. 以上都对

 6. 黑客搭线窃听属于（　　　）风险。

  A. 信息存储安全   B. 信息传输安全

  C. 信息访问安全   D. 以上都不对

 7. 在 Windows 操作环境中，采用（　　　）命令来查看本机开放端口情况。

  A. ping   B. tracert   C. netstat   D. ipconfig

 8. 某客户端采用 ping 命令检测网络连接故障时，发现可以 Ping 通 127.0.0.1 及本机的 IP 地址，但无法 Ping 通同一网段内其他工作正常的计算机的 IP 地址，该客户端的故障可能是（　　　）。

  A. TCP/IP 协议不能正常工作   B. 本机网卡不能正常工作

  C. 本机网络接口故障   D. 本机 DNS 服务器地址设置错误

 9. 下面关于 ICMP 协议的描述中，正确的是（　　　）。

  A. ICMP 协议根据 MAC 地址查找对应的 IP 地址

  B. ICMP 协议把公网的 IP 地址转换为私网的 IP 地址

  C. ICMP 协议根据网络通信的情况把控制报文发送给发送方主机

  D. ICMP 协议集中管理网络中的 IP 地址分配

 10. 在 Windows 操作系统中，如果要查找从本地出发，经过三个跳步，到达名字为 sdpt 的目标主机的路径，则执行的命令是（　　　）。

  A. tracert sdpt -h 3   B. tracert -j 3 sdpt

  C. tracert -h 3 sdpt   D. tracert sdpt -j 3

 11. 能显示 TCP 和 UDP 连接信息的命令是（　　　）。

  A. netstat -s   B. netstat -e

  C. netstat -r   D. netstat -a

12. 企业局域网中如果某台计算机受到了 ARP 欺骗,那么它发出去的数据包中
(　　)是错误的。

    A. 源 IP 地址　　　　　　　　　　B. 目标 IP 地址

    C. 源 MAC 地址　　　　　　　　　D. 目标 MAC 地址

13. 在 Windows 操作系统中,对网关 IP 和 MAC 地址进行绑定的操作为(　　)。

    A. arp -a 192.168.1.1　　0c-82-68-d0-da-ba

    B. arp -b 192.168.1.1　　0c-82-68-d0-da-ba

    C. arp -d 192.168.1.1　　0c-82-68-d0-da-ba

    D. arp -s 192.168.1.1　　0c-82-68-d0-da-ba

14. 下列不是 VMware 提供的网络工作模式的是(　　)。

    A. Bridged(桥接模式)　　　　　　B. NAT(网络地址转换模式)

    C. Host-only(仅主机模式)　　　　 D. Routing(路由模式)

二、填空题

1. 网络安全五要素是_____、_____、_____、_____和_____。

2. FTP 协议使用_____端口,Telnet 协议使用_____端口,SMTP 协议使用
_____端口,POP3 协议使用_____端口,HTTP 协议使用_____端口,DNS 协议
使用_____端口。

3. Windows 系统中删除 C 盘默认共享的命令是_____。

三、判断题

ARP 欺骗只会影响计算机,而不会影响交换机和路由器等网络设备。(　　)

四、简答题

1. 一般系统攻击有哪些步骤? 各步骤主要完成什么工作?

2. 什么是端口? 如何查看本地计算机端口的开放情况?

五、操作题

1. 在自己的计算机上使用 netstat 命令查看网络状况。

2. 使用 tracert 命令追踪百度网站(www.baidu.com)的 IP 信息。

2.1　用户需求与分析

由于网络的使用越来越广泛,网络安全问题也越来越被大众关注。渗透测试是对用户信息安全措施积极评估的过程。通过系统化的操作和分析,积极发现系统和网络中存在的各种缺陷和弱点,如设计缺陷和技术缺陷。黑客攻击软件的下载和安装是一个浩大的工程,为了方便进行黑客攻击研究,有人将所有工具都预装在一个 Linux 系统中,其中典型的操作系统就是 Kali Linux。Kali Linux 于 2013 年发布,集成了海量的攻击测试工具,通过模拟恶意黑客的攻击方法,来评估计算机网络系统安全,包括对系统弱点、技术缺陷或漏洞的主动分析。安装和设置好 Kali Linux 操作系统后,就可以使用它进行网络攻击演练了。

2.2　预 备 知 识

2.2.1　渗透测试简介

渗透测试并没有一个标准的定义。国外一些安全组织达成共识的通用说法是,渗透测试是通过模拟恶意黑客的攻击方法,来评估计算机网络系统安全的一种评估方法,这个过程包括对系统的任何弱点、技术缺陷或漏洞的主动分析。这个分析是从一个攻击者可能存在的位置来进行的,并且从这个位置有条件主动利用安全漏洞。

渗透测试与其他评估方法不同。通常的评估方法是根据已知信息资源或其他被评估对象,去发现所有相关的安全问题。渗透测试是根据已知可利用的安全漏洞,去发现是否存在相应的信息资源。相比较而言,通常评估方法对评估结果更具有全面性,而渗透测试更注重安全漏洞的严重性。

渗透测试有黑盒和白盒两种测试方法。黑盒测试是指在对基础设施不知情的情况下进行测试。白盒测试是指在完全了解结构的情况下进行测试。不论测试方法是否相同,渗透测试通常具有两个显著特点：①渗透测试是一个渐进的且逐步深入的过程；②渗透测试是选择不影响业务系统正常运行的攻击方法进行的测试。

2.2.2 Kali Linux 简介

Kali Linux 的前身是 BackTrack Linux 发行版。Kali Linux 是一个基于 Debian 的 Linux 发行版，包括 600 多种安全和取证方面的相关工具，支持 ARM 架构，主要用于渗透测试。手机的 CPU 为 ARM 架构，PC 或 PC 服务器通常为 x86；i686（32 位 CPU）或 x86_64（64 位 CPU）。它预装了很多渗透测试软件，包括端口扫描器 nmap、数据包分析器 wireshark、密码破解 John the Ripper 及一套用于对无线局域网进行渗透测试的软件 Aircrack-ng。它由进攻安全公司（Offensive Security Ltd.）维护和资助，最先由 Offensive Security 的马蒂·阿罗尼和德文·卡恩斯通过重写 BackTrack 来完成。BackTrack 是基于 Ubuntu 的一个 Linux 发行版。

Kali Linux 有 32 位和 64 位的版本，可用于 x86 指令集。同时它还有基于 ARM 架构的版本，可以用于树莓派和三星的 ARM Chromebook。用户可以通过硬盘、USB 驱动器、树莓派、VMware Workstation 来运行 Kali Linux 操作系统。

Kali Linux 的安装非常"傻瓜化"，只须点击几下鼠标就能完成。Kali Linux 安装的磁盘空间最小值是 8GB，但为了便于使用，推荐至少 20GB 去保存附加程序和文件，内存最好为 512MB 以上，Kali 的官方网站地址是：https://www.kali.org/，Kali Linux 的下载地址为：https://www.kali.org/downloads/，下载界面如图 2-1 所示，中文官网地址是：http://cn.docs.kali.org/。

Download Kali Linux Images

We generate fresh Kali Linux image files every few months, which we make available for download. This page provides the links to **download Kali Linux** in its latest official release. For a release history, check our Kali Linux Releases page. Please note: You can find unofficial, untested weekly releases at http://cdimage.kali.org/kali-weekly/.

Image Name	Download	Size	Version	sha256sum
Kali 64 bit	ISO | Torrent	2.9G	2016.2	1d90432e6d5c6f40dfe9589d9d0450a53b0add9a55f71371d601a5d454fa0431
Kali 32 bit	ISO | Torrent	2.9G	2016.2	c94772c4fd71f50b245c7b15f4f225ad7c751879f501fa1cf698beb1460c0bf5
Kali 64 bit Light	ISO | Torrent	1.1G	2016.2	997f5ed0f7c99c4518288c7e2c4b684b1bdcc2fbe02c152d7ecbd17f0536c29f
Kali 32 bit Light	ISO | Torrent	1.1G	2016.2	590e6df2e8e0b4d42bf3dd4e4c7d6acf24b7262fabda52a0c6c3b35006def295

图 2-1 下载 Kali Linux 界面

2.2.3　BackTrack 简介

　　BackTrack 是一套专业的计算机安全检测的 Linux 操作系统,简称 BT。BackTrack 是基于 Ubuntu 的自启动运行光盘,包含了一套安全及计算机取证工具,是 2012 年为止知名度最高、评价最好的关于信息安全的 Linux 发行版。BackTrack 是一套信息安全审计专用的 Linux 发行版,创造了一条可以方便用户从安全工具库寻找和更新安全工具的捷径。BackTrack 可以翻译为回溯,因为 BackTrack 在无线安全审计中主要使用了 BackTrack 回溯算法,比如 WEP 加密是两个维度,而 WPA 加密相当于三个维度,破解难度成几何倍数增长,而 BackTrack 算法则是将维度降低,破解难度也被降低很多,过去需要几十个小时或几十天才能破解的密码使用回溯算法后只需要几十分钟,前提是需要有足够强大的密码字典文件。

2.2.4　Kali Linux 软件包的安装命令及参数

　　Kali 使用 apt-get 命令来安装软件,这与 RHEL 和 centos 使用 rpm 或 yum 不同。前提是需要先配置好"源",在 Kali 下常用的 apt-get 命令参数如下所示。

```
apt-cache search package      搜索包
apt-cache show package        获取包的相关信息,如说明、大小、版本等
apt-get install package       安装包
apt-get remove package        删除包
apt-get update                更新源
atp-get upgrade               更新已安装的包
apt-get dist-upgrade          升级系统
```

　　注意：命令后面参数为短参数用"-"引出,长参数用"--"引出。命令帮助信息可用 man 命令的方式查看或命令-H(--help)方式查看,在 man 命令中需要退出命令帮助请按 q 键。

　　例 2-1　使用下列命令在 Kali Linux 上安装 Flash Player。

```
apt - get install flashplugin - nonfree
update - flashplugin - nonfree - install
```

　　例 2-2　使用下列命令在 Kali Linux 上安装一些常用工具。

```
apt - get install gnome - tweak - tool      #安装 gnome 管理软件
apt - get install synaptic                  #安装新立德
apt - get install file - roller             #安装解压缩软件
apt - get install clementine                #安装 clementine 音乐播放器
apt - get install smplayer                  #安装 smplayer 视频播放器
apt - get install terminator                #安装多窗口终端
```

2.3　方　案　设　计

方案设计如表 2-1 所示。

表 2-1　方案设计

任务名称	黑客操作系统 Kali Linux 的安装与设置
任务分解	1. 安装 Kali Linux 操作系统 (1) 安装至 VMware Workstation (2) Kali Linux 操作系统的安装 (3) 安装 VMware Tools 2. 配置 Kali Linux 软件包源和服务 (1) 配置 Kali Linux 软件包源 (2) Kali Linux 操作系统的更新与升级 (3) 启动 Apache 服务 (4) 启动 Secure Shell(SSH)服务 (5) 安装并启动 FTP 服务 (6) 安装中文输入法
能力目标	1. 能把 Kali Linux 操作系统安装至 VMware Workstation 2. 能在 Kali Linux 操作系统上安装 VMware Tools 3. 能配置 Kali Linux 软件包源 4. 能进行 Kali Linux 操作系统的更新与升级 5. 能启动 Apache 服务 6. 能启动 Secure Shell(SSH)服务 7. 能在 Kali Linux 操作系统上安装中文输入法
知识目标	1. 了解什么是安全渗透 2. 了解 Kali Linux 的前世今生 3. 了解 BackTrack 的基本概念 4. 熟悉 Kali Linux 软件包的安装命令及参数
素质目标	1. 树立较强的安全意识 2. 培养良好的职业道德 3. 掌握网络安全行业的基本情况 4. 树立较强的安全、节约、环保意识 5. 培养职业兴趣,具有爱岗敬业、热情主动的工作态度

2.4　项　目　实　施

2.4.1　任务 1: 安装 Kali Linux 操作系统

1. 任务目标

将 Kali Linux 操作系统安装至 VMware Workstation 上,并安装 VMware Tools,实现主机与虚拟机之间的文件共享和自动拖曳功能。

2. 工作任务

（1）安装至 VMware Workstation。

（2）Kali Linux 操作系统的安装。

（3）安装 VMware Tools。

3. 工作环境

（1）一台预装 VMware Workstation 的 Windows 7 系统主机。

（2）软件工具：kali-linux-2015.2-amd64.iso。

4. 实施过程

（1）安装至 VMware Workstation，具体操作步骤如下。

① 启动 VMware Workstation，在界面单击"创建新的虚拟机"图标，安装虚拟机的类型包括"典型（推荐）"和"自定义（高级）"两种，这里推荐使用"自定义（高级）"方式，单击"下一步"按钮，如图 2-2 所示。

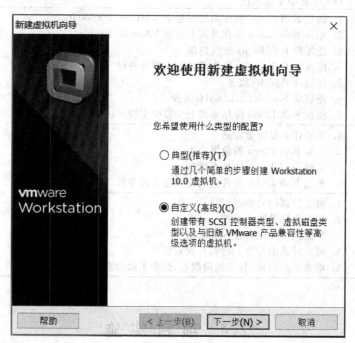

图 2-2　"新建虚拟机向导"对话框

② 弹出"选择虚拟机硬件兼容性"对话框，默认是 Workstation 10.0，然后单击"下一步"按钮，如图 2-3 所示。

③ 弹出"安装客户机操作系统"对话框，单击"稍后安装操作系统"单选按钮，然后单击"下一步"按钮，如图 2-4 所示。

④ 弹出"选择客户机操作系统"对话框，单击 Linux 单选按钮，版本选择"Debian 7

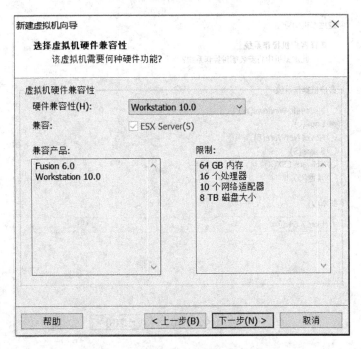

图 2-3 "选择虚拟机硬件兼容性"对话框

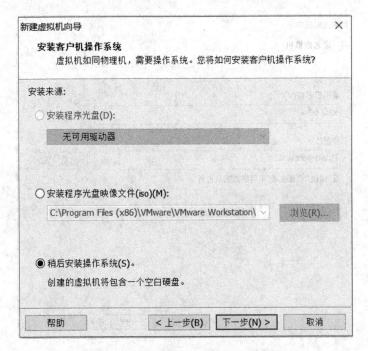

图 2-4 "安装客户机操作系统"对话框

64 位",然后单击"下一步"按钮,如图 2-5 所示,"命名虚拟机"对话框如图 2-6 所示。

⑤ 弹出"处理器配置"对话框,选择处理器数量和每个处理器的核心数量,此处设置

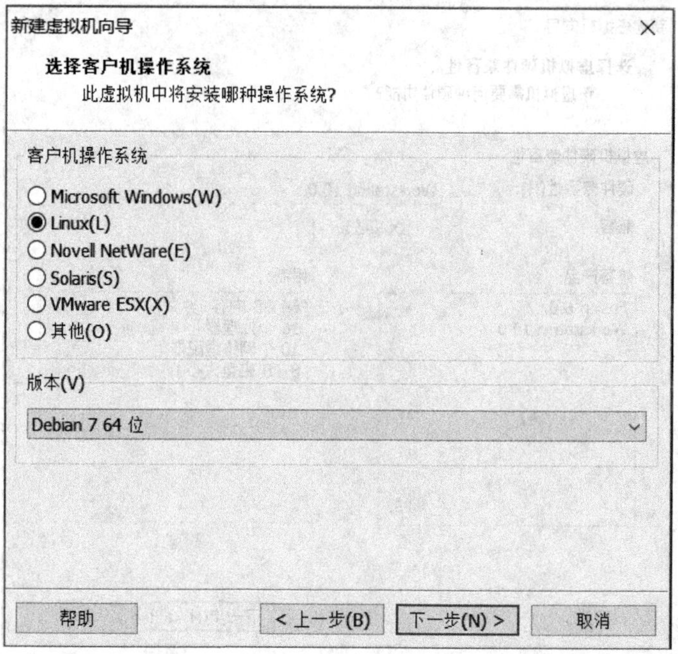

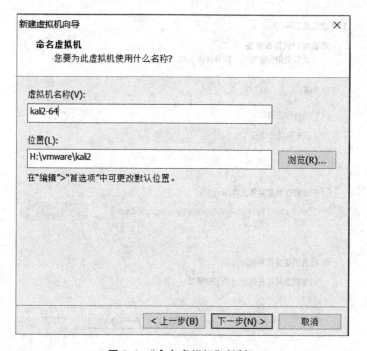

图 2-5 "选择客户机操作系统"对话框

图 2-6 "命名虚拟机"对话框

每个处理器的核心数量为 4，然后单击"下一步"按钮，如图 2-7 所示。

⑥ 弹出"此虚拟机的内存"对话框，i386 和 AMD64 架构最低需要 512MB 内存，为了使

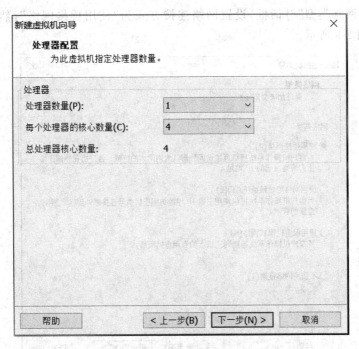

图 2-7 "处理器配置"对话框

得运行 Kali Linux 速度够快,这里设置内存为 4096MB,然后单击"下一步"按钮,如图 2-8 所示。

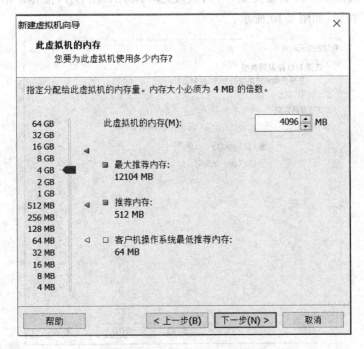

图 2-8 "此虚拟机的内存"对话框

⑦ 弹出"网络类型"对话框，设置网络连接方式为"使用桥接网络"，然后单击"下一步"按钮，如图 2-9 所示。

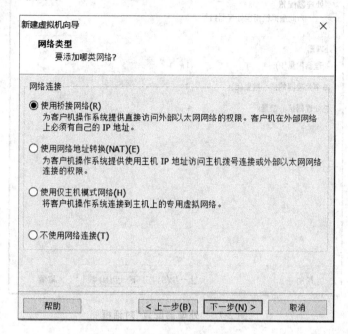

图 2-9 "网络类型"对话框

⑧ 弹出"选择 I/O 控制器类型"对话框，选择"LSI Logic(L)（推荐）"单选按钮，然后单击"下一步"按钮，如图 2-10 所示。

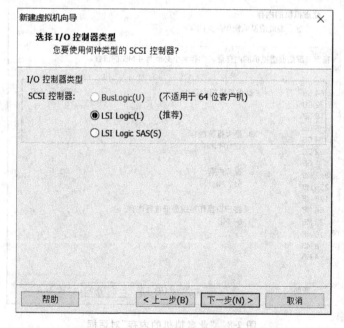

图 2-10 "选择 I/O 控制器类型"对话框

⑨ 弹出"选择磁盘类型"对话框,选择"SCSI(S)(推荐)"单选按钮,然后单击"下一步"按钮,如图 2-11 所示。

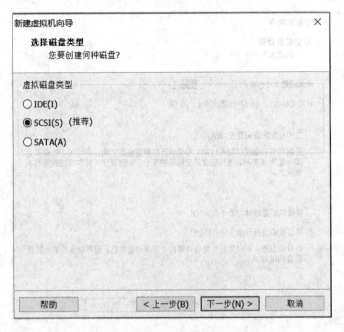

图 2-11 "选择磁盘类型"对话框

⑩ 弹出"选择磁盘"对话框,选择"创建新虚拟磁盘"单选按钮,然后单击"下一步"按钮,如图 2-12 所示。

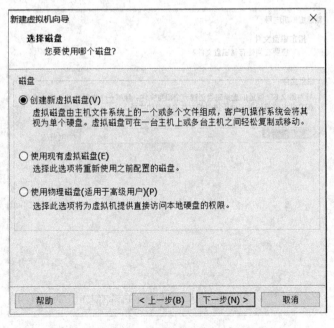

图 2-12 "选择磁盘"对话框

⑪ 弹出"指定磁盘容量"对话框，安装 Kali Linux 至少需要 8GB 硬盘可用空间，为避免磁盘空间不足，这里设置为 20GB，然后单击"下一步"按钮，如图 2-13 所示。

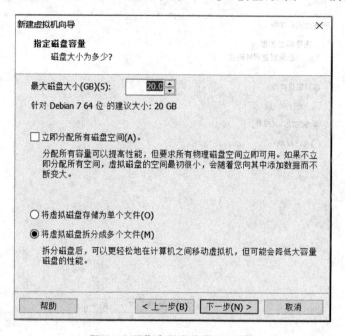

图 2-13 "指定磁盘容量"对话框

⑫ 弹出"指定磁盘文件"对话框，默认名称为 kali2-64.vmdk，然后单击"下一步"按钮，如图 2-14 所示。

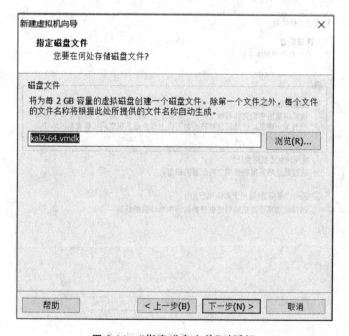

图 2-14 "指定磁盘文件"对话框

⑬ 在弹出的"已准备好创建虚拟机"对话框中,单击"完成"按钮,如图 2-15 所示。

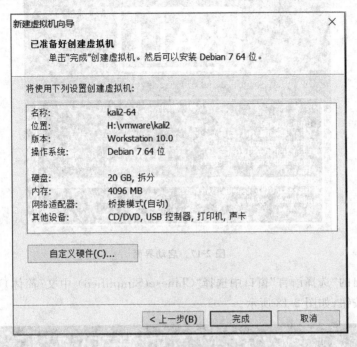

图 2-15 "已准备好创建虚拟机"对话框

⑭ 在 VMware Workstation 窗口中单击"编辑虚拟机设置"对话框,选择 CD/DVD (IDE)选项,在窗口右侧选择"使用 ISO 映像文件"单选按钮,单击"浏览"按钮,选择 Kali Linux 的映像文件,然后单击"确定"按钮,如图 2-16 所示。

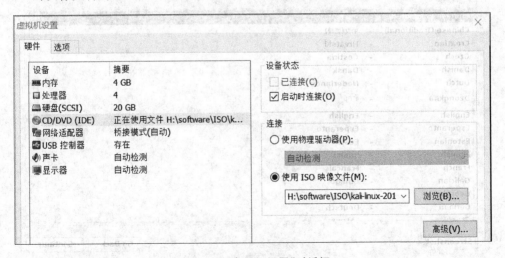

图 2-16 "虚拟机设置"对话框

(2) Kali Linux 操作系统的安装,具体操作如下所示。

① 单击"开启此虚拟机"命令,会看到 Kali 的引导界面,可以选择图形界面安装或者文本模式安装,此处,选择 Graphical install(图形界面)安装,如图 2-17 所示。

图 2-17   启动界面

② 在弹出的"选择语言"窗口中选择"Chinese(Simplified)-中文（简体）"命令，然后单击 Continue 按钮，如图 2-18 所示。

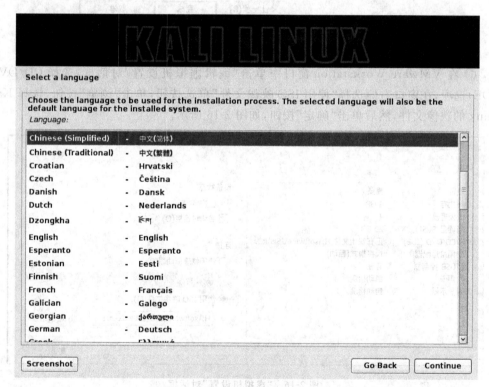

图 2-18   选择语言

③ 弹出 Select a language 对话框，选择"是"单选按钮，然后单击"继续"按钮，如图 2-19 所示。

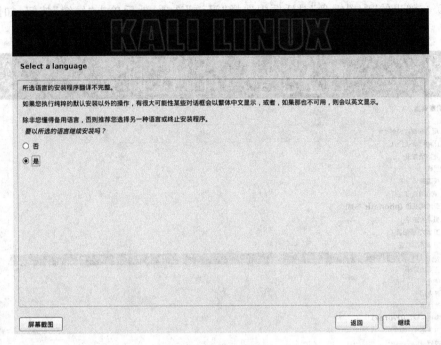

图 2-19　确认所选语言

④ 在弹出的"请选择您的区域"对话框中选择"中国"选项,然后单击"继续"按钮,如图 2-20 所示。

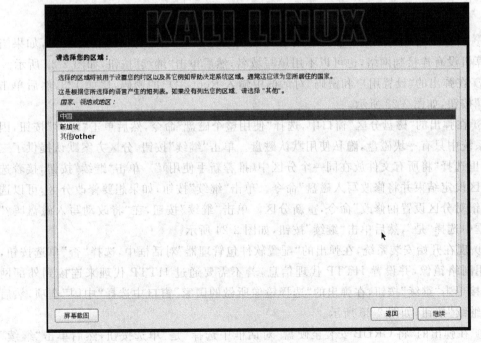

图 2-20　"请选择您的区域"对话框

⑤ 在弹出的"配置键盘"对话框中选择"汉语"选项，然后单击"继续"按钮，如图 2-21 所示。

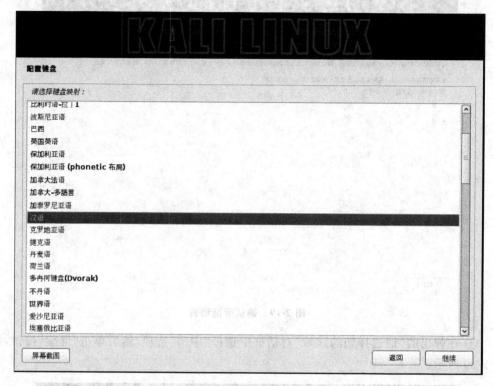

图 2-21 "配置键盘"对话框

⑥ 在弹出的"配置网络"中设置系统的主机名为 kali，域名为 kali.test.com，如果当前计算机没有连接到网络，也可以不用填写域名，然后单击"继续"按钮，如图 2-22 所示。

⑦ 在弹出的"设置用户和密码"对话框中输入 Root 用户的密码，比如 123，然后单击"继续"按钮，如图 2-23 所示。

⑧ 在弹出的"磁盘分区"窗口中，选择"使用整个磁盘"命令，然后单击"继续"按钮，因为该系统中只有一块磁盘，隐私使用默认磁盘。单击"继续"按钮，分区方案默认提供了三种，这里选择"将所有文件放在同一个分区中（推荐新手使用）"。单击"继续"按钮，接着选择"分区设定结束并将修改写入磁盘"命令。单击"继续"按钮，如果想要修改分区，可以选择"撤销对分区设置的修改"命令，重新分区。单击"继续"按钮，在"将改动写入磁盘吗？"对话框中选择"是"，然后单击"继续"按钮，如图 2-24 所示。

⑨ 现在开始安装系统，在弹出的"配置软件包管理器"对话框中，选择"否"单选按钮，不使用网络镜像，并设置 HTTP 代理信息，若不需要通过 HTTP 代理来连接到外部网络，直接单击"继续"按钮，在弹出的"选择镜像所做的国家"窗口中选择"中国"选项，然后单击"继续"按钮，如图 2-25 所示。

⑩ 在弹出的"将 GRUB 安装至硬盘"对话框中选择"是"单选按钮，然后单击"继续"按钮，如图 2-26 所示。

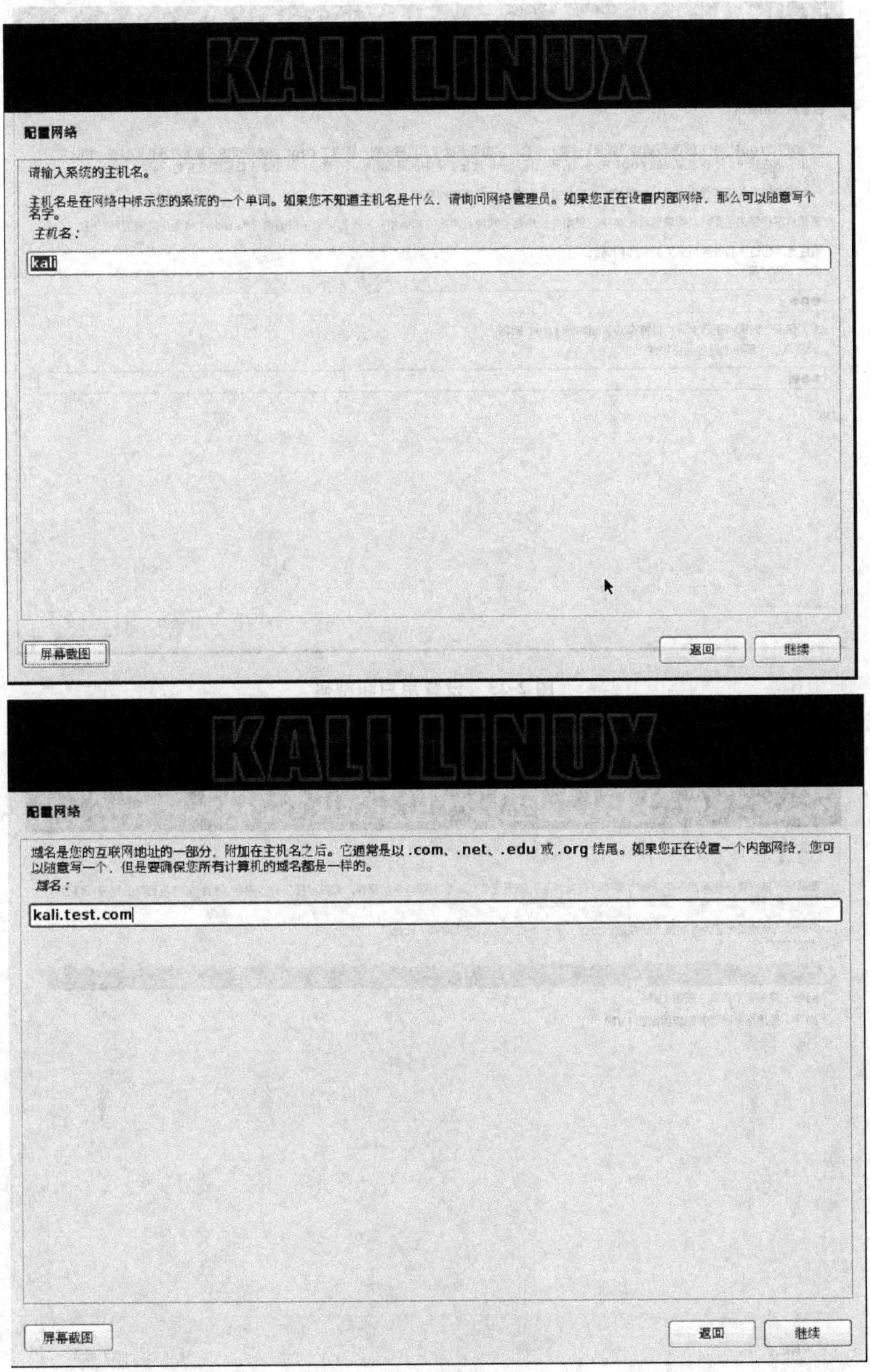
KALI LINUX
配置网络
请输入系统的主机名。
主机名是在网络中标示您的系统的一个单词。如果您不知道主机名是什么，请询问网络管理员。如果您正在设置内部网络，那么可以随意写个名字。
主机名：
kali
屏幕截图
返回
继续
KALI LINUX
配置网络
域名是您的互联网地址的一部分，附加在主机名之后。它通常是以 .com、.net、.edu 或 .org 结尾。如果您正在设置一个内部网络，您可以随意写一个，但是要确保您所有计算机的域名都是一样的。
域名：
kali.test.com
屏幕截图
返回
继续

图 2-22　配置网络

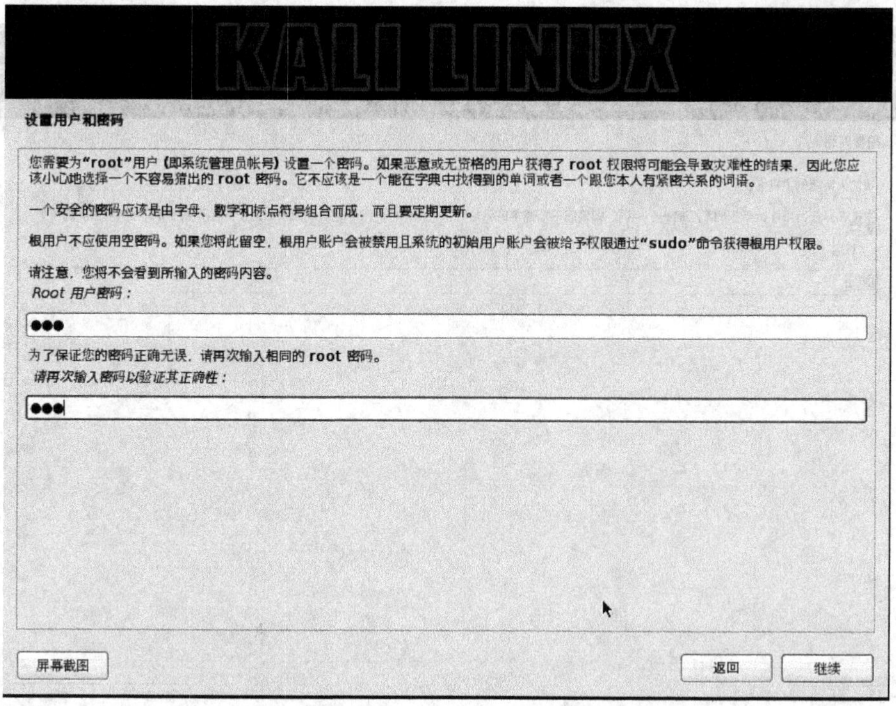

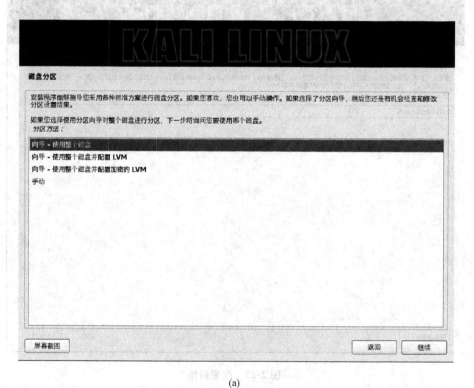

图 2-23　设置用户和密码

图 2-24　磁盘分区设置

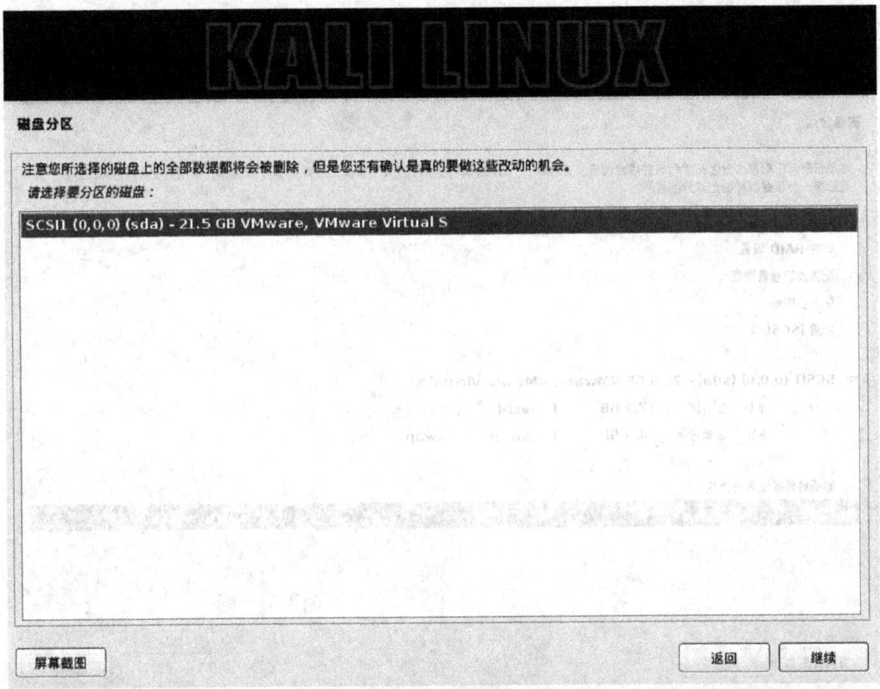

KALI LINUX

磁盘分区

注意您所选择的磁盘上的全部数据都将会被删除，但是您还有确认是真的要做这些改动的机会。

请选择要分区的磁盘：

SCSI1 (0,0,0) (sda) - 21.5 GB VMware, VMware Virtual S

屏幕截图　　　　　　　　　　　　　　　　　　　　　　　返回　　继续

(b)

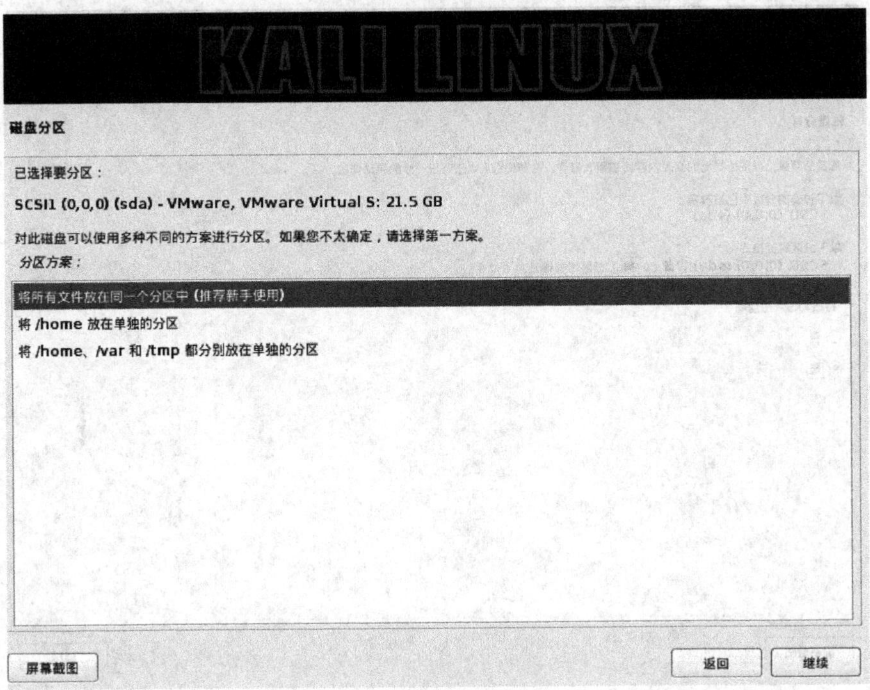

KALI LINUX

磁盘分区

已选择要分区：

SCSI1 (0,0,0) (sda) - VMware, VMware Virtual S: 21.5 GB

对此磁盘可以使用多种不同的方案进行分区。如果您不太确定，请选择第一方案。

分区方案：

将所有文件放在同一个分区中 (推荐新手使用)

将 /home 放在单独的分区

将 /home、/var 和 /tmp 都分别放在单独的分区

屏幕截图　　　　　　　　　　　　　　　　　　　　　　　返回　　继续

(c)

图　2-24(续)

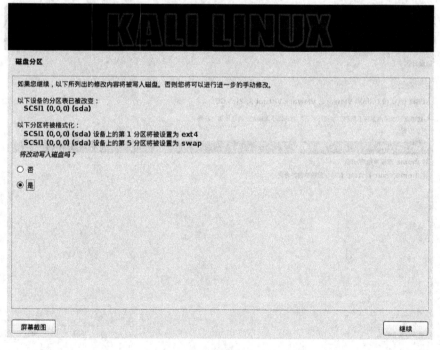

(d)

(e)

图 2-24（续）

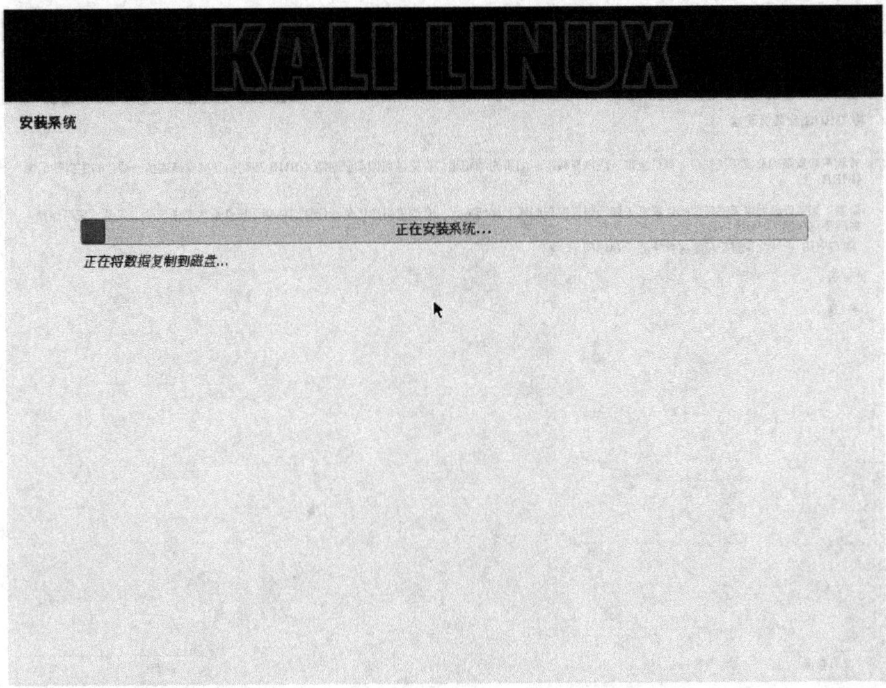

(f)

图 2-24（续）

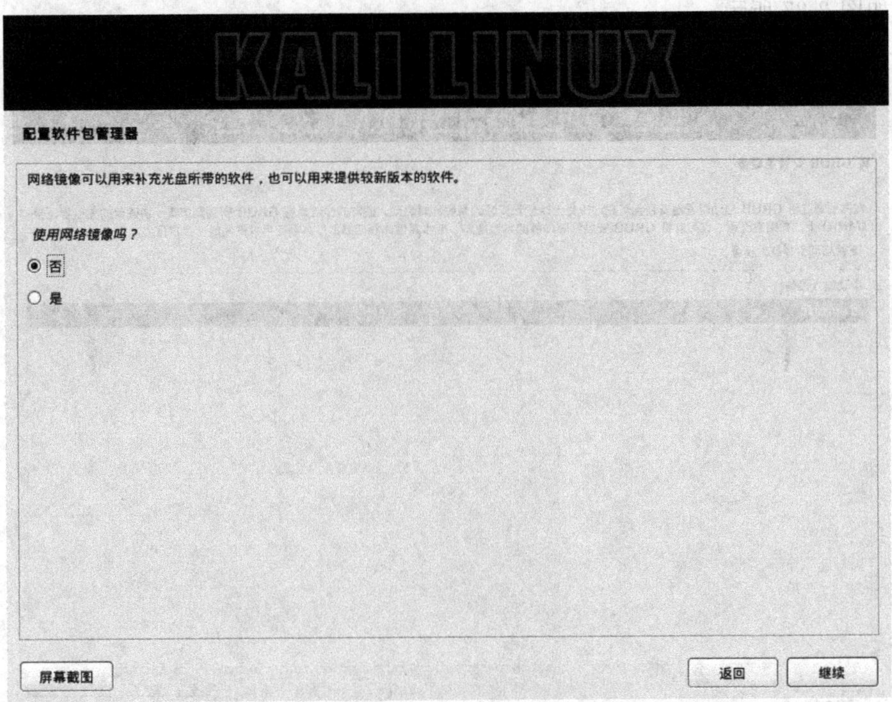

图 2-25 "配置软件包管理器"对话框

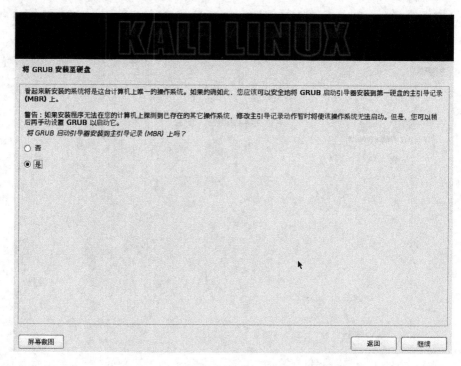

图 2-26 "将 GRUB 安装至硬盘"对话框

⑪ 在弹出的"安装启动引导器的设备"对话框中选择/dev/sda 选项，然后单击"继续"按钮，如图 2-27 所示。

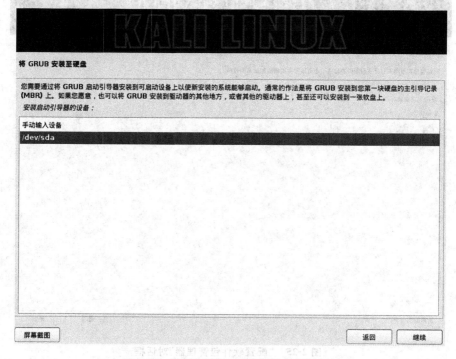

图 2-27 "安装启动引导器的设备"对话框

⑫ 此时将继续进行安装,直至结束安装进程,如图 2-28 所示。单击"继续"按钮,将返回到安装系统过程,安装完成后将会自动重新启动系统。

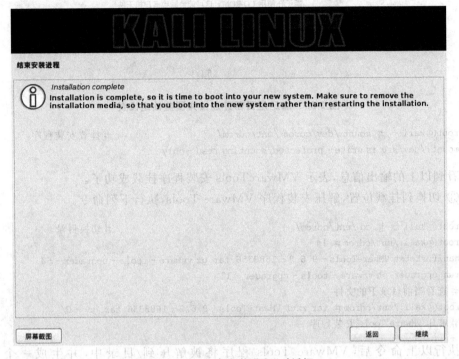

图 2-28 "结束安装进程"对话框

"输入用户名和密码"的登录窗口如图 2-29 所示。

图 2-29 "输入用户名和密码"的登录窗口

(3) 安装 VMware Tools,实现主机与虚拟机之间的文件共享和自动拖曳功能,鼠标指针也可以在虚拟机与主机之间自由移动,具体操作如下所示。

① 在 VMware Workstation 菜单栏中,选择"虚拟机"→"安装 VMware Tools"命令,弹出提示框,单击"是"按钮,如图 2-30 所示。

② 挂载 VMware Tools 安装程序到/mnt/cdrom 目录,执行以下命令。

```
root@kali:~ # mkdir /mnt/cdrom/                                    #创建挂载点
```

kali2-64 - VMware Workstation　　　　　　　　　　　　　×

❓　客户机操作系统已将 CD-ROM 门锁定，并且可能正在使用 CD-ROM，这可能会导致客户机无法识别介质的更改。如果可能，请在断开连接之前从客户机内部弹出 CD-ROM。

确实要断开连接并覆盖锁定设置吗？

是(Y)　　否(N)

图 2-30　确定是否断开连接并覆盖锁定设置

```
root@kali:~ # mount /dev/cdrom /mnt/cdrom/                    #挂载安装程序
mount:/dev/sr0 is write-protected,mounting read-only
```

看到以上的输出信息，表示 VMwareTools 安装程序挂载成功了。

③ 切换到挂载位置，解压安装程序 VMware Tools，执行下列命令。

```
root@kali:~ # cd /mnt/cdrom/                                  #切换目录
root@kali:/mnt/cdrom# ls
manifest.txt VMwareTools-9.6.2-1688356.tar.gz vmware-tools-upgrader-64
run_upgrader.sh vmware-tools-upgrader-32
#查看当前目录下的文件
root@kali:/mnt/cdrom# tar zxvf VMwareTools-9.6.2-1688356.tar.gz -C/
#解压 VMware Tools 安装程序
```

执行以上命令后，VMware Tools 程序将被解压到/目录中，并生成一个名为 vmware-tools-distrib 文件夹。

④ 切换到 VMware Tools 的目录，并运行安装程序，执行下列命令。

```
root@kali:/mnt/cdrom# cd /vmware-tools-distrib/              #切换目录
root@kali:/vmware-tools-distrib#./vmware-install.pl          #运行安装程序
```

执行以上命令后，会出现一些问题，这时不断按 Enter 键，接受默认值。

⑤ 重新启动计算机。

2.4.2　任务 2：配置 Kali Linux 软件包源和服务

1．任务目标

通过配置 Kali Linux 软件包源，进行 Kali Linux 操作系统的更新与升级，能启动 Apache 服务、Secure Shell(SSH)服务和 FTP 服务，并能够在 Kali Linux 操作系统中安装中文输入法。

2．工作任务

（1）配置 Kali Linux 软件包源。
（2）Kali Linux 操作系统的更新与升级。
（3）启动 Apache 服务。

（4）启动 Secure Shell(SSH)服务。

（5）安装并启动 FTP 服务。

（6）安装中文输入法。

3．工作环境

一台预装 Kali Linux 系统的主机。

4．实施过程

（1）配置 Kali Linux 软件包源，修改 apt-get 外部网络源为较快的源，具体操作如下。

① 设置 APT 源需要向软件源文件/etc/apt/sources. list 中添加映像网站，执行下列命令查找软件源文件。

```
root@kali:~ # cd /etc/apt/
root@kali:/etc/apt # ls
apt.conf.d          preferences.d    sources.list-      trusted.gpg.d
listchanges.conf    sources.list     sources.list.d
```

② 若担心修改错误，可以使用下列命令将软件源文件进行备份，以便能够随时修正。

```
root@kali:/etc/apt # cp sources.list sources.list.bak
root@kali:/etc/apt # ls
apt.conf.d          preferences.d    sources.list-      sources.list.d
listchanges.conf    sources.list     sources.list.bak   trusted.gpg.d
root@kali:/etc/apt # vim sources.list
```

③ 打开源文件 sources. list，按 i 键进入编辑模式，在窗口的左下角会显示"插入"，说明已进入插入模式，运行编辑文档，输入以下内容，修改 arp-get 外部网络源为较快的源，即添加以下较快的源。

```
♯163 源
deb http://mirrors.163.com/debian wheezy main non-free contrib
deb-src http://mirrors.163.com/debian wheezy main non-free contrib
deb http://mirrors.163.com/debian wheezy-proposed-updates main non-free contrib
deb-src http://mirrors.163.com/debian wheezy-proposed-updates main non-free contrib
deb-src http://mirrors.163.com/debian-security wheezy/updates main non-free contrib
deb http://mirrors.163.com/debian-security wheezy/updates main non-free contrib
♯中科大 Kali 源
deb http://mirrors.ustc.edu.cn/kali kali main non-free contrib
deb-src http://mirrors.ustc.edu.cn/kali kali main non-free contrib
deb http://mirrors.ustc.edu.cn/kali-security kali/updates main contrib non-free
♯debian_wheezy 源
deb http://ftp.sjtu.edu.cn/debian wheezy main non-free contrib
deb-src http://ftp.sjtu.edu.cn/debian wheezy main non-free contrib
deb http://ftp.sjtu.edu.cn/debian wheezy-proposed-updates main non-free contrib
deb-src http://ftp.sjtu.edu.cn/debian wheezy-proposed-updates main non-free contrib
deb http://ftp.sjtu.edu.cn/debian-security wheezy/updates main non-free contrib
deb-src http://ftp.sjtu.edu.cn/debian-security wheezy/updates main non-free contrib
```

```
#官方源
deb http://http.kali.org/kali kali main non-free contrib
deb-src http://http.kali.org/kali kali main non-free contrib
deb http://security.kali.org/kali-security kali/updates main contrib non-free
#新加坡 Kali 源
deb http://mirror.nus.edu.sg/kali/kali/ kali main non-free contrib
deb-src http://mirror.nus.edu.sg/kali/kali/ kali main non-free contrib
deb http://security.kali.org/kali-security kali/updates main contrib non-free
deb http://mirror.nus.edu.sg/kali/kali-security kali/updates main contrib non-free
deb-src http://mirror.nus.edu.sg/kali/kali-security kali/updates main contrib non-free
```

④ 添加完以上几个源后，按 Esc 键，窗口左下角的"插入"消失，然后输入"：wq"，直接按 Enter 键保存刚才编辑的文字，此时可以使用 cat 命令查看 source.list 文件的内容，如下所示。

```
root@kali:/etc/apt# cat sources.list
deb http://mirrors.163.com/debian wheezy main non-free contrib
deb-src http://mirrors.163.com/debian wheezy main non-free contirb
deb http://mirrors.163.com/debian wheezy-proposed-updates main non-free contrib
deb-src http://mirrors.163.com/debian wheezy-proposed-updates main non-free contrib
deb-src http://mirrors.163.com/debian-security wheezy/updates main non-free contrib
deb http://mirrors.163.com/debian-security wheezy/updates main non-free contrib
```

在该文件中，添加的软件源是根据不同的软件库分类的，其中 deb 指的是 DEB 包的目录；deb-src 指的是源码目录。如果不自己看程序或编译，可以不用指定 deb-src。由于 deb-src 和 deb 是成对出现的，可以不指定 deb-src，但是当需要 deb-src 的时候，deb 是必须指定的。

⑤ 添加完软件源，需要更新软件包列表后才可以使用。执行下列命令更新软件包列表。

```
root@kali:~ #apt-get update
```

注意：更新完软件列表后，会自动退出程序。

（2）Kali Linux 操作系统的更新与升级，具体操作如下。

① 使用下列命令可以升级系统。

```
root@kali:~ # apt-get dist-upgrade
```

② 重启启动系统后，登录到系统执行 lsb_release -a 命令查看当前操作系统的所有版本信息，例如无效的 LSB 模块、发行版、描述信息、版本信息、代号等，执行下列命令。

```
root@kali:~ # lsb_release -a
No LSB modules are available.
Distributor ID: Kali
Description:    Kali GNU/Linux Rolling
Release:        Kali-rolling
Codename:       Kali-rolling
```

③ 从输出的信息中可以看到当前系统版本,如果仅查看版本号,可以查看/etc/issue
文件,执行下列命令。

```
root@kali:~ # cat /etc/issue
Kali GNU/Linux Rolling \n \l
```

④ 从输出的信息中,可以看出当前系统的版本号。

⑤ 使用下列命令查看 Kali 内核版本。

```
root@kali:~ # uname - r
4.6.0-kali1-amd64
```

建议:Kali 的更新与升级可以直接从官网下载新的 IOS 文件进行安装。

(3) 启动 Apache 服务,执行下列命令,输出的信息表示 Apache 服务已经启动。

```
root@kali:~ # service apache2 start
```

注意:为了确认服务是否正在运行,也可以在浏览器中访问本地的地址。如果服务
器正在运行,将显示如图 2-31 所示的界面。

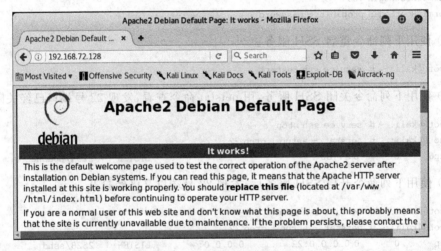

图 2-31 Apache 服务器访问窗口

(4) 启动 Secure Shell(SSH)服务,具体操作如下所示。

① 执行下列命令,输出的信息表示 SSH 服务已经启动。

```
root@kali:~ # service ssh start
```

② 为了确认服务的端口是否被监听,执行下列命令。

```
root@kali:~ # netstat - tpan | grep 22
tcp     0     0 0.0.0.0:22        0.0.0.0:*        LISTEN    2354/sshd
tcp6    0     0 :::22             :::*             LISTEN    2354/sshd
tcp6    0     0 :::80             :::*             LISTEN    2294/apache2
```

③ 或者执行下列命令，效果也相同。

```
root@kali:~# netstat - antup | grep 22
tcp    0    0 0.0.0.0:22         0.0.0.0:*        LISTEN    2354/sshd
tcp6   0    0 :::22             ::: *           LISTEN    2354/sshd
tcp6   0    0 :::80             ::: *           LISTEN    2294/apache2
```

④ 修改 sshd_config 文件，执行下列命令。

```
root@kali:~# vim /etc/ssh/sshd_config
```

⑤ 打开 sshd_config 文件，把 51 行的 ♯PasswordAuthentication yes 前的 ♯ 删掉。

```
# Change to no to disable tunnelled clear text passwords
PasswordAuthentication yes
```

⑥ 在 26 行的 LoginGraceTime 120 后添加 PermitRootLogin yes。

```
# Authentication:
LoginGraceTime 120
PermitRootLogin yes
PermitRootLogin prohibit - password
```

⑦ 使用下列命令重启 SSH 服务。

```
root@kali:~# service ssh restart
```

⑧ 使用下列命令关闭 SSH 服务，用 netstat 命令查看，发现 22 号端口已经关闭。

```
root@kali:~# service ssh stop
root@kali:~# netstat - antup | grep 22
tcp6   0    0 :::80             ::: *           LISTEN    2294/apache2
```

⑨ 使用下列命令开启 SSH 服务后，发现 22 号端口又已经打开。

```
root@kali:~# service ssh start
root@kali:~# netstat - antup | grep 22
tcp    0    0 0.0.0.0:22         0.0.0.0:*        LISTEN    2528/sshd
tcp6   0    0 :::22             ::: *           LISTEN    2528/sshd
tcp6   0    0 :::80             ::: *           LISTEN    2294/apache2
```

⑩ 也可以使用下列命令重启 SSH 服务。

```
root@kali:~# systemctl restart ssh
```

⑪ 使用下列命令查看 SSH 服务状态。

```
root@kali:~# /etc/init.d/ssh status
  ssh.service - OpenBSD Secure Shell server
  Loaded: loaded (/lib/systemd/system/ssh.service; disabled; vendor preset: disabled)
  Active: active (running) since 五 2017 - 04 - 14 10:46:04 CST; 3min 14s ago
Main PID: 2656(sshd)
  Tasks: 1 (limit: 9830)
  CGroup: /system.slice/ssh.service
```

```
        └2656 /usr/sbin/sshd – D
```

4 月 14 10:46:04 kali systemd[1]: Starting OpenBSD Secure Shell server...
4 月 14 10:46:04 kali sshd[2656]: Server listening on 0.0.0.0 port 22.
4 月 14 10:46:04 kali sshd[2656]: Server listening on :: port 22.
4 月 14 10:46:04 kali systemd[1]: Started OpenBSD Secure Shell server.

（5）安装中文输入法，具体操作如下所示。

① Kali Linux 操作系统默认没有安装中文输入法，执行下列命令安装支持拼音和五笔输入的小企鹅中文输入法。

```
root@kali:~ # apt – get install fcitx – table – wbpy ttf  – wqy – microhei ttf – wqy – zenhei
```

② 也可以选择以下任意一种进行中文输入法的安装。

```
# 典型的 ibus
root@kali:~ # apt – get install ibus ibus – pinyin
# fcitx 拼音，推荐使用
root@kali:~ # apt – get install fcitx fcitx – googlepinyin fcitx – pinyin
fcitx – module – cloudpinyin
```

输入法安装完成后需要注销当前用户重新登录之后才能使用。

2.5   常见问题解答

Kali Linux 如何配置 IP 地址？

答：配置 IP 方式有两种，第一种方式是通过命令直接配置。

（1）使用下列命令配置 IP 地址为 192.168.72.128。

```
root@kali:~ # ifconfig etho:1 192.168.72.128
```

（2）使用下列命令配置默认网关为 192.168.72.1。

```
root@kali:~ # route add default gw 192.168.72.1
```

（3）使用 vi 命令修改/etc/resolv. conf 配置文件，添加 nameserver DNS 来配置 DNS 服务器地址，但是该方式只能临时修改 IP 地址，当服务器重启后，配置信息丢失。

第二种方式是直接修改配置文件。

（1）使用 vim 命令编辑配置文件/etc/network/interface。

```
root@kali:~ # vim /etc/network/interface
```

（2）使用下面的行来替换有关 eth0 的行。

```
# The primary network interface
auto eth0
iface eth0 inet static
address 192.168.72.128
gateway 192.168.72.1
netmask 255.255.255.0
```

（3）保存配置后，使用下列命令重启网卡，使配置生效。

```
root@kali:~# vim /etc/init.d/networking restart
```

（4）配置 DNS 的具体方式是，首先使用下列命令打开配置文件进行编辑。

```
root@kali:~# vi /etc/resolv.conf
```

（5）在文件中添加下列内容。

```
search chotim.com
nameserver  8.8.8.8
```

（6）使用下列命令重启网卡服务。

```
root@kali:~# /etc/init.d/networking restart
```

2.6 认证试题

选择题

1. Kali Linux 的默认用户名是（　　　）。

    A. administrator　　　　　　　　　　　　B. anonymous

    C. root　　　　　　　　　　　　　　　　　D. user

2. Kali Linux 在添加完软件源之后，需要更新软件包列表后才能使用，更新软件包列表执行如下命令（　　　）攻击手段。

    A. apt-get update　　　　　　　　　　　B. apt-get install

    C. apt update　　　　　　　　　　　　　D. apt install

利用 Kali Linux 收集及利用信息

3.1 用户需求与分析

黑客为了发动攻击需要收集关于目标主机的基本信息,黑客得到的信息越多,攻击成功的概率也就越高。Kali Linux 操作系统上提供了很多工具,可以协助整理和组织目标主机的数据。

3.2 预 备 知 识

3.2.1 枚举服务

枚举是一类程序,它允许用户从一个网络中收集某一类的所有相关信息。DNS 枚举可以收集本地所有 DNS 服务和相关条目,可以帮助黑客收集目标组织的关键信息,如用户名、计算机名和 IP 地址等,为了获得这些信息,黑客可以使用 DNSenum 工具。

1. DNS 枚举工具 DNSenum

DNSenum 是一款非常强大的域名信息收集工具,它能够通过谷歌或者字典文件猜测可能存在的域名,并对一个网段进行反向查询。它不仅可以查询网站的主机地址信息、域名服务器和邮件交换记录,还可以在域名服务器上执行 AXFR 请求,然后通过谷歌脚本得到扩展域名信息,提取子域名并查询,最后计算 C 类地址并执行 WHOIS 查询,执行反向查询,把地址段写入文件。

2. DNS 枚举工具 Fierce

Fierce 工具和 DNSenum 工具性质差不多,主要是对子域名进行扫描和收集信息的。使用 Fierce 工具获取一个目标主机上所有 IP 地址和主机信息。

3.2.2 测试网络范围

测量网络范围内的 IP 地址或域名也是黑客信息收集的重要组成部分,通过测量网络范围内的 IP 地址或域名,可以确定是否存在入侵网络并损害系统。通常情况下,黑客只要在一个领域找到漏洞就可以利用这个漏洞攻击另外一个领域。在 Kali 中提供了 DMitry 和 Scapy 工具,其中 DMitry 工具用来查询目标网络中 IP 地址或域名信息,而 Scapy 工具用来扫描网络及嗅探数据包。

1. 域名查询工具 DMitry

DMitry 工具是用来查询 IP 或域名 WHOIS 信息的,WHOIS 是用来查询域名是否已经被注册及注册域名详细信息的数据库,例如域名所有人和域名注册商。使用该工具可以查到域名的注册商和过期时间等。

虽然使用 DMitry 工具可以查到 IP 或域名信息,但还是不能判断出网络范围,因为一般的路由器和防火墙并不支持 IP 地址范围的方式,所以现实中经常要把 IP 地址转换成子网掩码的格式、CIDR 格式和思科反向子网掩码格式等。在 Linux 中,Netmask 工具可以在 IP 范围、子网掩码、CIDR 和 Cisco 等格式中互相转换,并且提供了 IP 地址的点分十进制、二进制、八进制和十六进制之间的相互转换。

2. 路由跟踪工具 Scapy

Scapy 是一款功能强大的交互式数据包处理工具、数据包生成器、网络扫描器、网络发现工具和包嗅探工具。它提供多种类别的交互式生成数据包或数据包集合、对数据包进行操作、发送数据包、包嗅探、应答和反馈匹配等功能。

3.2.3 系统指纹识别和服务指纹识别

现在一些便携式计算机操作系统使用指纹识别来验证密码进行登录,例如苹果手机。指纹识别是识别系统的一个典型模式,包括指纹图形获取、处理、特征提取和对等模块。目标系统中服务的指纹信息包括服务端口、服务名和版本等,在 Kali 中可以使用 Nmap 和 Amap 工具识别指纹信息。使用 Nmap 工具可以查看目标主机正在运行的端口号,还可以获取各个端口对应的服务及版本信息。服务枚举工具 Amap 能够识别正运行在一个指定端口或一个范围端口上的应用程序。

3.2.4 网络映射器 Nmap 简介

Nmap 号称"扫描之王",提供了大量基于 DOS 命令行的选项。它是一个免费开放的网络扫描和嗅探工具,也叫作网络映射器(Network Mapper)。该工具有 3 个基本功能:①探测一组主机是否在线;②扫描主机端口,嗅探所提供的网络服务;③可以推断主机所用的操作系统。通常,网络管理员利用 Nmap 来进行网络系统安全的评估,而黑客可以使用该软件扫描,通过向远程主机发送探测数据包来获取主机的响应,并根据主机的端口开放情况得到网络的安全状态,从中寻找存在漏洞的目标主机,从而实施下一步的攻击。

Nmap 使用 TCP/IP 协议栈指纹准确地判断目标主机的操作系统类型。首先,Nmap 通过对目标主机进行端口扫描,找出有哪些端口正在目标主机上监听。当侦测到目标主机有多于一个开放的 TCP 端口、一个关闭的 TCP 端口和一个关闭的 UDP 端口时,Nmap

的探测能力是最好的。其次,Nmap 对目标主机进行一系列测试,利用得出的测试结果建立响应目标主机的 Nmap 指纹。最后,将此 Nmap 指纹与指纹库中的指纹进行查找匹配,从而得出操作系统的类型。Nmap 支持 4 种扫描方式:ping 扫描、TCP connect()扫描、TCP SYN 扫描、UDP 扫描。该工具既有 Windows 版本也有 Linux 版本,可以在 http://www. insecure. org/nmap 上免费下载,下载后直接运行进行安装即可。

3.3 方 案 设 计

方案设计如表 3-1 所示。

表 3-1　方案设计

任务名称	利用 Kali Linux 收集及利用信息
任务分解	1. 利用枚举工具收集关键信息 2. 利用域名查询工具测量网络范围 3. 利用路由跟踪工具测量网络范围 4. 使用工具进行系统指纹识别 5. 使用工具进行服务指纹识别
能力目标	1. 使用 DNS 枚举工具收集目标主机的关键信息 2. 利用域名查询工具查询目标网络中 IP 地址或域名信息 3. 能利用路由跟踪工具来扫描网络及嗅探数据包 4. 能使用 Nmap 工具识别正在运行的目标主机的系统指纹信息 5. 能使用 Amap 工具识别正在运行的目标主机的服务指纹信息
知识目标	1. 了解枚举服务的定义 2. 熟悉 DNS 枚举工具 3. 熟悉域名查询工具和路由跟踪工具 4. 了解系统指纹识别和服务指纹识别的概念 5. 了解网络映射器 Nmap 工具
素质目标	1. 培养良好的职业道德 2. 树立较强的安全意识 3. 掌握网络安全行业的基本情况 4. 树立较强的安全、节约、环保意识

3.4 项 目 实 施

3.4.1 任务 1:利用枚举工具收集关键信息

1. 任务目标

使用 DNS 枚举工具收集目标主机的关键信息,如用户名、计算机名和 IP 地址等。

2. 工作任务

(1) DNS 枚举工具 DNSenum 的使用。

(2) DNS 枚举工具 Fierce 的使用。

3. 工作环境

一台预装 Kali Linux 系统的主机。

4. 实施过程

(1) DNS 枚举工具 DNSenum 的使用。

① 在终端执行如图 3-1 所示的命令，输出信息显示了 DNS 服务的详细信息，其中包括顺德职业技术学院 Web 服务器的 IP 地址、域名服务地址。

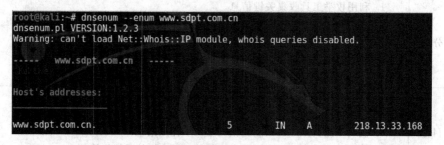

图 3-1　显示服务的详细信息

② 在终端执行如图 3-2 所示的命令，输出信息显示了 DNS 服务的详细信息，其中包括百度网站 Web 服务器的 IP 地址、域名服务地址。

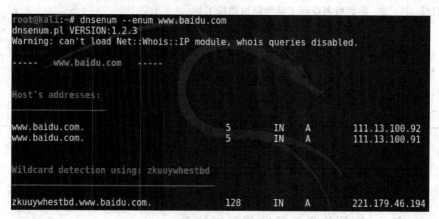

图 3-2　查看百度 Web 服务器的详细信息

③ 使用 DNSenum 工具检查 DNS 枚举时，还可以使用 dnsenum 命令的一些附加选项，如使用--threads［number］设置用户同时运行多个进程数；使用-r 允许用户启用递归查询；使用-d 允许用户设置 WHOIS 请求之间时间延迟数（单位为秒）；使用-O 允许用户指定输出位置；使用-w 允许用户启用 WHOIS 请求。

（2）DNS 枚举工具 Fierce 的使用。

① 在终端执行如图 3-3 所示的命令。

② 输出信息显示了 baidu. com 下所有的子域，如图 3-4 所示。

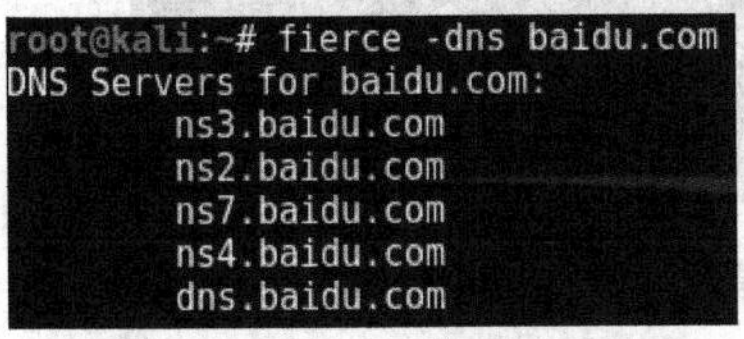

```
root@kali:~# fierce -dns baidu.com
DNS Servers for baidu.com:
        ns3.baidu.com
        ns2.baidu.com
        ns7.baidu.com
        ns4.baidu.com
        dns.baidu.com
```

图 3-3 Fierce 工具的使用

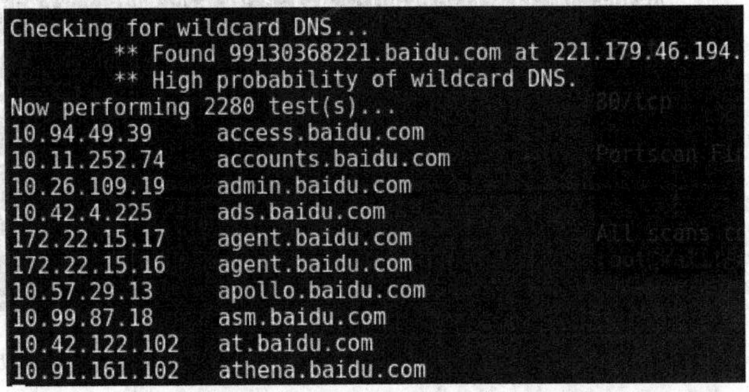

```
Checking for wildcard DNS...
        ** Found 99130368221.baidu.com at 221.179.46.194.
        ** High probability of wildcard DNS.
Now performing 2280 test(s)...
10.94.49.39      access.baidu.com
10.11.252.74     accounts.baidu.com
10.26.109.19     admin.baidu.com
10.42.4.225      ads.baidu.com
172.22.15.17     agent.baidu.com
172.22.15.16     agent.baidu.com
10.57.29.13      apollo.baidu.com
10.99.87.18      asm.baidu.com
10.42.122.102    at.baidu.com
10.91.161.102    athena.baidu.com
```

图 3-4 baidu. com 下所有的子域

3.4.2 任务 2：利用域名查询工具和路由跟踪工具测量网络范围

1. 任务目标

利用域名查询工具查询目标网络中 IP 地址或域名信息，利用路由跟踪工具来扫描网络及嗅探数据包。

2. 工作任务

（1）域名查询工具 DMitry 的使用。

（2）路由跟踪工具 Scapy 的使用。

3. 工作环境

一台预装 Kali Linux 系统的主机。

4. 实施过程

（1）域名查询工具 DMitry 的使用。

① 查看 DMitry 工具的帮助信息，如图 3-5 所示。信息显示了 dmitry 命令的语法格式和所有可用参数。

② 使用 DMitry 工具收集 sdpt. com. cn 域名的信息，如图 3-6 所示。

③ 以上输出信息显示了 sdpt. com. cn 域名的 IP 地址、WHOIS 信息及开放的端口号。

④ 使用 dmitry 命令的-s 选项，可以查询可能的子域，如图 3-7 所示。从输出的信息中，可以看到搜索到了一个子域，该子域名为 Google. com，IP 地址为 111. 13. 101. 208。由于不能连接 Google. com 网站，因此出现 Unable to connect：Socket Connect Error 错误信息。

```
root@kali:~# dmitry -h
Deepmagic Information Gathering Tool
"There be some deep magic going on"

dmitry: invalid option -- 'h'
Usage: dmitry [-winsepfb] [-t 0-9] [-o %host.txt] host
  -o     Save output to %host.txt or to file specified by -o file
  -i     Perform a whois lookup on the IP address of a host
  -w     Perform a whois lookup on the domain name of a host
  -n     Retrieve Netcraft.com information on a host
  -s     Perform a search for possible subdomains
  -e     Perform a search for possible email addresses
  -p     Perform a TCP port scan on a host
* -f     Perform a TCP port scan on a host showing output reporting filtered ports
* -b     Read in the banner received from the scanned port
* -t 0-9 Set the TTL in seconds when scanning a TCP port ( Default 2 )
*Requires the -p flagged to be passed
```

图 3-5 DMitry 工具的帮助信息

```
root@kali:~# dmitry -wnpb sdpt.com.cn
Deepmagic Information Gathering Tool
"There be some deep magic going on"

HostIP:218.13.33.168
HostName:sdpt.com.cn

Gathered Inic-whois information for sdpt.com.cn
---------------------------------
Error: Unable to connect - Invalid Host
ERROR: Connection to InicWhois Server cn.whois-servers.net failed

Gathered Netcraft information for sdpt.com.cn
---------------------------------

Retrieving Netcraft.com information for sdpt.com.cn
Netcraft.com Information gathered

Gathered TCP Port information for 218.13.33.168
---------------------------------

 Port        State

80/tcp       open

Portscan Finished: Scanned 150 ports, 69 ports were in state closed

All scans completed, exiting
```

图 3-6 sdpt.com.cn 域名的信息

```
root@kali:~# dmitry -s baidu.com
Deepmagic Information Gathering Tool
"There be some deep magic going on"

HostIP:111.13.101.208
HostName:baidu.com

Gathered Subdomain information for baidu.com
---------------------------------
Searching Google.com:80...
Unable to connect: Socket Connect Error
```

图 3-7 查询合理的子域

⑤ 用 netmask 命令将域名 sdpt.com.cn 转换成标准的子网掩码格式,如图 3-8 所示。

```
root@kali:~# netmask -s sdpt.com.cn
218.13.33.168/255.255.255.255
```

图 3-8 将域名转换为子网掩码格式

(2) 路由跟踪工具 Scapy 的使用。

① 启动 Scapy 工具,如图 3-9 所示。

```
root@kali:~# scapy
INFO: Can't import python gnuplot wrapper . Won't be able to plot.
WARNING: No route found for IPv6 destination :: (no default route?)
Welcome to Scapy (2.3.2)
>>>
```

图 3-9 启动 Scapy 工具

② 使用 sr() 函数实现发送和接收数据包,执行命令如下所示,执行以上命令后,会自动与 www.sdpt.com.cn 建立连接,执行几分钟后,使用 Ctrl+C 组合键终止接收数据包,如图 3-10 所示。从输出的信息中可以看到收到 25 个数据包,得到 11 个响应包及保留了 13 个包。

```
>>> ans,unans=sr(IP(dst="www.baidu.com/30",ttl=(1,6))/TCP())
Begin emission:
.****Finished to send 24 packets.
......***......****^C
Received 25 packets, got 11 answers, remaining 13 packets
```

图 3-10 使用 sr() 函数发送和接收数据包

③ 以表的形式查看数据包的发送情况,如图 3-11 所示,输出的信息显示了该网络中的所有 IP 地址。

```
>>> ans.make_table(lambda(s,r):(s.dst,s.ttl,r.src))
  111.13.100.88 111.13.100.89 111.13.100.90 111.13.100.91
1 192.168.232.2 192.168.232.2 192.168.232.2 192.168.232.2
2 -             111.13.100.89 111.13.100.90 111.13.100.91
3 -             111.13.100.89 111.13.100.90 111.13.100.91
4 -             111.13.100.89 -             -
```

图 3-11 以表的形式查看数据包的发送情况

④ 使用 scapy 命令查看 TCP 路由跟踪信息,如图 3-12 所示。输出信息显示了与 www.baidu.com、www.kali.org、www.sdpt.com.cn 三个网站连接后所经过的地址。

res,unans = traceroute(["www.baidu.com","www.kali.org","www.sdpt.com.cn"],dport = [80, 443],maxttl = 20,retry = -2)

输出信息中,RA 标识路由区,SA 表示服务区。其中路由区是指当前系统中移动台当前的位置,RA 的标识符是 RAI,RA 是包含在 LA 内的。服务区是指移动台可获得服务的区域,即不同通信网用户无须知道移动台的实际位置,而可与之通信的区域。

⑤ 执行下列命令退出 Scapy,也可以按 Ctrl+D 组合键退出 Scapy。

```
>>> res,unans=traceroute(["www.baidu.com","www.kali.org","www.sdpt.com.cn"],dport=[80,443],maxttl=20,retry=-2)
Begin emission:
*******************************************Finished to send 120 packets.
***********************************************************Begin emission:
Finished to send 19 packets.
Begin emission:
Finished to send 19 packets.

Received 101 packets, got 101 answers, remaining 19 packets
   111.13.100.91:tcp443 111.13.100.91:tcp80 192.124.249.10:tcp443 192.124.249.10:tcp80 218.13.33.168:tcp443 218.13.33.168:tcp80
1  192.168.232.2   11   192.168.232.2   11  192.168.232.2   11    192.168.232.2   11   192.168.232.2   11   192.168.232.2   11
2  111.13.100.91   SA   111.13.100.91   SA  192.124.249.10  SA    192.124.249.10  SA   -                    218.13.33.168   SA
3  111.13.100.91   SA   111.13.100.91   SA  192.124.249.10  SA    192.124.249.10  SA   -                    218.13.33.168   SA
4  111.13.100.91   SA   111.13.100.91   SA  192.124.249.10  SA    192.124.249.10  SA   -                    218.13.33.168   SA
5  111.13.100.91   SA   111.13.100.91   SA  192.124.249.10  SA    192.124.249.10  SA   -                    218.13.33.168   SA
6  111.13.100.91   SA   111.13.100.91   SA  192.124.249.10  SA    192.124.249.10  SA   -                    218.13.33.168   SA
7  111.13.100.91   SA   111.13.100.91   SA  192.124.249.10  SA    192.124.249.10  SA   -                    218.13.33.168   SA
8  111.13.100.91   SA   111.13.100.91   SA  192.124.249.10  SA    192.124.249.10  SA   -                    218.13.33.168   SA
9  111.13.100.91   SA   111.13.100.91   SA  192.124.249.10  SA    192.124.249.10  SA   -                    218.13.33.168   SA
10 111.13.100.91   SA   111.13.100.91   SA  192.124.249.10  SA    192.124.249.10  SA   -                    218.13.33.168   SA
11 111.13.100.91   SA   111.13.100.91   SA  192.124.249.10  SA    192.124.249.10  SA   -                    218.13.33.168   SA
12 111.13.100.91   SA   111.13.100.91   SA  192.124.249.10  SA    192.124.249.10  SA   -                    218.13.33.168   SA
13 111.13.100.91   SA   111.13.100.91   SA  192.124.249.10  SA    192.124.249.10  SA   -                    218.13.33.168   SA
14 111.13.100.91   SA   111.13.100.91   SA  192.124.249.10  SA    192.124.249.10  SA   -                    218.13.33.168   SA
15 111.13.100.91   SA   111.13.100.91   SA  192.124.249.10  SA    192.124.249.10  SA   -                    218.13.33.168   SA
16 111.13.100.91   SA   111.13.100.91   SA  192.124.249.10  SA    192.124.249.10  SA   -                    218.13.33.168   SA
17 111.13.100.91   SA   111.13.100.91   SA  192.124.249.10  SA    192.124.249.10  SA   -                    218.13.33.168   SA
18 111.13.100.91   SA   111.13.100.91   SA  192.124.249.10  SA    192.124.249.10  SA   -                    218.13.33.168   SA
19 111.13.100.91   SA   111.13.100.91   SA  192.124.249.10  SA    192.124.249.10  SA   -                    218.13.33.168   SA
20 111.13.100.91   SA   111.13.100.91   SA  192.124.249.10  SA    192.124.249.10  SA   -                    218.13.33.168   SA
```

图 3-12 查看 TCP 路由跟踪信息

```
>>> exit()
```

3.4.3 任务 3：使用工具进行系统指纹识别和服务指纹识别

1. 任务目标

使用工具测试正在运行的目标主机的操作系统以及服务的指纹信息，包括服务端口、服务器名和版本等。

2. 工作任务

(1) 使用 Nmap 工具识别系统指纹信息。

(2) 使用 Nmap 工具识别服务指纹信息。

(3) 使用 Amap 工具识别服务指纹信息。

3. 工作环境

一台预装 Kali Linux 系统的主机。

4. 实施过程

(1) 使用 Nmap 工具识别系统指纹信息。

① 使用 nmap 命令的-O 选项启用操作系统测试功能，如图 3-13 所示。

② 输出的信息显示了主机 192.168.232.129 的指纹信息，包括目标主机打开的端口、MAC 地址、操作系统类型和内核版本等。

(2) 使用 Nmap 工具识别服务指纹信息。

① 使用 nmap 命令的-sV 选项查看 192.168.232.129 服务器上正在运行的端口，如图 3-14 所示。

```
root@kali:~# nmap -O 192.168.232.129
Starting Nmap 7.25BETA1 ( https://nmap.org ) at 2017-04-15 15:18 CST
Nmap scan report for 192.168.232.129
Host is up (0.00062s latency).
Not shown: 998 filtered ports
PORT   STATE SERVICE
21/tcp open  ftp
80/tcp open  http
MAC Address: 00:0C:29:B0:05:58 (VMware)
Warning: OSScan results may be unreliable because we could not find at least 1 o
pen and 1 closed port
Device type: general purpose
Running: Microsoft Windows 2012
OS CPE: cpe:/o:microsoft:windows_server_2012:r2
OS details: Microsoft Windows Server 2012 or Windows Server 2012 R2
Network Distance: 1 hop

OS detection performed. Please report any incorrect results at https://nmap.org/
submit/ .
Nmap done: 1 IP address (1 host up) scanned in 21.12 seconds
```

图 3-13　启用操作系统测试功能

```
root@kali:~# nmap -sV 192.168.232.129
Starting Nmap 7.25BETA1 ( https://nmap.org ) at 2017-04-15 15:23 CST
Nmap scan report for 192.168.232.129
Host is up (0.00040s latency).
Not shown: 998 filtered ports
PORT   STATE SERVICE VERSION
21/tcp open  ftp     Microsoft ftpd
80/tcp open  http    Microsoft HTTPAPI httpd 2.0 (SSDP/UPnP)
MAC Address: 00:0C:29:B0:05:58 (VMware)
Service Info: OS: Windows; CPE: cpe:/o:microsoft:windows

Service detection performed. Please report any incorrect results at https://nmap
.org/submit/ .
Nmap done: 1 IP address (1 host up) scanned in 12.70 seconds
```

图 3-14　查看服务器上正在运行的端口

② 输出的信息显示了目标服务器 192.168.232.129 上运行的端口号有 21 和 80,同时还获取各个端口对应的服务及版本信息。

(3) 使用 Amap 工具识别服务指纹信息。

① 使用 Amap 工具在指定的 50～100 端口范围内测试目标主机 192.168.232.129 上正在运行的应用程序,如图 3-15 所示。

```
root@kali:~# amap -bq 192.168.232.129 50-100
amap v5.4 (www.thc.org/thc-amap) started at 2017-04-15 15:29:20 - APPLICATION MAPPING
 mode

Protocol on 192.168.232.129:80/tcp matches http - banner: HTTP/1.1 404 Not Found\r\nC
ontent-Type text/html; charset=us-ascii\r\nServer Microsoft-HTTPAPI/2.0\r\nDate Sun,
16 Apr 2017 081805 GMT\r\nConnection close\r\nContent-Length 315\r\n\r\n\n<!DOCTYPE HTM
L PUBLIC "-//W3C//DTD HTML 4.01//EN""http://www.w3.org/TR/
Protocol on 192.168.232.129:80/tcp matches http-apache-2 - banner: HTTP/1.1 404 Not F
ound\r\nContent-Type text/html; charset=us-ascii\r\nServer Microsoft-HTTPAPI/2.0\r\nD
ate Sun, 16 Apr 2017 081805 GMT\r\nConnection close\r\nContent-Length 315\r\n\r\n\n<!DO
CTYPE HTML PUBLIC "-//W3C//DTD HTML 4.01//EN""http://www.w3.org/TR/
```

图 3-15　在指定的端口范围内测试目标主机上正在运行的应用程序

② 输出的信息显示了目标主机 192.168.232.129 在 50～100 端口范围内正在运行的端口，从输出结果的第二段内容中可以了解到主机 192.168.232.129 使用时的 Windows Server 操作系统。

3.5　常见问题解答

为什么要测试网络范围？

答：测试网络范围内的 IP 地址或域名是网络攻击的重要组成部分，通过查询目标网络中 IP 地址或域名信息，扫描网络即嗅探数据包，可以确定是否有黑客入侵自己的网络并损害系统。

3.6　认证试题

简答题

1. 简述什么是枚举服务。
2. 简述什么是系统指纹信息和服务指纹信息。

漏 洞 扫 描

4.1　用户需求与分析

收集目标主机信息的方法有两种：①使用各种扫描工具对目标主机进行大规模的扫描，得到系统信息和运行的服务信息；②利用各种查询手段得到与目标主机相关的一切信息。扫描技术是收集信息的技术手段，是攻击者入侵被攻击者之前的"踩点"，网络扫描可以分为两大类：端口扫描类和漏洞扫描类。端口扫描的功能是探测主机是否在线，获得主机开放的端口、运行的服务、使用的操作系统和软件等信息；漏洞扫描主要扫描主机开放的端口、运行的服务、使用的操作系统和应用软件有何漏洞。黑客通过对目标主机进行扫描发现漏洞和弱点，甚至能探测出目标主机用户账号和密码等信息，然后使用病毒和木马对这些漏洞进行攻击甚至破坏计算机系统。

4.2　预 备 知 识

4.2.1　漏洞概述

由于大部分严重的网络安全威胁都是由信息系统所存在的安全漏洞诱发的，所以及时发现和处理漏洞是安全防范工作的重中之重。2016 年，国家信息安全漏洞共享平台（CNVD）共收录通用软硬件漏洞 10822 个。其中，高危漏洞 4146 个（占 38.3%）、中危漏洞 5993 个（占 55.4%）、低危漏洞 683 个（占 6.3%）。在所收录的上述漏洞中，可用于实施远程网络攻击的漏洞有 9503 个，可用于实施本地攻击的漏洞有 1319 个，"零日"漏洞有 2203 个。2016 年，CNVD 共收集、整理了 4146 个高危漏洞，涵盖 Google、Oracle、Adobe、Microsoft、IBM、Apple、Cisco、Wordpress、Mozilla、Huawei 等厂商的产品及 Linux。各厂商产品中高危漏洞的分布情况如图 4-1 所示。

根据影响对象的类型，漏洞可分为：操作系统漏洞、应用程序漏洞、Web 应用漏洞、数据库漏洞、网络设备漏洞（如路由器、交换机等）和安全产品漏洞（如防火墙、入侵检测系统等）。如图 4-2 所示，在 CNVD 2016 年度收集、整理的漏洞信息中，操作系统漏洞占

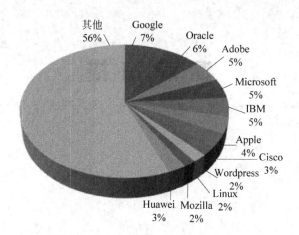

图 4-1   2016 年 CNVD 收录高危漏洞分布

13％，应用程序漏洞占 60％，Web 应用漏洞占 17％，数据库漏洞占 2％，网络设备漏洞占 6％，安全产品漏洞占 2％。

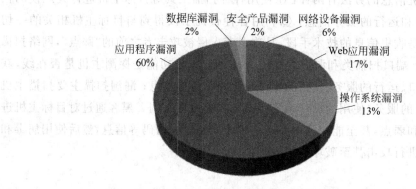

图 4-2   2016 年 CNVD 收录漏洞按影响对象类型分类统计图

2016 年，CNVD 共收录漏洞补丁 8619 个，并为大部分漏洞提供了可参考的解决方案，提醒相关用户注意做好系统加固和安全防范工作。

4.2.2   主要端口及漏洞介绍

1. 135 端口及其漏洞

135 端口主要用于使用 RPC（Remote Procedure Call，远程过程调用）协议并提供 DCOM（分布式组件对象模型）服务，通过 RPC 可以保证在一台计算机上运行的程序可以顺利执行远程计算机上的代码，使用 DCOM 可以通过网络直接进行通信，能够进行跨协议的多种网络传输。鼎鼎大名的"冲击波"病毒就是利用 RPC 漏洞来攻击计算机的。RPC 本身在处理通过 TCP/IP 的消息交换部分时有一个漏洞，该漏洞是由于错误地处理格式不对的消息造成的。该漏洞会影响到 RPC 与 DCOM 之间的一个接口，该接口侦听的端口就是 135。

2. 139 端口及其漏洞

139 端口是为 NetBIOS Session Service 提供的,主要用于提供 Windows 文件和打印机共享以及 UNIX 中的 Samba 服务。在 Windows 中要在局域网中进行文件的共享,必须使用该服务。开启 139 端口虽然可以提供共享服务,但是常常被攻击者所利用进行国内国际,比如使用流光、Super Scan 和 X-Scan 等端口扫描软件,可以扫描目标主机的 139 端口。如果发现有漏洞,可以试图获取用户名和密码。因此,如果不需要提供文件和打印机共享,建议关闭该端口。

3. 3389 端口

3389 端口是 Windows 操作系统远程桌面的服务端口,可以通过这个端口,用"远程桌面"等连接工具连接到远程的服务器。如果连接上了,输入系统管理员的用户名和密码后,将可以像操作本机一样操作远程的服务器,因此远程服务器一般都将这个端口改变数值或者关闭。

4.2.3 扫描器的作用及工作原理

一个端口就是一个潜在的通信通道,也就是一个入侵通道。对目标计算机端口进行端口扫描能够得到许多有用的信息。进行扫描的方法有很多,可以用手工进行扫描,也可以用端口扫描软件进行扫描。用手工进行扫描时需要熟悉各种命令,对命令执行后的输出进行分析。用扫描软件进行扫描时,许多扫描器软件都有分析数据的能力,通过端口扫描可以得到许多有用的信息,从而发现系统的安全漏洞。

扫描器是一种自动检测远程或本地主机安全性弱点的程序,通过使用扫描器可以不留痕迹地发现远程服务器的各种 TCP 端口的分配及提供的服务以及它们的软件版本,从而间接或直接地了解到远程主机所存在的安全问题。

黑客在探测目标计算机都开放了哪些端口、提供了哪些服务之前,首先要与目标计算机建立 TCP 连接,这就是扫描的出发点。扫描器向目标计算机的 TCP/IP 服务端口发送探测数据包,并记录目标主机的响应。通过分析响应来判断服务端口是打开还是关闭,就可以得知端口提供的服务或信息。端口扫描也可以通过捕获本地计算机或服务器的流入、流出 IP 数据包来监视本地计算机的运行情况,它仅能对接收到的数据进行分析,帮助用户发现目标计算机的某些内在弱点,而不会提供进入一个系统的详细步骤。

4.2.4 常用端口扫描技术分类

通常网络扫描是基于 TCP/IP 实现的,如 ICMP 扫描、TCP 扫描和 UDP 扫描。整个扫描流程如下。

第一步,主机存活性扫描:是指评估主机的存活状态,即是否在线。但是被扫描主机可能使用防火墙阻塞 ICMP 数据包,可能会逃过存活性扫描的判定。

第二步,端口扫描:针对主机判断端口开放和关闭情况,是存活性扫描的有益补充。

第三步,服务识别:判断主机提供的服务。

第四步，操作系统识别：判断主机运行操作系统的类型及其版本。

1. 主机存活性扫描

主机存活性扫描的目的是确定在网络上的目标主机是否可达，这是信息收集的初级阶段。使用 ping 命令利用 ICMP 的 echo 发出请求，如果收到回应就表示主机存活。

常用的扫描技术有如下几种。

(1) ICMP echo 扫描：有时通过 ping 命令判断一个网络上的主机是否开机时非常有用。ping 是最简单的探测手段，用来判断目标是否活动。而且 ping 命令一般在系统内核中实现，而不是一个用户进程，因此更加不容易被发现。精度相对较高，通过简单地向目标主机发送 ICMP echo request 数据包，并等待回复 ICMP echo reply 包。

(2) ICMP sweep 扫描：使用 ICMP echo request 一次探测多个目标主机，进行并发性扫描，提高了探测效率，适用于大范围的评估。

(3) Broadcast ICMP 扫描（广播型 ICMP 扫描）：通过设置 ICMP 请求包的目标地址为广播地址或网络地址，可以探测整个网络范围内的主机，子网内所有存活主机都会进行响应，只适用于 UNIX 或 Linux 系统。

(4) No-Echo ICMP 扫描：既能探测主机，又能探测网络设备，利用了 timestamp 和 timestamp replay、information request 和 information reply、address mask request 和 address mask reply 功能。

2. 端口扫描

在完成主机存活性判断之后，接着判断主机开放端口的状态，即主机上开放的服务。TCP 端口扫描技术利用三次握手过程与目标主机建立完整或不完整的 TCP 连接。

常用的技术有如下几种。

(1) TCP connect Scan（TCP 连接扫描）：它是最基本的 TCP 扫描，直接连到目标端口并完成一个完整的三次握手过程（SYN、SYN/ACK 和 ACK）。操作系统提供的 connect() 函数完成系统调用，用来与目标计算机端口进行连接。如果端口处于侦听状态，那么 connect() 函数就能成功，否则这个端口是无法使用的，也就是没有提供服务。这种扫描技术的最大优点是不需要任何权限，系统中的任何用户都有权利使用这个调用。其次是速度快，通过同时打开多个套接字从而加速扫描。缺点是很容易被发觉，并且被过滤掉。目标计算机的日志文件会显示一连串的连接和连接出错的服务消息，并且能很快地使它关闭。

(2) TCP SYN Scan（TCP 同步序列号扫描）：它是一种"半开放"式扫描，因为扫描程序不必完成一个完整的 TCP 连接，即扫描主机和目标主机一指定端口建立连接时，只完成前两次握手，在第三步时，扫描主机中断了本次连接，使连接没有完全建立起来。扫描程序发送的是一个 SYN 数据包，好像准备打开一个实际的连接并等待反应一样。这种扫描技术的优点是一般不会在目标计算机上留下记录；缺点是必须要有系统管理员权限，不适合使用多线程技术。

(3) TCP FIN Scan（TCP 结束标志扫描）：一些防火墙和包过滤器会对一些特定的

端口进行监视,有的程序能检测到 SYN 扫描。而 FIN 数据包则没有这些麻烦。TCP FIN 扫描的是关闭的端口会用 RST 来回复 FIN 数据包,而打开的端口会忽略对 FIN 数据包的回复。但有些系统不管端口打开与否都回复 RST,此时这种扫描方法则失效。并且这种方法在区分 UNIX 和 Windows NT 时是十分有用的。

3. 服务及系统指纹识别

在判断完端口情况后,需要判断服务和操作系统类型,主要有以下技术。

(1) 根据端口判定:直接利用端口与服务的对应关系,例如 23 端口对应 Telnet 服务,21 端口对应 FTP 服务,80 端口对应 HTTP 服务。

(2) 根据旗标(Banner)判定:通过获取服务的 Banner 来判定当前运行的服务情况,不仅能判定服务,还能判定具体服务版本信息,例如 HTTP、FTP 和 Telnet 都能够获取 Banner 信息。

(3) 指纹技术:利用不同操作系统在 TCP/IP 协议栈实现上的差别来识别一个操作系统的类型。例如根据 ICMP reply 包的 TOS、TTL 值、校验和等信息,通过这些信息以树状形式去查找,最终精确锁定对方的操作系统。

4. 其他扫描技术

IP Scan(IP 协议扫描):它不直接发送 TCP 协议探测数据包,而是将数据包分成两个较小的 IP 协议段,这样就将一个 TCP 协议头分成几个数据包,从而过滤器很难探测到。但有些程序在处理这些小数据包时会有些麻烦。

5. UDP Scan(UDP 协议扫描)

在 UDP 目标端口发送一个 UDP 分组。如果目标端口以 ICMP port Unreachable (ICMP 端口不可达)消息作为响应,则该端口是关闭的,否则就是打开的。由于 UDP 是无连接的不可靠协议,因此这种方法的准确性很大程度上取决于与网络及系统资源使用率相关的多个因素。当试图扫描一个大量应用分组过滤功能的设备时,UDP 扫描将是一个非常缓慢的过程。如果在互联网上执行 UDP 扫描,那么结果就是不可靠的。

4.2.5 常用扫描器介绍

1. 扫描工具 Scanline 简介

Scanline 是著名的 Foundstone 公司的产品,国外黑客比较常用的端口扫描器,工作在命令行下,扫描的速度非常快。使用方法为: C:\sl -u 1-600 192.168.1.2,扫描 IP 地址为 192.168.1.2 主机的 1~600 的 UDP 端口。

2. 漏洞扫描工具 Nessus 简介

Nessus 是系统漏洞扫描与分析软件,可以在 Windows 上运行也可以在 Linux 上运行,拥有庞大的漏洞数据库,采用浏览器/服务器架构,客户端提供图形界面接受用户的扫描请求，由服务器启动扫描并将扫描结果发送给客户端。Nessus 具有扫描任意端口、任意服务的能力，输出报告格式多样、内容详细，包括目标主机的漏洞、防止黑客入侵的方法及危险级别，非常适合作为网络安全的评估工具。

4.3　方案设计

方案设计如表 4-1 所示。

表 4-1　方案设计

任务名称	漏洞扫描
任务分解	1. 扫描工具 Scanline 的使用 （1）主机存活扫描 （2）使用内置端口扫描主机开放端口 （3）使用自定义端口扫描主机开放端口 （4）扫描 IP 段 （5）强制扫描 （6）获取 Banner 信息 （7）从文件中导入端口和 IP 地址，并把结果输出到文件 2. 扫描工具 Nmap 的使用 （1）主机存活扫描 （2）内置端口扫描 （3）详细扫描信息分析 （4）指定端口和 IP 进行扫描 （5）获得操作系统类型 （6）强制扫描 3. 利用 Kali Linux 操作系统进行 Nmap 扫描 （1）Kali Linux 下的 nmap 软件包的安装 （2）识别活跃的主机 （3）查看开放的端口 （4）查看网站的操作系统类型 （5）查看主机开放的端口号和操作系统类型 （6）扫描整个网段主机的开放端口状态 （7）图形化 TCP 端口扫描工具 Zenmap 的使用
能力目标	1. 能使用 Scanline 检测主机是否存活 2. 能使用 Scanline 检测目标主机端口开放情况 3. 能使用 Scanline 利用自定义端口扫描主机 4. 能使用 Scanline 获取 Banner 信息 5. 能使用 Scanline 从文件中导入端口和 IP 地址，并把结果输出到文件 6. 能使用 Nmap 检测主机是否存活 7. 能使用 Nmap 检测目标主机端口开放情况 8. 能使用 Nmap 利用自定义端口扫描主机 9. 能在 Kali Linux 操作系统上进行 Nmap 扫描

续表

知识目标	1. 了解漏洞的分类 2. 熟悉扫描器的作用 3. 了解扫描器的工作原理 4. 了解常用端口扫描技术分类 5. 了解常用的网络探测方法 6. 了解常用扫描器的功能及优缺点
素质目标	1. 掌握网络安全行业的基本情况 2. 培养良好的职业道德 3. 具有良好的团队协作和沟通交流能力 4. 培养创新能力 5. 树立较强的安全、节约、环保意识

4.4 项目实施

4.4.1 任务1：扫描工具 Scanline 的使用

1. 任务目标

使用 Scanline 进行端口扫描、检测主机是否存活、检测目标主机端口开放情况、获得 Banner 信息、从文件中导入端口和 IP 地址，并把结果同时输出到文件中。

2. 工作任务

(1) 主机存活扫描。

(2) 使用内置端口扫描主机开放端口。

(3) 使用自定义端口扫描主机开放端口。

(4) 扫描 IP 段。

(5) 强制扫描。

(6) 获取 Banner 信息。

(7) 从文件中导入端口和 IP 地址，并把结果输出到文件。

3. 工作环境

(1) 预装 Windows 7 系统的主机。

(2) 软件工具：Scanline。

4. 实施过程

(1) 主机存活扫描，不进行端口扫描。

```
C:\scanline>sl -n 192.168.5.1
```

　　参数-n 表示不进行端口扫描，只 Ping 主机，具体操作如图 4-3 所示，扫描结果表明扫描到一个存活主机。

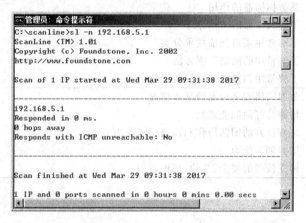

图 4-3　扫描主机是否存活

（2）使用内置端口扫描主机开放端口。

```
C:\ scanline > sl － T － U 192.168.5.1
```

　　使用参数-T 是使用工具内置的 TCP 端口列表；使用参数-U 是使用工具内置的 UDP 端口列表，均不用指定，如图 4-4 所示。

图 4-4　使用内置端口扫描主机开放端口

（3）使用自定义端口扫描主机开放端口。

```
C:\scanline > sl － t 100 - 200 － u 500 - 1000 192.168.5.1
```

　　参数-t 表示指定扫描的 TCP 端口；参数-u 表示指定扫描的 UDP 端口，端口号可以指明范围，如图 4-5 所示，如100～200、500～1000。

（4）扫描 IP 地址范围。

```
C:\scanline > sl -h 192.168.5.1-10
```

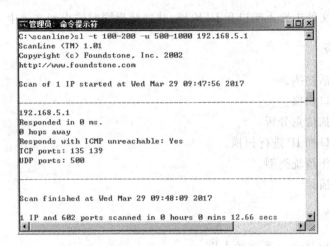

图 4-5 使用自定义端口扫描主机开放端口

扫描指定的 IP 地址范围,例如,扫描192.168.5.1～192.168.5.10 网段,参数-h 表示隐藏端口没有开放的计算机。

(5) 强制扫描。

```
C:\scanline>sl -p www.sdpt.com.cn
```

如果一台开放端口的目标主机因为安装了防火墙而无法 Ping 通,可以执行强制扫描。使用参数-p 表示扫描前不要 Ping 主机,跳过存活性扫描,直接进行端口扫描。如果不使用参数-p,若 Ping 不通目标主机,则不再进行该目标主机的端口扫描。

(6) 获得 Banner 信息。

```
C:\scanline>sl -p -b www.sdpt.com.cn
```

参数-b 表示获取端口的 Banner 信息,即旗标。例如,若返回的 Banner 信息是 Server Microsoft -IIS/7.5,表明该 Web 服务器安装在 Windows 系统中,并且 IIS 的版本号是 7.5,由此推断服务器应该是 Windows Server 2008 以上的版本。

(7) 从文件中导入端口和 IP 地址,并把结果输出到文件。

```
C:\scanline>sl -h -l tcp-port.txt -f ip.txt -o output.txt
```

端口号在 tcp-port.txt 文件中,主机的 IP 地址在 ip.txt 文件中,结果输出到 output.txt 文件中。参数-l 表示从文件中读取待检测 TCP 端口列表,若是参数-L 则表示从文件中读取待检测 UDP 端口列表;参数-f 表示从文件中读取待检测的 IP 地址;参数-o 表示采用覆盖模式将结果保存到文件中。

4.4.2 任务2:扫描工具 Nmap 的使用

1. 任务目标

使用 Nmap 进行端口扫描、检测主机是否存活、检测目标主机端口开放情况、获得

Banner 信息、从文件中导入端口和 IP 地址，并把结果同时输出到文件中。

2. 工作任务

(1) 主机存活扫描。

(2) 内置端口扫描。

(3) 详细扫描信息分析。

(4) 指定端口和 IP 进行扫描。

(5) 获得操作系统类型。

(6) 强制扫描。

3. 工作环境

(1) 预装 Windows 7 系统的主机。

(2) 软件工具：Nmap。

4. 实施过程

(1) 主机存活扫描，不进行端口扫描。

```
C:\> nmap - sP 192.168.5.1
```

Host is up 表明该主机是开机的，如图 4-6 所示。

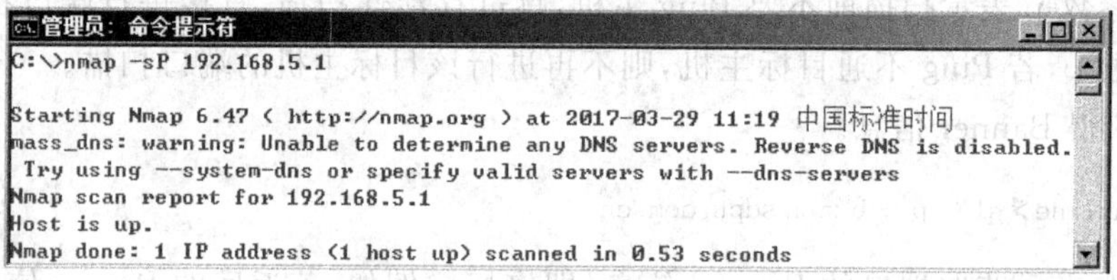

图 4-6　扫描主机是否存活

(2) 内置端口扫描。

```
C:\ > nmap - sT 192.168.5.1
```

参数-sT 使用全连接扫描，即 TCP Connect 扫描，需要花费的时间比较长，但精确度比较高，如图 4-7 所示。

(3) 详细扫描信息分析。

```
C:\> nmap - sS - sV 192.168.5.1
```

参数-sS 表示使用 TCP SYN 扫描；参数-sV 表示版本探测。

(4) 指定端口和 IP 进行扫描。

```
C:\> nmap - sT - sV - p 100 - 500 192.168.5.1 - 100
```

参数-sT 表示使用 TCP Connect 扫描，扫描时间比使用-sS 要长；参数-sV 表示版本

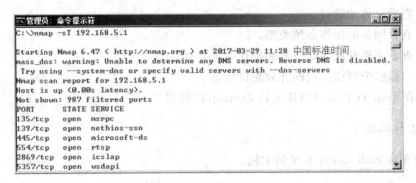

图 4-7 内置端口扫描

探测；参数-p 表示只扫描指定端口，如图 4-8 所示。

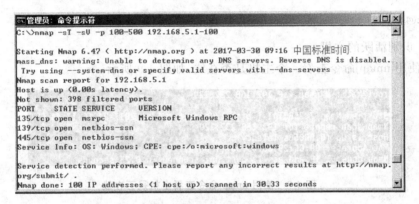

图 4-8 指定端口和 IP 进行扫描

（5）获得操作系统类型。

C:\> nmap - o - sS 192.168.5.1

参数-o 表示启用操作系统检测。

（6）强制扫描。

C:\> nmap - P0 - sT 192.168.5.1

参数-P0 表示强制对主机进行扫描，无论是否能 Ping 通。

4.4.3 任务3：利用 Kali Linux 操作系统进行 Nmap 扫描

1. 任务目标

利用 Kali Linux 操作系统进行 Nmap 扫描。

2. 工作任务

（1）Kali Linux 下的 nmap 软件包的安装。

（2）识别活跃的主机。

（3）查看开放的端口。
（4）查看网站的操作系统类型。
（5）查看主机开放的端口号和操作系统类型。
（6）扫描整个网段主机的开放端口状态。
（7）图形化 TCP 端口扫描工具 Zenmap 的使用。

3. 工作环境

一台预装 Kali Linux 系统的主机。

4. 实施过程

（1）Kali Linux 下的 nmap 软件包的安装，具体操作命令如下。

```
root@kali:~ # apt - get install nmap
```

（2）识别活跃的主机。

① 使用 nmap 命令查看一个主机是否在线，如图 4-9 所示。

```
root@kali:~# nmap -sP 192.168.232.129

Starting Nmap 7.25BETA1 ( https://nmap.org ) at 2017-04-15 17:44 CST
Nmap scan report for 192.168.232.129
Host is up (0.00068s latency).
MAC Address: 00:0C:29:B0:05:58 (VMware)
Nmap done: 1 IP address (1 host up) scanned in 0.25 seconds
```

图 4-9　使用 nmap 命令查看主机是否在线

② 从输出的信息中可以看到 192.168.232.129 主机的域名、主机是否在线和 MAC 地址等信息。

③ 也可以使用 nping 命令查看一个主机是否在线并获取更多详细信息，如图 4-10 所示。

```
root@kali:~# nping --echo-client "public" echo.nmap.org

Starting Nping 0.7.25BETA1 ( https://nmap.org/nping ) at 2017-04-15 17:45 CST
SENT (7.0715s) ICMP [192.168.232.128 > 45.33.32.156 Echo request (type=8/code=0
) id=4622 seq=1] IP [ttl=64 id=21108 iplen=28 ]
RCVD (7.2653s) ICMP [45.33.32.156 > 192.168.232.128 Echo reply (type=0/code=0)
id=4622 seq=1] IP [ttl=128 id=40351 iplen=28 ]
SENT (8.0720s) ICMP [192.168.232.128 > 45.33.32.156 Echo request (type=8/code=0
) id=4622 seq=3] IP [ttl=64 id=21108 iplen=28 ]
RCVD (8.2634s) ICMP [45.33.32.156 > 192.168.232.128 Echo reply (type=0/code=0)
id=4622 seq=3] IP [ttl=128 id=40352 iplen=28 ]
SENT (9.0732s) ICMP [192.168.232.128 > 45.33.32.156 Echo request (type=8/code=0
) id=4622 seq=3] IP [ttl=64 id=21108 iplen=28 ]
RCVD (9.2642s) ICMP [45.33.32.156 > 192.168.232.128 Echo reply (type=0/code=0)
id=4622 seq=3] IP [ttl=128 id=40353 iplen=28 ]
SENT (10.0758s) ICMP [192.168.232.128 > 45.33.32.156 Echo request (type=8/code=
0) id=4622 seq=4] IP [ttl=64 id=21108 iplen=28 ]
RCVD (10.2692s) ICMP [45.33.32.156 > 192.168.232.128 Echo reply (type=0/code=0)
 id=4622 seq=4] IP [ttl=128 id=40354 iplen=28 ]
SENT (11.0799s) ICMP [192.168.232.128 > 45.33.32.156 Echo request (type=8/code=
0) id=4622 seq=5] IP [ttl=64 id=21108 iplen=28 ]
RCVD (11.2703s) ICMP [45.33.32.156 > 192.168.232.128 Echo reply (type=0/code=0)
 id=4622 seq=5] IP [ttl=128 id=40355 iplen=28 ]

Max rtt: 193.458ms | Min rtt: 190.359ms | Avg rtt: 191.811ms
Raw packets sent: 5 (140B) | Rcvd: 5 (230B) | Lost: 0 (0.00%)| Echoed: 0 (0B)
Nping done: 1 IP address pinged in 12.10 seconds
```

图 4-10　使用 nping 命令查看主机是否在线并获取更多信息

④ 输出的信息显示了与 echo.nmap.org 网站连接时数据的发送情况,如发送数据包的时间、接收时间、TTL 值和往返时间等。

⑤ 也可以发送一些十六进制数据到指定的端口,如图 4-11 所示。

```
root@kali:~# nping -tcp -p 445 -data AF56A43D 192.168.232.129

Starting Nping 0.7.25BETA1 ( https://nmap.org/nping ) at 2017-04-15 17:48 CST
SENT (0.0461s) TCP 192.168.232.128:23499 > 192.168.232.129:445 S ttl=64 id=4981
3 iplen=44  seq=159786999 win=1480
SENT (1.0499s) TCP 192.168.232.128:23499 > 192.168.232.129:445 S ttl=64 id=4981
3 iplen=44  seq=159786999 win=1480
SENT (2.0552s) TCP 192.168.232.128:23499 > 192.168.232.129:445 S ttl=64 id=4981
3 iplen=44  seq=159786999 win=1480
SENT (3.0570s) TCP 192.168.232.128:23499 > 192.168.232.129:445 S ttl=64 id=4981
3 iplen=44  seq=159786999 win=1480
SENT (4.0590s) TCP 192.168.232.128:23499 > 192.168.232.129:445 S ttl=64 id=4981
3 iplen=44  seq=159786999 win=1480

Max rtt: N/A | Min rtt: N/A | Avg rtt: N/A
Raw packets sent: 5 (220B) | Rcvd: 0 (0B) | Lost: 5 (100.00%)
Nping done: 1 IP address pinged in 5.08 seconds
```

图 4-11 使用 nping 命令发送数据到端口

⑥ 输出的信息显示了本地主机与目标系统 192.168.232.129 之间 TCP 传输过程。通过发送数据包到指定端口模拟出一些常见的网络层攻击,以验证目标系统对这些测试的防御情况。

(3) 查看开放的端口。

① 使用 nmap 命令查看目标主机 192.168.232.129 上开放的端口号,如图 4-12 所示。

```
root@kali:~# nmap 192.168.232.129

Starting Nmap 7.25BETA1 ( https://nmap.org ) at 2017-04-15 17:49 CST
Nmap scan report for 192.168.232.129
Host is up (0.00047s latency).
Not shown: 998 filtered ports
PORT   STATE SERVICE
21/tcp open  ftp
80/tcp open  http
MAC Address: 00:0C:29:B0:05:58 (VMware)

Nmap done: 1 IP address (1 host up) scanned in 4.93 seconds
```

图 4-12 查看目标主机上开放的端口

② 输出的信息显示了主机 192.168.232.129 上开放的所有端口,如 21、80 等。

③ 如果目标主机上打开的端口较多时,查看起来可能有点困难,可以指定扫描的端口范围,如指定扫描端口号在 1~50 之间,如图 4-13 所示。

```
root@kali:~# nmap -p 1-50 192.168.232.129

Starting Nmap 7.25BETA1 ( https://nmap.org ) at 2017-04-15 17:51 CST
Nmap scan report for 192.168.232.129
Host is up (0.0011s latency).
Not shown: 49 filtered ports
PORT   STATE SERVICE
21/tcp open  ftp
MAC Address: 00:0C:29:B0:05:58 (VMware)

Nmap done: 1 IP address (1 host up) scanned in 11.01 seconds
```

图 4-13 查看目标主机上指定范围内开放的端口

④ 输出的信息显示了主机上端口在 1～50 之间所开放的端口号。

⑤ 也可以指定扫描在 192.168.232.0/24 网段内所有开放 TCP 端口 21 的主机，如图 4-14 所示。

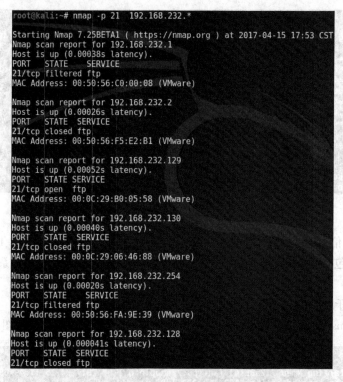

图 4-14　扫描网段内所有开放指定端口的主机

⑥ 输出的结果显示了 192.168.232.0/24 网段内所有开放 21 号端口的主机信息，从输出的信息可以看到总共有 6 台主机打开了 21 号端口。

⑦ 使用如图 4-15 所示的命令查看网站的详细信息。

```
root@kali:~# nmap -v www.sdpt.com.cn

Starting Nmap 7.25BETA1 ( https://nmap.org ) at 2017-04-15 12:25 CST
Initiating Ping Scan at 12:25
Scanning www.sdpt.com.cn (218.13.33.168) [4 ports]
Completed Ping Scan at 12:25, 0.03s elapsed (1 total hosts)
Initiating Parallel DNS resolution of 1 host. at 12:25
Completed Parallel DNS resolution of 1 host. at 12:25, 0.03s elapsed
Initiating SYN Stealth Scan at 12:25
Scanning www.sdpt.com.cn (218.13.33.168) [1000 ports]
Discovered open port 80/tcp on 218.13.33.168
Completed SYN Stealth Scan at 12:26, 4.01s elapsed (1000 total ports)
Nmap scan report for www.sdpt.com.cn (218.13.33.168)
Host is up (0.0085s latency).
Not shown: 999 filtered ports
PORT   STATE SERVICE
80/tcp open  http

Read data files from: /usr/bin/../share/nmap
Nmap done: 1 IP address (1 host up) scanned in 9.21 seconds
          Raw packets sent: 2006 (88.228KB) | Rcvd: 4 (164B)
```

图 4-15　查看网站的详细信息

（4）使用如图 4-16 所示的命令扫描一个网站，查看此 Web 服务器使用的操作系统类型。

```
root@kali:~# nmap -sS -O www.baidu.com
Starting Nmap 7.25BETA1 ( https://nmap.org ) at 2017-04-14 11:56 CST
Nmap scan report for www.baidu.com (111.13.100.92)
Host is up (0.026s latency).
Other addresses for www.baidu.com (not scanned): 111.13.100.91
Not shown: 998 filtered ports
PORT    STATE SERVICE
80/tcp  open  http
443/tcp open  https
Warning: OSScan results may be unreliable because we could not find at least 1 open and 1
 closed port
Aggressive OS guesses: Brother MFC-7820N printer (94%), Digi Connect ME serial-to-Etherne
t bridge (94%), Netgear SC101 Storage Central NAS device (91%), ShoreTel ShoreGear-T1 VoI
P switch (91%), Aastra 480i IP Phone or Sun Remote System Control (RSC) (91%), Aastra 673
1i VoIP phone or Apple AirPort Express WAP (91%), Cisco Wireless IP Phone 7920-ETSI (91%)
, GoPro HERO3 camera (91%), Konica Minolta bizhub 250 printer (91%), OUYA game console (9
1%)
No exact OS matches for host (test conditions non-ideal).

OS detection performed. Please report any incorrect results at https://nmap.org/submit/ .
Nmap done: 1 IP address (1 host up) scanned in 48.77 seconds
```

图 4-16 查看 Web 服务器使用的操作系统类型

（5）使用如图 4-17 所示的命令测试某台主机开放的端口，如自己的计算机。

```
root@kali:~# nmap -sS -O 192.168.72.128
Starting Nmap 7.25BETA1 ( https://nmap.org ) at 2017-04-14 12:03 CST
Nmap scan report for 192.168.72.128
Host is up (0.000048s latency).
Not shown: 998 closed ports
PORT   STATE SERVICE
22/tcp open  ssh
80/tcp open  http
Device type: general purpose
Running: Linux 3.X|4.X
OS CPE: cpe:/o:linux:linux_kernel:3 cpe:/o:linux:linux_kernel:4
OS details: Linux 3.8 - 4.5
Network Distance: 0 hops

OS detection performed. Please report any incorrect results at https://nmap.
org/submit/ .
Nmap done: 1 IP address (1 host up) scanned in 2.10 seconds
```

图 4-17 测试主机开放的端口

（6）使用如图 4-18 所示的命令扫描一个网段，查看所有计算机安装了何种操作系统。

（7）图形化 TCP 端口扫描工具 Zenmap 的使用。

① 在 Kali Linux 图形界面中，选择"应用程序"→"信息收集"→Zenmap 命令，在打开的窗口中的"目标"文本框中输入目标主机地址，在"配置"文本框中选择扫描类型，设置完毕后，单击"扫描"按钮，扫描结果如图 4-19 所示。

② 该界面显示了扫描 192.168.232.129 主机启动的所有端口信息，在左侧栏中可以切换以主机或服务的形式显示详细扫描结果，在右侧栏中，可以分别查看 Nmap 输出信息、端口/主机、拓扑结构、主机详细信息和扫描信息等。

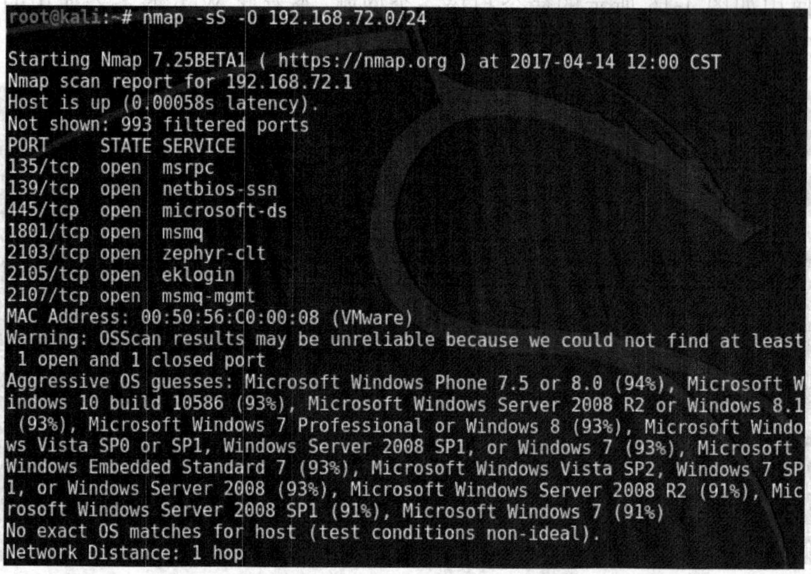

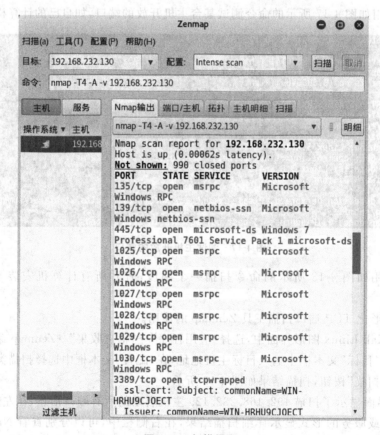

图 4-18 查看网段中所有计算机安装的操作系统

图 4-19 扫描界面

4.5 常见问题解答

1. 扫描的作用是什么?

答:通过扫描结果,可以看到在计算机上开放了哪些端口、启动了哪些服务。如果看到一些显示为未知的或看上去可疑的服务,那么可以记下它的端口号,然后通过谷歌或百度等搜索引擎进行搜索,看看这个端口具体是干什么的。

2. 如何关闭端口?如何操作?

答:在计算机上有些开放的端口可能是应用程序所需要的,但如果有些开放端口是不必要的,例如有些服务是以前有用而现在已经不用的,那么停止这些服务,从而关闭相应的开放端口,减少安全隐患。从控制面板的管理工具中打开"服务"管理窗口,找到需要关闭的服务,将其启动类型改为"禁用",然后停止这个服务。

3. 如何屏蔽139端口?

答:139端口可以通过禁用NetBIOS来屏蔽,在"网络连接"窗口中右击"本地连接"图标,在弹出的"本地连接属性"对话框中选择"Internet 协议(TCP/IP)"选项,单击"属性"按钮,打开"Internet 协议(TCP/IP)属性"对话框,在该对话框中单击"高级"按钮,在"高级 TCP/IP 设置"对话框中选择 WINS 选项卡,选择"禁用 TCP/IP 上的 NetBIOS"单选按钮,最后依次单击"确定"按钮,应用设置即可。

4. 如何防止黑客的扫描?

答:安装防病毒软件及防火墙,并经常及时升级病毒库,防止有破坏性程序的注入;使用最新版本的浏览器软件、电子邮件软件及其他程序;不要轻易打开来历不明的电子邮件或软件,因为它可能包含后门程序或其他有害程序;在使用 QQ、MSN 等聊天工具时,不要轻易同意陌生人加自己为好友;使用可以对 Cookie 进行控制的安全程序,因为 Cookie 有时会泄露用户的一些个人隐私;经常查找自己计算机中存在的漏洞,并下载安装这些漏洞补丁,防止黑客利用这些漏洞进行攻击。

4.6 认 证 试 题

一、选择题

1. ( )能够阻止外部主机对本地计算机的端口扫描。

    A. 杀病毒软件

    B. 个人防火墙

    C. 基于 TCP/IP 的检查攻击,如 netstat

    D. 加密软件

2. 关于网络安全,以下说法正确的是( )。

    A. 使用无线传输可以防御网络监听

    B. 木马是一种蠕虫病毒

C. 使用防火墙可以有效地防御病毒

D. 冲击波病毒利用 Windows 的 RPC 漏洞进行传播

3. 网络型安全漏洞扫描器的主要功能有（　　　）。

A. 端口扫描检测　　　　　　　　　　B. 后门程序扫描检测

C. 密码破解扫描检测　　　　　　　　D. 应用程序扫描检测

E. 系统安全信息扫描检测　　　　　　F. 以上全是

二、判断题

通常采用 port scan 可以比较快速地了解某台主机上提供了哪些网络服务。（　　　）

三、简答题

1. 常用的扫描器有哪些？

2. 端口扫描分为哪几类？扫描器的工作原理是什么？

密 码 破 解

5.1 用户需求与分析

如果黑客已经找到目标主机,在攻击过程中一般都会对计算机系统的登录账号和密码进行破解,以便使用这些账号和登录密码进入目标主机系统,从而控制目标主机。

5.2 预 备 知 识

5.2.1 密码破解的意义

为了安全,现在几乎所有的系统都通过访问控制来保护自己的数据。访问控制最常用的方法就是密码保护。密码应该说是用户最重要的一道防护门,如果密码破解了,那么用户的信息将很容易被窃取。因此密码破解也是黑客入侵系统比较常用的方法。或者当公司的某个系统管理员离开企业而其他人都不知道该管理员账号的密码时,企业可能会雇佣专业技术人员来破解管理员密码。

5.2.2 获取用户密码的方法

一般入侵者常常通过下面几种方法获取用户的密码,包括暴力破解、Sniffer 密码嗅探、木马程序或键盘记录程序等手段。有关系统用户账号密码的暴力破解主要是基于密码匹配的破解方法,最基本的方法有两种:穷举法和字典法。穷举法是效率最低的方法,将字符或数字按照穷举的规则生成密码字符串,进行遍历尝试。在密码稍微复杂的情况下,穷举法的破解速度很低。字典法相对来说较高,用密码字典中事先定义的常用字符去尝试匹配密码。密码字典是一个很大的文本文件,可以通过自己编辑或者由字典工具生成,里面包含了单词或者数字的组合。如果密码是一个单词或者是简单的数字组合,那么破解者就可以很轻易地破解密码。

常用的密码破解工具有很多,通过这些工具的使用,可以了解密码的安全性,下面介绍几种最常见的工具软件。随着网络黑客攻击技术的增强和提高,很多密码都可以被攻击和破译,这就要求用户提高对密码安全的认识。

1. 流光扫描器简介

流光扫描器是黑客必备的扫描器之一，它除了可以扫描系统安全漏洞、弱密码之外，还集成了常用的入侵字典，如字典工具、NT/IIS 工具等，并且独创了能够控制"肉鸡"进行扫描的流量 Sensor 工具和为"肉鸡"安装服务的"种植者"工具。流光扫描器的功能较多，所以操作也较复杂，并且其功能还在进一步扩充。流光扫描器的作者为了防止该工具用于非法目的，非注册版对其使用功能进行了限制，且不能扫描国内的 IP 地址。

2. SMBCrack 工具软件简介

SMBCrack 是基于 Windows 操作系统的密码破解工具，是小榕软件为流光扫描器开发的测试原型，与以往的 SMB（共享）暴力破解工具不同，没有采用系统的 API，而是使用了 SMB 的协议。因为 Windows 可以在同一会话内进行多次密码探测，所以用 SMBCrack 可以破解操作系统的密码。

5.3 方 案 设 计

方案设计如表 5-1 所示。

表 5-1　方案设计

任务名称	密码破解
任务分解	1. 使用流光扫描器探测目标主机 （1）使用流光扫描器探测目标主机 （2）使用流光扫描器制作黑客字典 2. 使用 SMBCrack 进行密码破解
能力目标	1. 能使用流光扫描器探测目标主机 2. 能使用流光软件制作黑客字典 3. 能使用 SMBCrack 工具软件进行密码破解
知识目标	1. 了解密码破解的意义 2. 熟悉获取用户密码的方法 3. 了解流光扫描器的作用 4. 了解 SMBCrack 工具软件的作用
素质目标	1. 培养良好的职业道德 2. 具有良好的团队协作和沟通交流能力 3. 掌握网络安全行业的基本情况 4. 培养创新能力 5. 树立较强的安全、节约、环保意识

5.4 项目实施

5.4.1 任务1：使用流光扫描器探测目标主机

1. 任务目标

通过流光扫描器的使用，了解账户的安全性，掌握安全密码的设置原则，以保护账户密码的安全。

2. 工作任务

(1) 使用流光扫描器探测目标主机。

(2) 使用流光扫描器制作黑客字典。

3. 工作环境

(1) 两台预装 Windows 7 系统的主机，通过网络相连。

(2) 软件工具：流光扫描器软件。

4. 实施过程

(1) 使用流光扫描器探测目标主机。双击从网上下载的安装文件，启动其安装向导进行安装。

① 双击桌面上的 Fluxay 图标，即可进入操作界面，如图 5-1 所示。

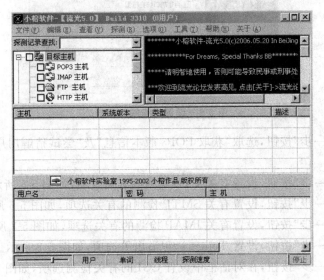

图 5-1　流光扫描器操作界面

② 选择"文件"→"高级扫描向导"命令，在打开的对话框中设置起始 IP 地址和结束

IP 地址，并可在"目标系统"下拉列表中选择预检测的操作系统类型。单击"获取主机名"和"PING 检查"按钮，使其处于选中状态，如图 5-2 所示。

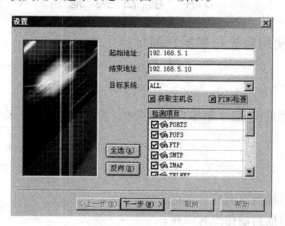

图 5-2　设置 IP 地址范围及检测项目

③ 单击"下一步"按钮，选取"标准端口扫描"选项，从而只对常用端口进行扫描，如图 5-3 所示。

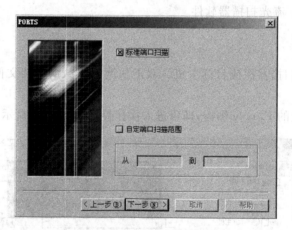

图 5-3　设置扫描端口范围

④ 单击"下一步"按钮，选取"获取 POP3 版本信息"及"尝试猜解用户"选项，如图 5-4 所示。

⑤ 单击"下一步"按钮，设置有关 FTP 检测的有关选项，如图 5-5 所示。

⑥ 单击"下一步"按钮，设置有关 SMTP 检测的有关选项，如图 5-6 所示。

⑦ 单击"下一步"按钮，设置有关 IMAP 检测的有关选项，如图 5-7 所示。

⑧ 单击"下一步"按钮，设置 Telnet 远程溢出等选项，如图 5-8 所示。

⑨ 单击"下一步"按钮，在对话框中设置 CGI 的有关检测选项，如图 5-9 所示。

⑩ 单击"下一步"按钮，在 CGI 规则设置对话框中选择需要扫描的 CGI 漏洞选项，如图 5-10 所示。

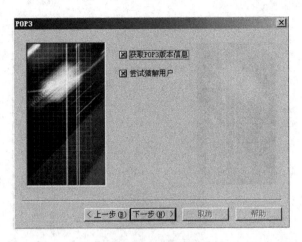

图 5-4 设置 POP3 检测选项

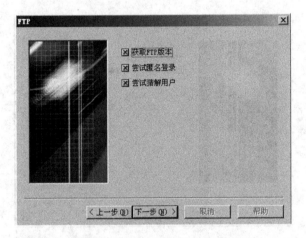

图 5-5 设置 FTP 检测选项

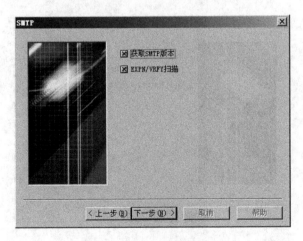

图 5-6 设置 SMTP 检测选项

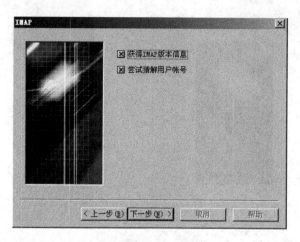

图 5-7　设置 IMAP 检测选项

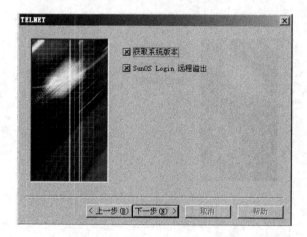

图 5-8　设置 Telnet 远程溢出选项

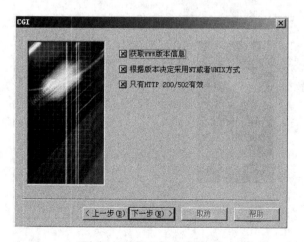

图 5-9　选择 CGI 有关选项

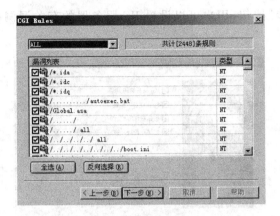

图 5-10 CGI 漏洞选项

⑪ 单击"下一步"按钮,对装有 SQL 数据库的系统进行有关漏洞扫描选项的设置,如图 5-11 所示。

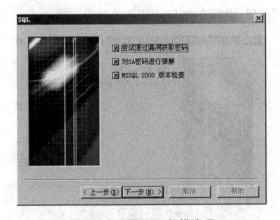

图 5-11 设置 SQL 扫描选项

⑫ 单击"下一步"按钮,可以设置有关共享资源及用户名猜解的扫描等选项,如图 5-12 所示。

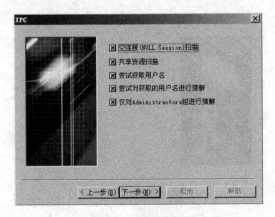

图 5-12 共享资源扫描等选项设置

⑬ 单击"下一步"按钮，用户可以设置 IIS 服务器的有关漏洞检测选项，如图 5-13 所示。

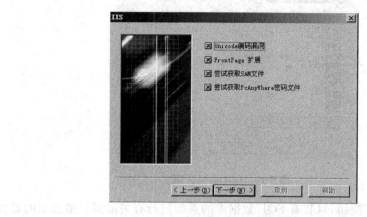

图 5-13 设置 IIS 检测选项

⑭ 单击"下一步"按钮，设置有关 FINGER 的检测选项，如图 5-14 所示。

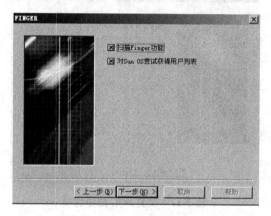

图 5-14 设置 FINGER 检测选项

⑮ 单击"下一步"按钮，用户可以设置 RPC 的有关检测选项，如图 5-15 所示。

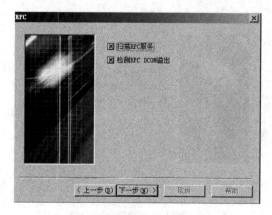

图 5-15 设置 RPC 检测选项

⑯ 单击"下一步"按钮,可以选择有关 MISC 的检测选项,如图 5-16 所示。

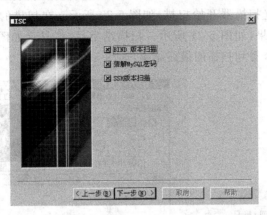

图 5-16 设置 MISC 检测选项

⑰ 单击"下一步"按钮,可以选择需要检测的系统插件漏洞类别,如图 5-17 所示。

图 5-17 选择系统插件

⑱ 单击"下一步"按钮,可以设置使用猜解用户名和密码的字典,以及扫描报告保存的路径、并发线程数量等选项,如图 5-18 所示。

图 5-18 设置猜解字典及其他选项

⑲ 单击"完成"按钮,在显示的对话框中选择需要使用的扫描主机,如图 5-19 所示。单击"开始"按钮,流光扫描器开始扫描,如图 5-20 所示。在扫描的过程中,弹出"探测结果"窗口,显示扫描结果,如图 5-21 所示。扫描结束后,将显示如图 5-22 所示的提示框。单击"是"按钮,即可查看到扫描的最终结果,如图 5-23 所示。

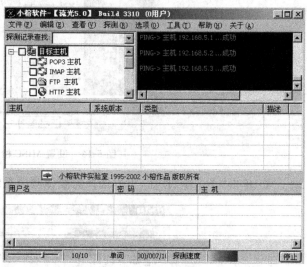

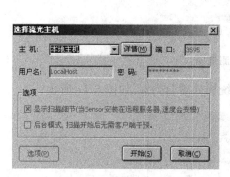

图 5-19　选择扫描主机　　　　　　　图 5-20　扫描中

图 5-21　扫描结果　　　　　　　　图 5-22　提示查看扫描报告

（2）使用流光扫描器制作黑客字典。用流光扫描器制作的黑客字典可以根据用户需要任意设定包含的字母、数字、字符等内容。

① 在流光扫描器的主界面中选择"工具"→"字典工具"→"黑客字典 III-流光版"命令,如图 5-24 所示。

② 在打开的对话框中选择"设置"选项卡,用户可以选择生成密码中包含的字母或数字及其范围,如图 5-25 所示。

③ 在"选项"选项卡中可以设置生成的字符串是否有"字母采用大写形式""仅仅首字母大写"等特殊要求,如图 5-26 所示。

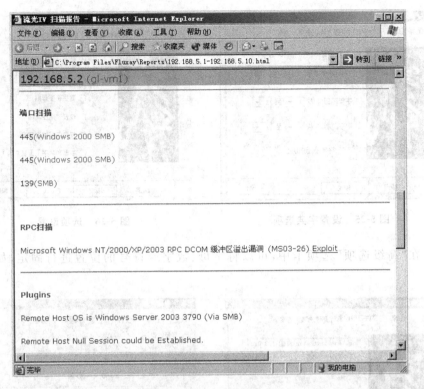

图 5-23 扫描结果

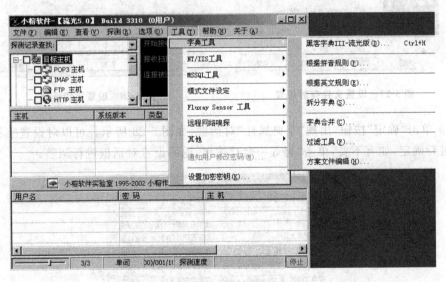

图 5-24 流光扫描器的主界面

④ 在"文件存放位置"选项卡中指定字典文件保存的位置,可以选择是否把大于
120KB 的字典文件进行拆分,如图 5-27 所示。

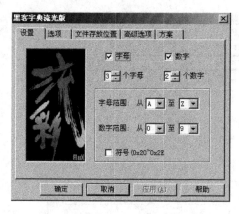

图 5-25　设置字典选项

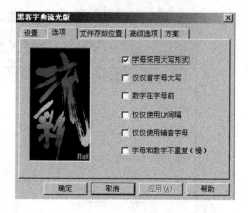

图 5-26　选项设置

⑤ 在"高级选项"选项卡中，可以将字母、数字或符号的位置进行固定，如图 5-28 所示。

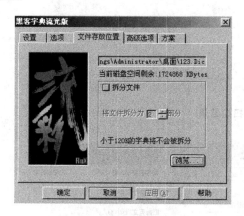

图 5-27　设置文件存放位置

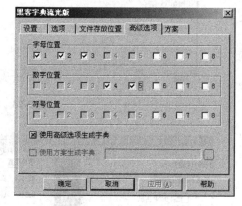

图 5-28　设置高级选项

⑥ 单击"确定"按钮，出现"字典属性"对话框，如图 5-29 所示。可以对设置字符串的格式进行确定，如有不妥，单击"再等一会！"按钮，返回设置对话框进行调整。

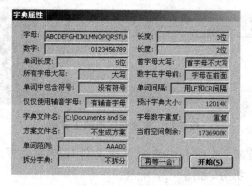

图 5-29　"字典属性"对话框

⑦ 单击"开始"按钮,系统开始生成字典,并显示生成字典的进度,如图 5-30 所示。

图 5-30 生成字典进度

5.4.2 任务 2:使用 SMBCrack 进行密码破解

1. 任务目标

通过密码破解工具的使用,了解账户的安全性,掌握安全密码的设置原则,以保护账户密码的安全。

2. 工作任务

使用 SMBCrack 工具软件进行密码破解。

3. 工作环境

(1)两台预装 Windows 7 系统的主机,通过网络相连。

(2)软件工具:SMBCrack。

4. 实施过程

SMBCrack 工具软件需要在 DOS 命令行窗口运行,SMBCrack 的命令格式如下。

SMBCrack＜IP＞＜Username＞＜Password file＞[Port]

其中,IP 是目标主机的 IP 地址;Username 是目标主机需要破解的账号;Password file 是字典文件,如图 5-31 所示。

图 5-31 SMBcrack 工具软件

假设 SMBCrack 工具软件在 C 盘 hk 目录,先把字典文件复制到 hk 目录中,然后再按下列步骤操作。

(1)选择"开始"→"所有程序"→"附件"→"命令提示符"命令,打开命令提示符窗口。在命令提示符窗口中输入 cd\后按 Enter 键回到 C 盘根目录,然后输入 cd hk,按 Enter 键。输入 smbcrack 192.168.5.2 administrator 1.dic,按 Enter 键,如图 5-32 所示。

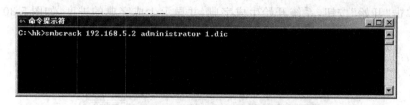

图 5-32　smbcrack 命令

（2）开始密码破解，命令提示符窗口显示破解的进度，如图 5-33 所示。

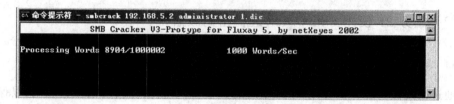

图 5-33　密码破解中

（3）目标主机 192.168.5.2 administrator 用户的密码是 123321，密码破解的实验结果如图 5-34 所示。

图 5-34　实验结果

5.5　常见问题解答

1. 如何防止账户密码被破解？

答：密码设定最好不要使用名字的拼音或生日数字的组合，最好使用无意义的数字和字母组合，并且位数尽量多，经常更换，防止黑客破解；对不同网站和程序要使用不同的密码，防止黑客破译；网上购物时，不论出于何种原因都不允许自己的信用卡资料被商家存储；只向有安全保证的网站发送信用卡号码，并留意浏览器底部显示的挂锁图标或钥匙型图标。

2. 什么叫弱密码扫描？

答：弱密码是指仅包含简单数字和字母的密码，例如 123、abc。这样的密码很容易被破解，从而使用户的计算机面临风险，因此不推荐使用。用户的密码最好由字母、数字和符号混合组成，并且至少要达到 8 位长度。弱密码可能存在于自己的计算机系统中，也可能存在于用户在网络上的注册信息中，如计算机的登录密码、QQ 密码等。对于在网络上注册的重要信息,如网上银行登录密码,邮箱的登录密码等设置得过于简单时,就可能被人破解,从而造成重大损失,所以用户需要特别注意。

5.6 认证试题

一、选择题

1. 网络攻击的发展趋势是( )。
   A. 黑客技术与网络病毒日益融合　　B. 攻击技术日益先进
   C. 病毒攻击　　　　　　　　　　　　D. 黑客攻击
2. 通过非直接技术攻击称为( )攻击手法。
   A. 会话劫持　　　B. 社会工程学　　　C. 特权提升　　　　D. 应用层攻击
3. 关于"攻击工具日益先进,攻击者需要的技能日趋下降"的观点不正确的是( )。
   A. 网络受到攻击的可能性越来越大　　B. 网络受到攻击的可能性越来越小
   C. 网络攻击无处不在　　　　　　　　D. 网络风险日益严重
4. 一次字典攻击能否成功,很大因素取决于( )。
   A. 字典文件　　　B. 计算机速度　　　C. 网络速度　　　D. 黑客学历
5. 打电话请求密码属于( )攻击方式。
   A. 木马　　　　　B. 社会工程学　　　C. 电话系统漏洞　　D. 拒绝服务

二、判断题

1. 冒充邮件回复,确认安装软件同意书,使用的是"字典攻击"。 ( )
2. 社会工程攻击的危害性不容小觑,面对社会工程攻击,最好的防范是接收全面的安全教育。 ( )

三、简答题

1. 常用的密码破解工具有哪些?
2. 什么叫弱密码?

四、操作题

1. 利用流光软件制作黑客字典,要求密码由3位字母(a到g)和2位数字(0到9)组成,首字母为大写,数字在字母之后。
2. 利用流光软件制作黑客字典,要求密码由3位字母(a到z)和2位数字(0到9)组成,首字母为大写,数字在第3、4位,字母在第1、2、5位。
3. 利用流光软件制作黑客字典,要求密码由6位字母(a到g)和2位数字(0到9)组成,首字母为大写,数字在第2、4位,字母在第1、3、5、6、7、8位。

6.1 用户需求与分析

网络监听工具是一把双刃剑,在网络管理员手中,网络监听工具能帮助用户监控网络流量,更好地管理网络,在黑客手中,网络监听工具能够捕获计算机用户因为疏忽带来的漏洞,成为一个危险的网络间谍。掌握网络监听工具的使用方法对于学习黑客入侵会起到事半功倍的效果。

6.2 预 备 知 识

6.2.1 网络监听的原理

网络嗅探器或网络监听技术在协助网络管理员监测网络传输数据、排除网络故障等方面具有不可替代的作用,因此一直备受网络管理员的青睐并逐渐发展完善。所谓监听技术,就是在互相通信的两台计算机之间通过技术手段插入一台可以接收并记录通信内容的设备,并最终实现对通信双方的数据记录。一般都要求用作监听途径的设备不能造成通信双方的行动异常或者链接中断等,即是说,监听方不能参与通信中任何一方的通信行为,仅仅是被动地接收记录通信数据而不能对其进行篡改。

监听的弱点是它要求监听设备的物理传输介质与被监听设备的物理传输介质存在直接联系或者数据包能经过路由选择到达对方,即一个逻辑上的三方连接。能实现这个条件的只有两种情况:监听方与通信方位于同一物理网络,如局域网,或者是监听方与通信方存在路由或接口关系,例如通信双方的同一网关、连接通信双方的路由设备等。因此嗅探技术不太可能在公共网络设备上使用,所以当今最普遍的嗅探行为并不是发生在互联网上,而是发生在各个或大或小的局域网中,因为它满足监听技术的必要条件:监听方与通信方位于同一物理网络。

6.2.2 常见网络监听工具介绍

网络监听工具又称为网络嗅探器,是一种监视和收集网络中各种数据信息的软件,利用它通过网卡可以随意对网络中的信息进行查看、监视以及截获,是黑客最得力的信息收集工具。

网络监听工具分为软件和硬件两种,软件的有 Sniffer Pro、Wireshark、Network Monitor 等,优点是易于安装部署,易于学习使用和交流,缺点是无法抓取网络上所有的传说,在某些情况下无法真正了解网络的故障和运行情况。硬件的网络监听工具通常称为协议分析仪,一般是商业性的,价格比较昂贵,但会支持各种扩展的链路捕获能力以及高性能的数据实时捕获分析功能。

下面介绍两种最常见的网络监听工具软件。

1. 科来网络分析系统

科来网络分析系统是一个集数据包采集、解码、协议分析、统计、日志图表等多种功能为一体的综合网络分析系统。它可以帮助网络管理员进行网络监测、定位网络故障、排查网络内部的安全隐患。科来网络分析系统能够全实时地采集→分析→统计处理,能够即时地反映网络通信状况,不需要进行任何后期处理。科来网络分析系统强大的数据包解码功能可以让最为狡猾的网络攻击、欺骗行为也无所遁形;针对常用网络协议设计的高级分析模块为用户提供更为实用的网络使用数据记录;网络通信协议和网络端点都可以提供详尽的数据统计;独创的协议、端点浏览视图结构可以帮助用户快速定位所要数据;丰富的图表功能为用户提供直观的信息。不管是本地局域网的诊断还是大型网络的监测,科来网络分析系统都是一款不可或缺的网络管理工具。它可以帮助企业网络完成网络流量分析、网络错误和故障诊断、网络安全分析、网络性能检测、网络协议分析和网络通信监视。网络分析攻击的配备可以从本质上监测到网络中的问题,协调和支持各种网络管理工具的使用,并最大化地完善网络管理。

2. Wireshark 工具

Wireshark 是目前世界上最受欢迎的协议分析软件,应用于网络的日常安全监测、网络性能参数测试、网络恶意代码的捕获分析、网络用户行为监测、黑客活动追踪等。Wireshark 的功能是将捕获到各种协议的网络二进制数据流,呈现为人们容易读懂和理解的文字和图表等形式,极大地方便了对网络活动的监测分析。它具有十分强大和丰富的统计分析功能,可以在 Windows、Linux 和 UNIX 等系统上运行。Wireshark 软件于 1998 年由美国 Gerald Combs 首创研发,原名为 Ethereal,至今世界各国已有 100 多位网络专家和软件人员共同参与此软件的升级完善和维护,它的名称于 2006 年 5 月由 Ethereal 改为 Wireshark。在过去,网络数据包分析软件昂贵,Wireshark 的出现改变了这一切。在 GNUGPL 通用许可证的保障下,使用者可以免费取得软件及其源代码,并拥有对源代码修改的权利。

6.2.3 中间人攻击简介

中间人攻击(Man in the Middle Attack,MITM)是一种间接的入侵攻击。它利用各种技术手段将入侵者控制的一台计算机放置在网络连接中的两台通信计算机之间,这台计算机就称为"中间人"。如果你的主机被攻击,说明在传输数据的过程中存在漏洞,当主机之间进行通信时,通过封装数据报然后转发到目标主机上,转发的数据包中包括源 IP 地址、目标 IP 地址及 MAC 地址。但如果主机在自己的缓存表中找不到目标主机的地址时,它会发送 ARP 广播,在此过程中就有可能被其他攻击者冒充目标主机。一般情况下，ARP欺骗并不使网络无法正常通信，而是通过冒充网关或其他主机使得到达网关或主机的数据流通过攻击主机进行转发，通过转发流量可以对流量进行控制和查看，从而控制流量或得到机密信息。实现中间人攻击分为两个阶段：①通过某种手段去攻击一台计算机；②欺骗主机。在第一阶段，主机B通过ARP注入攻击的方法实现ARP欺骗，通过ARP欺骗的方法控制主机A与其他主机间的流量及机密信息。在第一阶段的攻击成功后，主机B就可以在这个网络中使用中间人的身份，转发或查看主机A和其他主机间的数据流。当主机A向主机C发送请求时，该数据将被发送到主机B上，主机A发送给主机C的数据流会经过主机B转发到主机C上，主机C收到数据以为是主机A直接发送的，此时主机C将响应主机A的请求，同样该数据流将会被主机B转发到主机A上，主机A收到响应后，将登录主机C，这样主机A登录时的用户名及密码将会被主机B查看到。中间人攻击的工作流程如图6-1所示。

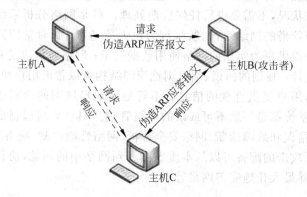

图6-1　中间人攻击的工作流程

6.3　方案设计

方案设计如表6-1所示。

表6-1　方案设计

任务名称	网络监听工具的使用
任务分解	1. 科来网络分析系统的使用 （1）科来网络分析系统的安装 （2）科来网络分析系统的配置 （3）用科来网络分析系统捕获敏感数据包 2. Wireshark工具的使用 （1）Wireshark的安装 （2）用Wireshark捕获数据包 （3）设定Wireshark过滤规则 （4）从捕获数据中获得敏感信息。 3. 利用Kali Linux操作系统实施Ettercap中间人攻击 （1）在Windows Server 2012上搭建FTP服务器 （2）使用Ettercap工具实现中间人攻击

续表

能力目标	1. 能顺利安装科来网络分析系统软件 2. 能对科来网络分析系统进行配置 3. 能使用科来网络分析系统软件捕获敏感数据包 4. 能使用科来网络分析系统软件捕获远程登录的用户名和密码 5. 能使用科来网络分析系统统计网络流量 6. 能设置 Wireshark 的过滤规则 7. 能为 Wireshark 指定过滤器 8. 能使用 Wireshark 捕获数据包 9. 能用 Wireshark 嗅探 Telnet 登录的账号和密码 10. 能在 Kali Linux 操作系统上利用 Ettercap 工具实现中间人攻击
知识目标	1. 了解网络监听的原理 2. 熟悉常用的网络监听工具的优点及缺点 3. 了解科来网络分析系统的作用 4. 了解 Wireshark 工具软件的作用 5. 了解中间人攻击的工作原理
素质目标	1. 具有良好的团队协作和沟通交流能力 2. 培养良好的职业道德 3. 掌握网络安全行业的基本情况 4. 树立较强的安全、节约、环保意识 5. 培养创新能力

6.4 项目实施

6.4.1 任务1：科来网络分析系统的使用

1. 任务目标

掌握科来网络分析系统的安装方法,熟练掌握科来网络分析系统的几个主要功能,查看网络流量、主机、协议、流量和网络连接的方法。能选择监听的网卡、查看捕获的报文,并能对捕获的数据包进行专家分析、解码分析和统计分析。能对基本捕获条件、高级捕获条件和任意捕获条件进行设置。

2. 工作任务

(1) 科来网络分析系统的安装。

(2) 科来网络分析系统的配置。

(3) 用科来网络分析系统捕获敏感数据包。

3. 工作环境

(1) 两台预装 Windows 7 系统的主机,通过网络相连。

（2）软件工具：科来网络分析系统软件 csnas_tech_8.1.0.8148_x64。

4．实施过程

（1）科来网络分析系统的安装。

① 双击安装程序，进入 csnas_tech_8.1.0.8148_x64 的安装界面，如图 6-2 所示。

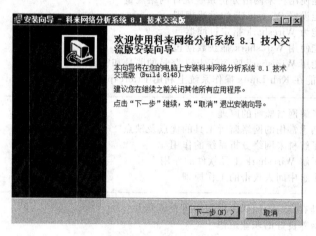

图 6-2　安装界面

② 单击"下一步"按钮，出现"许可协议"对话框，选择"我接受协议"单选按钮，单击"下一步"按钮，如图 6-3 所示。

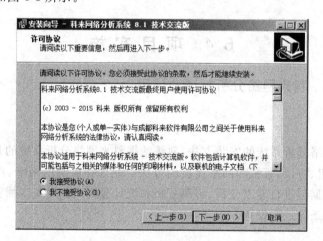

图 6-3　接受"许可协议"

③ 单击"下一步"按钮，选择并设置安装的路径，默认安装路径则单击"下一步"按钮进行安装。默认是安装在 C:\Program Files\Colasoft CSNAS 8.1 Technology Edition 目录中，也可以通过单击旁边的"浏览"按钮修改路径，不过为了更好地使用还是使用默认路径进行安装。

④ 默认安装全部组件，要求至少 165.1MB 磁盘空间，单击"下一步"按钮，默认创建桌面图标和快速启动图标，也可以取消附加任务，单击"下一步"按钮。安装准备完成后，

单击"安装"按钮,开始安装。

　　⑤ 出现安装提示信息如图 6-4 所示,单击"下一步"按钮,安装结束后,单击"结束"按钮,立即执行应用程序,如图 6-5 所示。

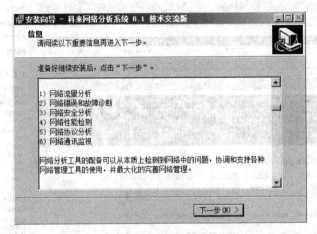

图 6-4　重要信息

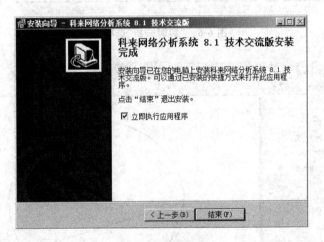

图 6-5　结束安装

　　(2)科来网络分析系统的配置。科来网络分析系统是非常优秀的协议分析软件,同时又是非常优秀的嗅探器,它利用以太网特性把网络适配器置为混杂模式状态后,能接收传输在网络上的每一个信息包。

　　① 安装完成后,单击"实时分析"选项卡,主界面出现"本机网络适配器",本机有几张网卡就会有几个本地连接选项,勾选 IP 地址为 192.168.5.1 的"本地连接"复选框,分析方案包括全面分析、HTTP 应用分析、邮件应用分析、DNS 应用分析、FTP 应用分析和VoIP 分析,默认选择"全面分析"方案,单击"开始"按钮,开始实时网络数据捕获,如图 6-6 所示。

　　② 片刻之后单击红色"停止"按钮,若想了解当前计算机的网络连接情况,只须单击"矩阵"选项卡,即可弹出该计算机网络连接情况的界面,如图 6-7 所示。

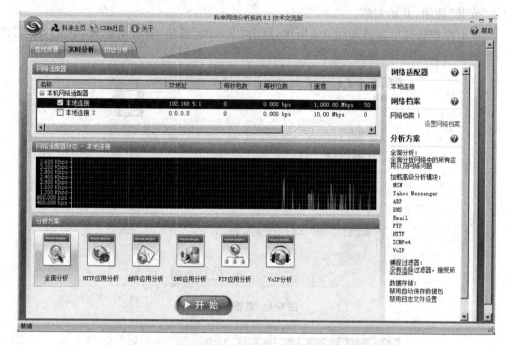

图 6-6　"实时分析"选项卡

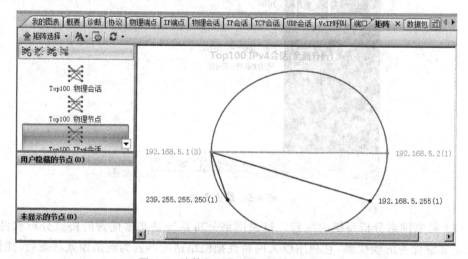

图 6-7　计算机网络的连接情况示意图

③ 单击"协议"选项卡，图 6-8 中显示的是捕获到的协议分布情况。

（3）用科来网络分析系统捕获敏感数据包。以捕获 Telnet 密码为例，从计算机 192.168.5.1 远程登录到计算机 192.168.5.2，用科来网络分析系统捕获到远程登录的用户名和密码。

① 首次打开科来网络分析系统时，会弹出"选择网卡"对话框，在该对话框中会自动显示本机当前所拥有的所有网卡，只要选择需要监听的网卡就可以了。

② 报文捕获功能可以在报文"捕捉"面板中完成。如图 6-9 所示是处于"停止"状态

名字	字节数 ▼	数据包	每秒位
IP	10.98 KB	40	0.000 bps
UDP	9.68 KB	23	0.000 bps
SSDP	9.21 KB	18	0.000 bps
NetBIOS	480.00 B	5	0.000 bps
NBNS	480.00 B	5	0.000 bps
ICMP	1.29 KB	17	0.000 bps
Echo Req	702.00 B	9	0.000 bps
Echo Reply	624.00 B	8	0.000 bps
IPv6	9.74 KB	18	0.000 bps
UDP	9.74 KB	18	0.000 bps
SSDP	9.74 KB	18	0.000 bps
ARP	220.00 B	4	0.000 bps
Request	110.00 B	2	0.000 bps

图 6-8　协议分布情况

的面板,各个按钮的功能依次是网络适配器的设置、捕获开始、捕获停止。

③ 单击"开始"按钮,弹出"开始分析"对话框,如图 6-10 所示,单击"是"按钮,重新开始捕捉,"开始"按钮变成灰色,"停止"按钮变成红色。

图 6-9　"捕捉"面板

图 6-10　"开始分析"对话框

④ 在本地计算机的命令提示符窗口中使用管理员账号 administrator 远程登录到被管理计算机 192.168.5.2,用户名是 vip,密码是 123,运行 telnet 命令,如图 6-11 所示。

⑤ 返回科来网络分析系统主界面,单击"捕捉"面板上的"停止"按钮,双击系统主界面左下角"节点浏览器"面板上的"协议浏览器"→Ethernet→IP→TCP→TELNET 命令。在窗口右侧单击"数据包"选项卡,则过滤出所有 TELNET 协议的数据包,滑动右侧滑块,查看"概要"字段,可以看到科来网络分析系统捕捉到的敏感信息 login:vviipp 和 password:123,如图 6-12 所示。

6.4.2　任务 2:Wireshark 工具的使用

1. 任务目标

掌握 Wireshark 的安装方法,熟练掌握使用 Wireshark 分析数据包的 3 个步骤:选择数据包、分析协议、分析数据包内容,并能使用 Wireshark 嗅探 Telnet 过程。

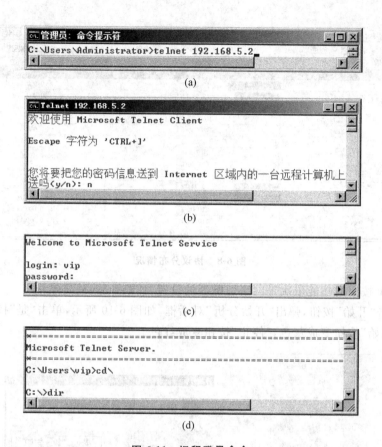

图 6-11　远程登录命令

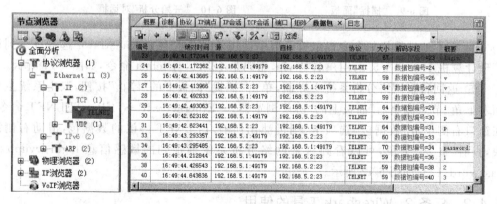

图 6-12　捕捉的敏感信息

2. 工作任务

（1）Wireshark 的安装。

（2）用 Wireshark 捕获数据包。

（3）设定 Wireshark 过滤规则。

（4）从捕获数据中获得敏感信息。

3．工作环境

（1）两台预装 Windows 7 系统的主机，通过网络相连。

（2）软件工具：Wireshark 2.0.2(64-bit)工具。

4．实施过程

（1）Wireshark 的安装。下载 Wireshark_win64_2.0.2.0.1457418327 软件，双击安装图标。虽然安装界面是英文版，但操作界面是中文版，所以基本上依次单击 Next、I Agree、Next 按钮即可完成安装。

（2）用 Wireshark 捕获数据包。以捕获 Telnet 密码为例，从计算机 192.168.5.1 远程登录到计算机 192.168.5.2，用 Wireshark 捕获到远程登录的用户名和密码。

具体操作步骤如下。

① 选择"开始"→Wireshark 命令，弹出"Wireshark 网络分析器"欢迎窗口，指定捕获数据的网卡"本地连接"，双击即可，如图 6-13 所示。

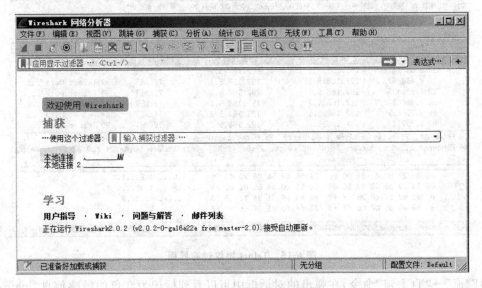

图 6-13 指定捕获网络适配器

② 在本地计算机的命令提示符窗口使用管理员账号 administrator 远程登录到被管理计算机 192.168.5.2，用户名是 vip，密码是 123，运行 telnet 命令。

③ 返回 Wireshark 主界面，单击红色方块"停止捕获分组"按钮，如图 6-14 所示。

（3）设定 Wireshark 过滤规则。单击"应用显示过滤器"窗口，输入 Telnet，窗口颜色由灰色变成红色最后变成绿色，表明过滤规则输入正确。按 Enter 键后，过滤后 Protocol 字段内容全部变成 Telnet 协议，捕获的数据信息全部与 Telnet 有关，如图 6-15 所示。

（4）从捕获数据中获得敏感信息。右击 Info 字段下的任意一个 Telnet Data，选择

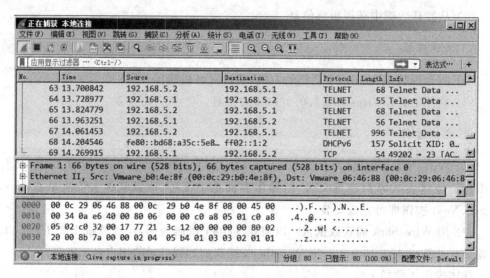

图 6-14　Wireshark 主界面

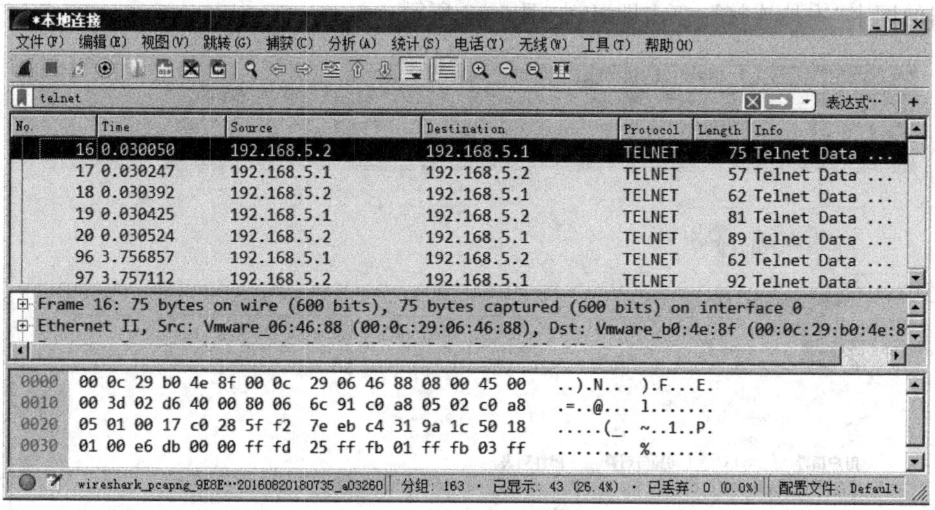

图 6-15　Telnet 协议过滤界面

"追踪流"→"TCP 流"命令，在弹出的对话框中可以看到标记为红色的敏感信息"login：.. *..SFUTLNTVER. 2. SFUTLNTMODE. Console.. vviipp. password：123"，如图 6-16 所示。

6.4.3　任务 3：利用 Kali Linux 操作系统实施 Ettercap 中间人攻击

1. 任务目标

利用 Kali Linux 操作系统使用 Ettercap 工具实现中间人攻击。

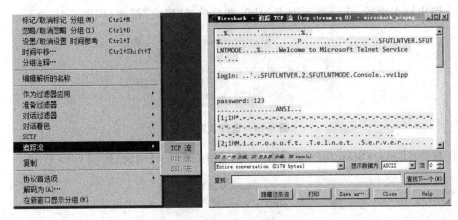

图 6-16　捕获到的 Telnet 敏感信息

2．工作任务

（1）在 Windows Server 2012 上搭建 FTP 服务器。

（2）使用 Ettercap 工具实现中间人攻击。

3．工作环境

（1）一台预装 Windows Server 2012 系统作为 FTP 服务器的主机 A。

（2）一台预装 Kali Linux 系统的主机 B。

（3）一台作为 FTP 客户端预装 Windows 7 系统的主机 C。

4．实施过程

（1）在主机 A 上搭建 FTP 服务器。

（2）在主机 B 上使用 Ettercap 工具实现中间人攻击，具体操作步骤如下。

① 在主机 B 上使用下列命令安装 Ettercap 工具。

```
root@kali:~ # ettercap - G
```

② 弹出 Ettercap 主界面，选择 Sniff→Unified sniffing 命令，使用 Sniffer 抓包，如图 6-17 所示。

图 6-17　Ettercap 工具界面

③ 弹出网卡设置，选择监听网卡 eth0，然后单击"确定"按钮，如图 6-18 所示。

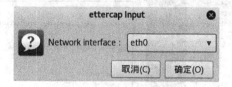

图 6-18　选择监听网卡

④ 选择 Hosts→Scan for hosts 命令，扫描存在的主机列表，如图 6-19 所示。

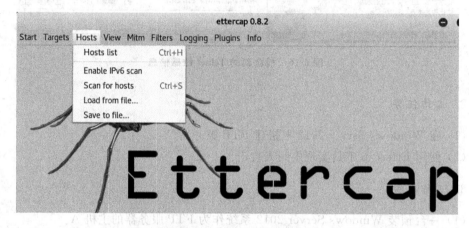

图 6-19　扫描存在的主机列表

⑤ 在主机 B 上生成主机列表，选择 Hosts→Hosts list 命令，单击主机列表，查看被扫描的主机，如图 6-20 所示。

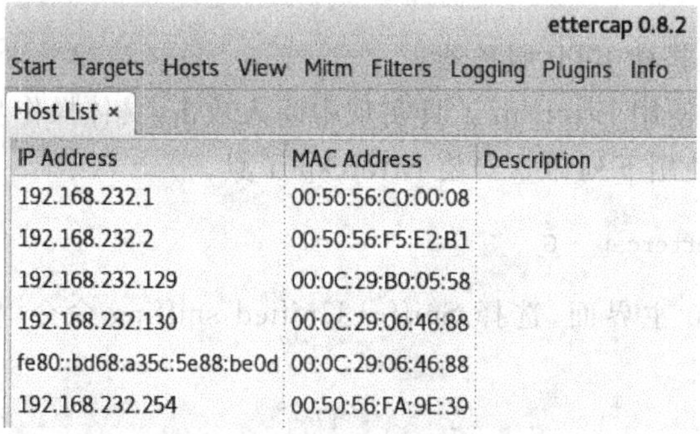

IP Address	MAC Address	Description
192.168.232.1	00:50:56:C0:00:08	
192.168.232.2	00:50:56:F5:E2:B1	
192.168.232.129	00:0C:29:B0:05:58	
192.168.232.130	00:0C:29:06:46:88	
fe80::bd68:a35c:5e88:be0d	00:0C:29:06:46:88	
192.168.232.254	00:50:56:FA:9E:39	

图 6-20　查看被扫描的主机列表

⑥ 在主机 C 上登录主机 A 的 FTP 服务器，并输入用户名和密码。

⑦ 在主机 B 的 Ettercap 工具界面上可以看到有用户登录 192.168.232.129 主机的 FTP 服务器，用户名是 administrator，密码是 abc@123，如图 6-21 所示。

⑧ 获取这些信息后停止嗅探，在菜单栏中选择 Start→Stop sniffing 命令。

⑨ 停止嗅探后，还需要停止中间人攻击，在菜单栏中选择 Mitm→Stop mitm attack(s) 命令。

```
DHCP: [192.168.232.254] ACK : 192.168.232.130 255.255.255.0 GW 192.168.232.2 DNS 192.168.232.2 "localdomain"
DHCP: [192.168.232.254] ACK : 0.0.0.0 255.255.255.0 GW 192.168.232.2 DNS 192.168.232.2 "localdomain"
FTP : 192.168.232.129:21 -> USER: anonymous  PASS: User@
FTP : 192.168.232.129:21 -> USER: anonymous  PASS: User@
FTP : 192.168.232.129:21 -> USER: administrator  PASS: abc@123
FTP : 192.168.232.129:21 -> USER: administrator  PASS: abc@123
```

图 6-21　利用 Ettercap 工具捕获到的敏感信息

6.5　常见问题解答

TCP/IP 协议中,数据的传输单位是什么?测试网络速度的常用单位是什么?

答:TCP/IP 协议中,数据被分成若干个包(Packets)进行传输,包的大小跟操作系统、网络带宽有关,一般为 64、128、256、512、1024 等,包的单位是字节。网络速度通常用 Kb/s、Mb/s 来表示,B 和 b 分别代表 Byte(字节)和 bit(比特),1B=8b。1Mb/s(兆比特每秒)=1×1024/8B/s=128KB/s(字节每秒)。例如常见的 ADSL 下行 512K 指的是每秒传输 512Kb,也就是每秒 512/8KB=64KB。

6.6　认 证 试 题

一、选择题

1. 网络监听是(　　)。
   A. 远程观察一个用户的计算机　　　　　B. 监视网络的状态、传输的数据流
   C. 监视 PC 系统的运行情况　　　　　　D. 监视一个网站的发展方向
2. 下面关于几个网络管理工具的描述中,错误的是(　　)。
   A. netstat 可用于显示 IP、TCP、UDP、ICMP 等协议的统计数据
   B. Sniffer 能够使网络接口处于杂收模式,从而可接收网络上传输的分组
   C. winipcfg 采用 MS-DOS 工作方式显示网络适配器和主机的有关信息
   D. tracert 可以发现数据包到达目标主机所经过的路由器和到达时间
3. 嗅探器可以使网络接口处于杂收模式,在这种模式下,网络接口(　　)。
   A. 只能够响应与本地网络接口硬件地址相匹配的数据帧
   B. 只能够响应本网段的广播数据帧
   C. 只能响应组播信息
   D. 能够响应流经网络接口的所有数据帧
4. 下列(　　)不是 Wireshark 的功能。
   A. 协议分析　　　　B. 解密　　　　　C. 数据监听　　　　D. 流量分析
5. 为了防御网络监听,最常用的方法是(　　)。
   A. 采用物理传输　　　　　　　　　　B. 采用无线传输
   C. 数据加密　　　　　　　　　　　　D. 使用专线传输

二、简答题

1. 常用的网络监听工具有哪些？
2. 网络嗅探器的工作原理是什么？

三、操作题

利用嗅探工具嗅探 FTP 登录密码。

远 程 控 制

7.1 用户需求与分析

　　远程控制本来用于专家进行远程协助,解决计算机系统中的问题,但该技术被黑客运用后,就变成了攻击他人计算机系统的一种手段。通过远程控制技术,黑客可以获取远程计算机的许多重要信息,如个人账号和密码等。通过对远程计算机的完全控制,可以对远程计算机中的所有文件进行操作、修改注册表、监视屏幕操作的一举一动,甚至可以实时控制远程计算机用户的操作,如锁定键盘、远程关机等,就像在自己的计算机中一样。

7.2 预 备 知 识

7.2.1 远程控制的原理

　　远程控制是指利用远程控制软件在两台计算机之间建立一条数据交换的通道,从而使主控端可以向被控端发送指令,操纵被控端完成某些特定的工作。要实现远程控制,需要满足一些条件:①主控计算机和被控计算机都处在网络中;②双方都使用相同的通信协议,一般使用 TCP/IP 协议进行通信;③两台计算机上都必须安装远程控制软件,而且一台必须配置成被控端,而另一台配置成主控端。被控端计算机等候与主控端计算机的连接,被控端由主控端进行控制,控制被控端计算机中的各种应用程序运行。主控端负责发送指令和显示远程被控端计算机执行程序的结果,而运行程序所需要的系统资源都由被控端计算机负责。

7.2.2 认识木马

　　木马是目前最主要的网络安全威胁之一,木马的全名叫"特洛伊木马"。

　　木马是一种基于 C/S(客户/服务器)模式的远程控制程序,具有隐蔽性、非授权性、自动运行性等特点。隐蔽性是指木马程序隐藏于服务器端,即使计算机用户发现计算机感染了木马,也很难确定木马的位置。这也是木马程序与一般远程控制软件最大的区别。非授权性是指控制端和服务器端建立连接后,控制端就拥有了服务器端的大部分操作权限,包括修改和删除文件、修改注册表、控制键盘和鼠标等设备操作权限。自动运行性是指当系统启动时木马程序自动运行，它通常依附在系统的启动配置文件中，例如 win. ini、system. ini、winstart. bat 以及启动组的文件中。

完整的木马系统由硬件、软件和网络连接三部分组成。硬件包括服务器端和控制端。服务器端是被黑客安装木马服务程序的目标计算机，即被远程控制的一方。而控制端是黑客实施远程攻击的一方，即远程控制服务器端的一方。网络连接是服务器端和控制端之间的通信通道，为服务器端发送获取的信息、控制端发送控制命令提供渠道。

木马的伪装方式主要包括修改图标、捆绑文件、出错提示、定制端口、自我销毁、自动更名。有些木马把服务器端程序的图标改成 JPG、TXT、ZIP、HTML 等各种文件的图标，具有很强的迷惑性。有些木马把自己捆绑在安装程序或可执行文件上，程序运行时木马服务器端也开始运行。有些木马具有出错显示功能，当木马服务器端用户打开木马程序时，会弹出一个错误提示框。老式木马端口都是固定的，新式木马的端口可以自定义，控制端用户可以指定 1024～65535 之间任一端口作为木马端口。当木马在服务器端安装成功后，原木马文件自动销毁，这样服务器端用户就很难找到木马的来源。目前很多木马程序可以由控制端用户命名，这也给木马的查找带来了困难。

7.2.3　木马的发展与分类

木马程序技术发展至今，已经经历了四代：第一代为伪装型病毒，第二代为 AIDS 型木马，第三代为网络传播型木马，第四代为隐形木马。第一代木马不具备传染性，它通过伪装成一个合法程序诱骗用户上当。第二代木马通过电子邮件进行传播。第三代木马增加了"后门"功能和键盘记录功能，具有伪装和传播两种特点。第四代木马采用插入内核的潜入方式，利用远程插入线程技术，嵌入 DLL 线程等技术实现程序隐藏，利用反弹端口技术突破防火墙限制，使被侵用户毫无察觉。

按照木马的特性可以把木马分为破坏型、密码发送型、键盘记录型、DoS 攻击型、反弹端口型、代理型和远程访问型等。破坏型木马破坏并删除文件，能自动删除目标主机上的 DLL、INI、EXE 文件，一旦感染就严重威胁到计算机的安全。密码发送型木马能找到目标主机的隐藏密码，并把它发送到指定邮箱。Windows 提供的密码记忆功能使用户不必每次都输入账号和密码，这类木马就是利用这一点获取目标主机的密码，大多数使用 25 号端口发送邮件，在系统启动时重新运行。键盘记录木马记录目标主机在线和离线状态下敲击键盘的情况，存储在日志文件中，并发送到指定邮箱，黑客通过分析键盘记录获得密码、信用卡账号等有用信息。DoS 攻击型木马的危害不是体现在被感染的目标主机上，而是体现在黑客利用它来攻击其他计算机，给网络和服务造成很大的伤害。一种类似的 DoS 攻击型木马叫作邮件炸弹木马，目标主机一旦感染，则会生成各种各样主题的邮件，向特定邮箱不停地发送邮件，直到对方瘫痪不能接收邮件为止。与一般的木马相反，反弹端口型木马的被控制端使用主动端口，控制端使用被动端口，因为防火墙对于进入的链接进行严格过滤，对于出去的链接疏于防范。控制端的被动端口通常设为 80，即使目标主机用户检查自己端口时发现 80 端口已打开，也可能以为是自己在浏览网页时所导致的结果。代理木马是黑客发动攻击的跳板，在入侵的同时掩盖自己的踪迹，通过代理木马，黑客可以匿名使用 Telnet 等程序，掩饰自己的身份。远程访问型木马是目前使用最广泛的木马，是一种基于远程控制的工具，能远程访问目标主机的硬盘。

7.2.4 常见远程控制工具介绍

下面介绍两种最常见的远程控制软件。

1. 多点远程控制软件 QuickIP

对网络管理来说,一台主机要管理多台计算机,需要应用到多点远程控制技术,QuickIP 就是一款具有多点远程控制技术的工具。QuickIP 是基于 TCP/IP 的计算机远程控制软件,使用 QuickIP 可以通过局域网或互联网全权控制远程计算机。服务器可以同时被多个客户机控制,一个客户机也同时控制多个服务器。

QuickIP 具有 FTP 功能,可以上传、下载远程文件,以树状展示远程计算机所有磁盘驱动器的内容;可以对远程主机的屏幕进行录像;可以控制远程主机的鼠标、键盘,就像操作本地计算机一样;可以控制远程的录音设备,具有网络电话功能;可以控制远程计算机的所有进程、窗口、程序,控制远程主机重新启动、关机、登录等。QuickIP 具有安全的密码验证,客户机必须知道服务器密码才能进行控制,网络数据传输采用压缩传输,因此数据传输速度快并且很安全。QuickIP 具有定位功能,在不知道远程主机 IP 地址或域名的情况下能迅速连接到远程主机上。QuickIP 可用于服务器管理、远程资源共享、网吧机器管理、远程办公、远程教育、排除故障、远程监控等。由于 QuickIP 将服务器端和客户端合并在一起,所以每台计算机中都要安装服务器端和客户端,这样,安装了 QuickIP 的网络计算机都可以作为客户端控制其他计算机,也可以被其他计算机控制。

2. 任我行软件

任我行软件是一款功能强大的远程控制软件,它的功能仅次于灰鸽子远程控制软件,不同的是任我行软件提供了两种不同的配置类型,更易于管理。黑客经常利用这款软件来监控目标主机。

7.3 方案设计

方案设计如表 7-1 所示。

表 7-1 方案设计

任务名称	远程控制
任务分解	1. 使用远程桌面连接远程控制计算机 (1) 远程计算机的设置 (2) 本地计算机的设置 (3) 远程控制的实现 2. 使用 QuickIP 对多点计算机进行远程控制 (1) 设置 QuickIP 服务器密码 (2) 登录客户端 (3) 查看 QuickIP 服务器信息

续表

能力目标	1. 能配置远程桌面,实现远程控制 2. 能设置 QuickIP 服务器密码 3. 能登录 QuickIP 客户端 4. 能查看 QuickIP 服务器信息
知识目标	1. 了解远程控制的原理 2. 了解木马的来源 3. 熟悉木马程序的特点 4. 熟悉木马的伪装方式 5. 了解木马系统的组成 6. 了解木马的分类与发展
素质目标	1. 掌握网络安全行业的基本情况 2. 具有良好的团队协作和沟通交流能力 3. 培养良好的职业道德 4. 树立较强的安全、节约、环保意识

7.4 项 目 实 施

7.4.1 任务 1: 使用远程桌面连接远程控制计算机

1. 任务目标

了解远程控制的工作原理,熟练掌握远程计算机和本地计算机的配置方法,实现在本地计算机上控制远程计算机,使两地的计算机可以协同工作。

2. 工作任务

(1) 远程计算机的设置。

(2) 本地计算机的设置。

(3) 远程控制的实现。

3. 工作环境

两台预装 Windows 7 系统的主机,通过网络相连。

4. 实施过程

(1) 远程计算机的设置。

① 设置好远程计算机的账号和密码,打开远程计算机的命令提示符窗口,输入命令 net user guolindesktop 123 /add,创建远程计算机登录账户 guolindesktop。

② 设置好远程计算机账号 guolindesktop 的权限,使其隶属于 remote desktop users 组。在远程主机的命令提示符窗口中执行命令 net localgroup "remote desktop users" guolindesktop /add,如图 7-1 所示。

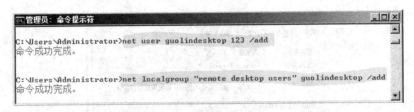

图7-1 远程计算机的登录账号创建

③ 使用ipconfig命令查看远程计算机的IP地址,本任务中设定的是192.168.5.2。

④ 右击远程计算机的"计算机"图标,选择"属性"命令,在弹出的窗口中单击"远程设置"命令,在"系统属性"对话框中的"远程"选项卡中进行设置。选择"允许远程协助连接这台计算机"复选框,选择"允许运行任意版本远程桌面的计算机连接(较不安全)"单选按钮,如图7-2所示。

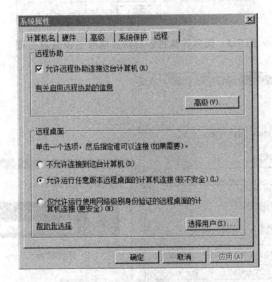

图7-2 远程计算机"远程"设置

⑤ 若提示需要开启防火墙,则需要打开"计算机管理"中的"服务和应用程序"窗口,启动Windows Firewall服务,如图7-3所示。

(2)本地计算机的设置。

① 使用ipconfig命令查看本地计算机的IP地址,本任务中设定的是192.168.5.1。

② 从本地计算机Ping远程计算机的IP地址,看能否Ping通。

③ 在本地计算机中选择"开始"→"远程桌面连接"命令,在弹出的"远程桌面连接"对话框中单击"选项"按钮,在"常规"选项卡中,填写远程计算机的IP地址和用户名,单击"连接"按钮,在弹出的"Windows安全"对话框中输入远程计算机的密码,如图7-4所示。

④ 当出现"无法验证此远程计算机的身份。是否仍要连接?"时,单击"是"按钮,如图7-5所示,即可远程登录到远程计算机。

图 7-3　远程计算机开启防火墙服务设置对话框

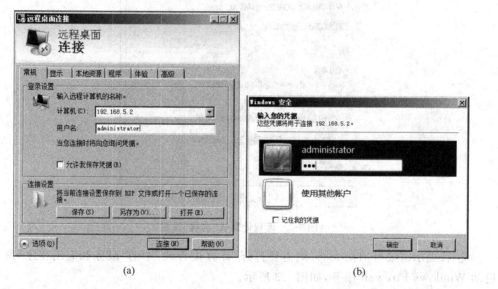

(a)　　　　　　　　　　　　　　　　　(b)

图 7-4　本地计算机的"远程桌面连接"设置

（3）远程控制的实现。当出现"192.168.5.2-远程桌面连接"窗口时，即实现了远程桌面控制，如图 7-6 所示。

7.4.2　任务 2：使用 QuickIP 对多点计算机进行远程控制

1. 任务目标

熟练掌握使用 QuickIP 通过局域网或互联网全权控制远程计算机。服务器可以同

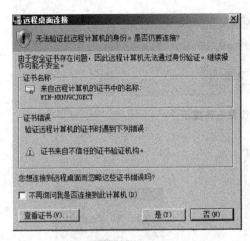

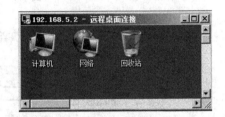

图 7-5　忽略远程计算机身份验证　　　　图 7-6　实现远程桌面连接

时被多个客户机控制,一个客户机也同时控制多个服务器。利用 QuickIP 以树状展示远程计算机所有磁盘驱动器的内容,对远程屏幕进行录像,控制远程主机的鼠标、键盘,控制远程计算机的所有进程、窗口、程序,控制远程主机重新启动、关机、登录等。

2. 工作任务

(1) 设置 QuickIP 服务器密码。

(2) 登录客户端。

(3) 查看 QuickIP 服务器信息。

3. 工作环境

(1) 两台预装 Windows 7 系统的主机,通过网络相连。

(2) 软件工具:QuickIP 软件。

4. 实施过程

(1) 设置 QuickIP 服务器密码。QuickIP 具有安全的密码验证功能,客户端必须知道服务器端的密码才可能进行控制。因此在第一次启动 QuickIP 服务器程序时会提示设置本地服务器的密码,具体的操作步骤如下。

① 启动 QuickIP 服务器时会弹出一个提示对话框,提示用户设置密码,单击"确定"按钮即可,如图 7-7 所示。

② 在"修改本地服务器的密码"对话框中输入要设置的密码,然后单击"确定"按钮,如图 7-8 所示。

③ 密码修改成功后会弹出一个提示对话框,单击"确定"按钮,如图 7-9 所示。

图 7-7 设置密码提示

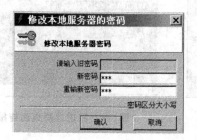

图 7-8 修改本地服务器的密码

图 7-9 密码修改成功提示

（2）登录客户端。

① 启动黄色图标的"QuickIP 客户机"程序，在工具栏中单击"添加主机"按钮，如图 7-10 所示。

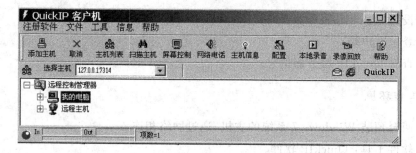

图 7-10 "QuickIP 客户机"主窗口

② 输入要添加主机的 IP 地址、端口以及密码，单击"确认"按钮，如图 7-11 所示。

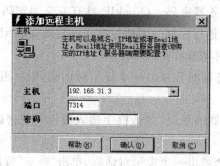

图 7-11 "添加远程主机"对话框

③ 返回客户端主窗口中，单击刚添加的远程主机 IP 地址前面的"＋"号即可看到所

有的远程控制功能,如图7-12所示。

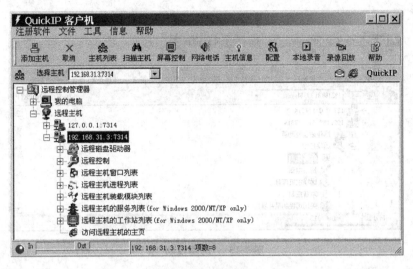

图 7-12 客户端主窗口

④ 单击"远程磁盘驱动器"选项就会弹出"登录到远程主机"对话框,输入登录密码后单击"确认"按钮即可完成登录,如图7-13所示。

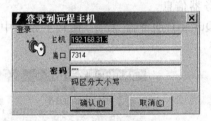

图 7-13 "登录到远程主机"对话框

⑤ 登录成功后可以看到远程目标主机的所有磁盘驱动器盘符,可以对磁盘进行任何操作,如图7-14所示。

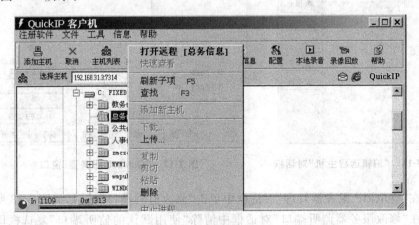

图 7-14 磁盘操作菜单

⑥ 展开"远程控制"项，双击"屏幕控制"项即可实现远程屏幕控制操作，如图 7-15
所示。

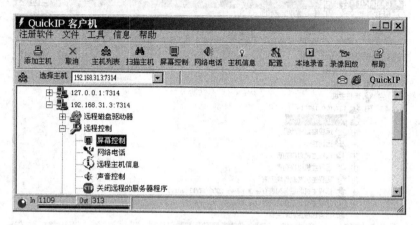

图 7-15　"屏幕控制"项

⑦ 在"QuickIP 客户机"的工具栏中单击"主机列表"按钮。

⑧ 在"编辑远程主机"对话框中可添加、删除、修改远程主机，设置完毕单击"保存"按
钮即可退出，如图 7-16 所示。

（3）查看 QuickIP 服务器信息。

① 启动红色图标的"QuickIP 服务器"程序，在其主界面中可以看到客户机上的所有
操作信息，如图 7-17 所示。

图 7-16　"编辑远程主机"对话框

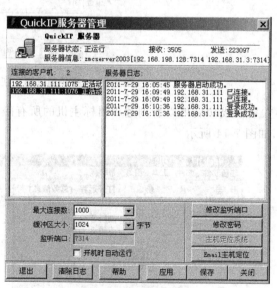

图 7-17　"QuickIP 服务器"窗口

② 在"QuickIP 服务器管理"对话框中单击"修改监听端口"按钮，如图 7-18 所示。

③ 在"修改服务器监听端口"对话框中清除"使用默认的监听端口"复选框即可修改
端口，修改后单击"确认"按钮。

图7-18 "修改服务器监听端口"对话框

④ 在"QuickIP 服务器管理"对话框中单击"修改密码"按钮。

⑤ 在"修改本地服务器的密码"对话框中的第一个文本框中输入以前的密码,在后面的两个文本框中输入相同的修改后的密码,修改后单击"确认"按钮。

7.5 常见问题解答

1. 被木马攻击的原因? 防御的措施有哪些?

答:被木马攻击的主要原因是 IPC $ 连接和弱密码。为了使自己的机器不成为肉鸡,应关闭 IPC $ 连接,关闭 139、445 端口,并使用复杂密码。

2. 为什么远程计算机已经正常运行了服务器端,却不能正常建立连接?

答:很多善意的远程控制软件都需要被控端操作者的确认,所以必须设置登录密码才能正确登录,这也是为了保证被控端计算机的安全。

3. 计算机病毒、恶意代码、网络蠕虫和木马的区别和联系是什么?

答:计算机病毒是指编制或者在计算机程序中插入的破坏计算机功能,或者毁坏数据以影响计算机使用,并能自我复制的一组计算机指令或代码。传染性是判断一段程序代码是否为计算机病毒的依据。计算机病毒的主要特征包括:传播方式多样,传播速度极快,影响面极广,破坏性极强,难以控制和根治,编写方式多样,变种多,智能化,兼有木马、蠕虫和后门等功能。恶意代码是指在不被察觉的情况下,把代码寄宿到另一段程序中,进而通过运行有入侵性或破坏性的程序,达到破坏被感染计算机和网络系统的目的。恶意代码包括普通病毒、蠕虫、木马等。网络蠕虫是一个自我包含的程序,它能够传播自身的功能或复制自身的片段到其他的与网络连通的计算机系统。网络蠕虫由多个部分组成,每个部分运行在不同计算机上,并使用网络进行通信。与计算机病毒不同,蠕虫不需要把自身附加在宿主程序上,而是一个独立的程序,能够主动运行。木马与病毒不同之处在于,木马是没有自我复制功能的恶意程序。

7.6 认 证 试 题

一、选择题

1. 计算机感染特洛伊木马后的典型现象是( )。

A. 程序异常退出

B. 有未知程序试图建立网络连接

C. 邮箱被垃圾邮件填满

D. Windows 系统黑屏

2. 下列行为不属于网络攻击的是(　　)。

A. 连续不断 Ping 某台主机

B. 发送带病毒和木马的电子邮件

C. 向多个邮箱群发一封电子邮件

D. 暴力破解服务器密码

3. 在下面 4 种病毒中,(　　)可以远程控制网络中的计算机。

A. worm. Sasser. f   B. Win32. CIH

C. Trojan. qq3344   D. Macro. Melissa

4. 以下不属于木马传播的方式是(　　)。

A. 软件捆绑　　　　B. 邮件附件　　　　C. 文件感染　　　　D. 危险下载

5. 下列描述与木马相关的是(　　)。

A. 由客户端程序和服务器端程序组成

B. 感染计算机中的文件

C. 破坏计算机系统

D. 进行自我复制

6. (　　)不是 Windows Server 2012 的系统进程。

A. System Idle Process   B. iexplorer. exe

C. lsass. exe   D. services. exe

二、操作题

在自己和朋友的计算机上使用软件尝试进行远程控制。

拒绝服务攻击

8.1　用户需求与分析

拒绝服务攻击是指利用合理的服务请求来占用过多的服务资源,从而使合法用户无法及时得到服务响应的一种攻击方式。攻击者进行拒绝服务攻击,实际上是在服务器上造成两种结果,一种是迫使服务区的缓冲区满,不能接收新的请求;另一种是使用 IP 欺骗,迫使服务器把合法用户的连接复位,影响合法用户的连接。

8.2　预备知识

8.2.1　拒绝服务攻击的定义

拒绝服务攻击的目的是为了让目标主机停止提供服务或资源访问,这些资源包括磁盘空间、内存、进程甚至网络带宽,从而阻止正常用户的访问。

根据攻击的手法和目的的不同,拒绝服务攻击可以分为两种。一种以消耗目标主机的可用资源为目的,使目标主机疲于应付大量无用的连接请求,占用了所有的资源,无法对正常的请求做出及时响应,从而导致服务中断。这种攻击主要利用网络协议或系统漏洞进行攻击,主要的攻击方式有死亡之 Ping、SYN Flood、UDP Flood、ICMP Flood、Land 等。另一种以消耗目标主机的有效带宽为目的,攻击者通过发送大量数据包,将整条链路的带宽全部占用,从而使合法用户请求无法通过链路到达目标主机。例如,蠕虫具体的攻击方式有发送垃圾邮件、向 FTP 服务器塞垃圾文件、塞满目标主机的硬盘、伪装账号错误登录,导致账号连续多次登录失败被锁定,那么正常的合法用户也不能用这个账号登录系统了。

8.2.2　常见拒绝服务攻击行为及防御方法

下面针对几种典型的拒绝服务攻击行为进行分析,并提出相应的对策。

1. 死亡之 Ping(Ping of Death)攻击

早期路由器对数据包的大小有限制,很多操作系统的 TCP/IP 规定 ICMP 包的大小限制在 64KB 以内。遇到大小超过 64KB 的 ICMP 包会出现内存分配错误,使接收方计算机死机。根据这一原理,黑客们只需要不断地通过 ping 命令向攻击目标发送超过 64KB 的数据包,就可以致使接收方计算机死机。

防御的方法是使用补丁程序,在接收数据包之前先判断数据包的大小是否大于 64KB,超过则丢弃该数据包。现在所有的 TCP/IP 协议都具有对付超过 64KB 大小的数据包的处理能力,并且大多数防火墙能自动过滤这些攻击。很多操作系统如 Windows XP/Server 2003、Linux 等都具有抵抗一般死亡之 Ping 的能力。

2. 泪滴(Teardrop)攻击

对于一些大的数据包,为了符合链路层最大传输单元(MTU)的要求,往往需要拆分传送,这样接收端在接收完全部 IP 数据包后,可以根据"偏移字段"得知某个片段在整个 IP 包中的位置,从而将这些片段重新组装。如果黑客在截取 IP 数据包后,把"偏移字段"设置成错误的值,导致接收端不能正确组合这些拆分的数据包,但接收端会不断尝试,就导致目标主机因资源耗尽而崩溃。

防御方法是对接收到的分片数据包进行分析,计算数据包的偏移量是否有误。反攻击的方法是添加系统补丁程序,丢弃收到的病态分片数据包,尽可能采用最新的操作系统,或在防火墙上设置分段重组功能,由防火墙接收到同一原包中的所有拆分数据,然后完成重组工作。

3. TCP SYN 洪水(TCP SYN Flood)攻击

攻击者利用伪造的 IP 地址向目标发出多个连接请求,目标主机在接收到请求后发送确认信息,并等待回答。由于 IP 地址是伪造的,所以确认信息也不会到达任何计算机,当然也就不会有任何计算机为此确认信息做出应答了。而在没有收到应答之前,目标计算机会在缓冲区保持连接信息并一直等待。当等待连接达到一定数量、缓冲区资源耗尽后,开始拒绝所有其他连接请求,当然也包括本来属于正常应用的请求。

防御方法是可以检查单位时间内收到的 SYN 连接是否超出系统设定的值。当接收到大量 SYN 数据包时,通知防火墙阻断连接请求或丢弃数据包,并在防火墙上过滤来自同一主机的后续连接。不过由于此类攻击不寻求响应,所以无法从一个简单的高容量传输中鉴别出来。

4. Land 攻击

Land 攻击中的数据包源地址和目标地址是相同的,当操作系统收到这类数据包时,不知该如何处理,循环发送和接收该数据包会消耗大量的系统资源,从而有可能造成系统崩溃或死机。

防御的方法是直接通过判断网络数据包的源地址和目标地址是否相同来确认是否属于攻击行为。反攻击的方法是配置防火墙设备或制定包过滤路由器的包过滤规则。

5. 分片 IP 报文攻击

攻击者给目标计算机只发送一片分片报文,而不发送所有的分片报文,这样目标计算机便会一直等待,如果攻击者发送了大量分片报文,就会消耗掉目标计算机的资源,而导致不能接收正常的 IP 报文。

对于这种攻击方式,目前还没有一种十分有效的防御方法,对于一些包过滤设备或入侵检测系统来说,通常是通过判断第一个分片的目标端口号来决定后续分片是否允许通过,但一些恶意分片的目标端口号是位于第二个分片中,因此会躲过一些入侵检测系统及一些安全过滤系统,从而在目标主机上重组之后形成各种攻击。目前有一些智能的包过滤设备可以直接丢掉报头中不包含端口信息的分片,但这种设备价格较高,不是每个企业都能承受得起。

6. Smurf 攻击

利用多数路由器具有同时向许多计算机广播请求的功能。攻击者伪造一个合法的 IP 地址,然后由网络上所有的路由器广播要求向受攻击计算机地址做出回答的请求。由于这些数据包看上去是来自已知地址的合法请求,使得网络中所有主机都对此 ICMP 应答请求做出答复,导致网络阻塞。这种攻击比死亡之 Ping 和 SYN 洪水流量高出一至两个数量级,更容易攻击成功,还有些 Smurf 攻击将源地址改成第三方受害者的 IP 地址,而不是伪造的 IP 地址,最终导致第三方受害者计算机系统崩溃。

防御的方法是关闭外部路由器或防火墙的广播地址特性,并在防火墙上设置规则,丢弃 ICMP 协议类型的数据包。

7. 虚拟终端(VTY)耗尽攻击

交换机和路由器等网络设备为了便于远程管理,一般都设置了 Telnet 用户界面,即用户可以通过 Telnet 远程登录到该设备上,对这些设备进行管理。通常这些设备的 Telnet 用户界面个数是有限制的,比如 5 个或 10 个。然而攻击者同时跟一台网络设备建立 5 个或 10 个 Telnet 连接,就会导致这些设备的远程管理界面被占尽,当合法用户再对这些设备进行远程管理时,则会因为 Telnet 连接资源被占用而失败。

防御的方法是升级交换机和路由器等网络设备的 COS 或 IOS 系统,通常新版本的系统会对该问题进行改进。

8. 电子邮件炸弹

攻击者在很短的时间内连续不断地向同一地址发送大量电子邮件,耗尽邮件接收者的网络带宽资源,导致网络拥塞,大量合法用户不能正常工作,同时占用掉邮件接收者有限的邮箱容量,用户的邮箱将没有多余的空间接收新邮件,新邮件将会丢失或退回,造成邮箱失效,而邮件炸弹携带的大容量信息不断在网络中来回传输,堵塞传输信道,加大邮件服务器的工作强度,减缓处理其他用户电子邮件的速度,导致恶性循环。

防御的方法是对邮件进行过滤,自动删除来自同一主机的过量或重复的消息。或在接收任何电子邮件之前预先检查发件人的资料，有可疑之处便将之删除。同时将邮件服务器设置为超过邮箱容量的大邮件自动删除，这样就可以有效避免"中弹"。

8.2.3　分布式拒绝服务攻击的定义

分布式拒绝服务攻击（Distributed Denial of Service，DDoS）又称为洪水攻击。它是一种分布、协作的大规模攻击方式，攻击者利用多台计算机攻击比较大的商业站点、搜索引擎、政府部门站点等。DDoS 攻击是在传统的 DoS 攻击的基础上发展起来的一类攻击方式。单一的拒绝服务攻击一般采用一对一的方式，当攻击目标的 CPU 速度低、内存小或网络带宽小等各项性能指标不高时，这种攻击的效果较明显。随着计算机与网络技术的发展，计算机的处理能力迅速增强，内存大大增加，网络带宽也越来越大了，对于恶意攻击包的"消化能力"增强了不少，这使得 DoS 攻击的困难程度增加了。这时分布式拒绝服务攻击 DDoS 就应运而生了。当计算机和网络的处理能力加大时，用一台计算机攻击不再有效，那么攻击者使用分布式、协同式的大规模攻击方式，利用多台计算机来发起攻击，用比以前更大的规模来进攻目标主机。

8.3　方案设计

方案设计如表 8-1 所示。

表 8-1　方案设计

任务名称	拒绝服务攻击
任务分解	1. 拒绝服务攻击工具 SYN Flood 的使用 2. 分布式拒绝服务攻击工具 DDoS 攻击者的使用
能力目标	1. 能对拒绝服务攻击工具 SYN Flood 的攻击属性进行设置 2. 能使用拒绝服务攻击工具 SYN Flood 对目标主机发动拒绝服务攻击 3. 能使用网络监听工具查看攻击效果 4. 能对分布式拒绝服务攻击工具 DDoS 攻击者的攻击属性进行设置 5. 能使用分布式拒绝服务攻击工具 DDoS 攻击者对目标主机发动拒绝服务攻击
知识目标	1. 熟悉拒绝服务攻击的定义 2. 了解拒绝服务攻击的原理 3. 了解常见拒绝服务攻击的行为及防御方法
素质目标	1. 培养良好的职业道德 2. 树立较强的安全意识 3. 掌握网络安全行业的基本情况 4. 树立较强的安全、节约、环保意识

8.4 项目实施

8.4.1 任务1：拒绝服务攻击工具SYN Flood的使用

1．任务目标

使用 SYN Flood 伪造源 IP 地址、源端口号，对目标主机发动攻击。攻击类型包括SYN、PSH&ACK、3HD、Rage3HD、ICMP、碎片 SYN、WebTest。

2．工作任务

拒绝服务攻击工具 SYN Flood 的使用。

3．工作环境

(1) 两台预装 Windows 7 系统的主机，通过网络相连。
(2) 软件工具：拒绝服务攻击工具 SYN Flood。

4．实施过程

(1) 双击 SYN Flood 运行程序，弹出主程序窗口，单击"新建攻击"按钮，弹出"攻击属性设置"对话框，如图 8-1 所示。

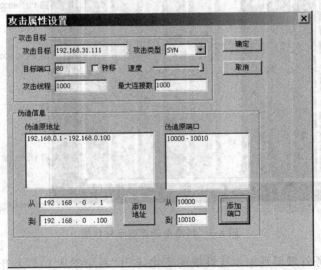

图 8-1 "攻击属性设置"对话框

(2) 在"攻击属性设置"对话框中填入攻击目标的 IP 地址，选择攻击类型，比如 SYN。然后设置目标端口、攻击线程和最大连接数，添加伪造源地址和源端口范围。最后单击"确定"按钮。

（3）被攻击的目标主机通过 Sniffer Pro 查看到网络连接情况，发现有 100 个主机与目标主机保持连接，如图 8-2 所示。

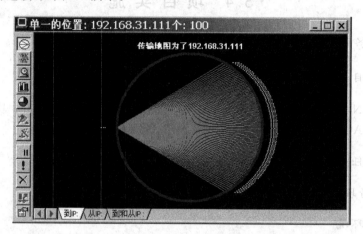

图 8-2　目标主机的网络连接示意图

（4）还可以查看到整个网络中计算机所用带宽前 10 名的情况，如图 8-3 所示，都是由伪装 IP 地址发送的数据包。

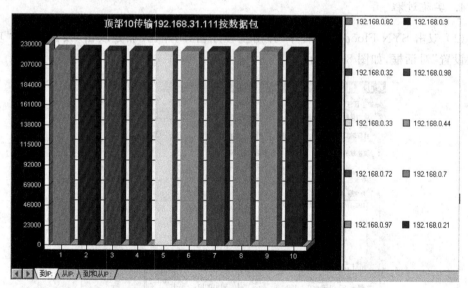

图 8-3　网络中带宽显示柱状图

（5）通过任务管理器观察系统性能的变化，CPU 利用率从 10% 上升到 100%，可以看到 SYN Flood 攻击的危害性，如图 8-4 所示。

（6）这个攻击效果是一对一攻击的结果，如果是多对一攻击，会导致被攻击主机蓝屏。在攻击端主窗口中单击"新建攻击"按钮，可以添加攻击线程，增强攻击效果。

（7）在攻击端主窗口中单击"退出"按钮可以结束攻击。

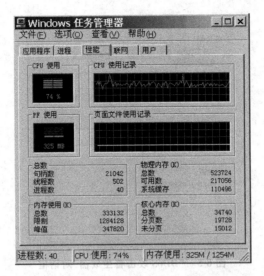

图 8-4　SYN 攻击后系统性能变化

8.4.2　任务 2：分布式拒绝服务攻击工具 DDoS 攻击者的使用

1. 任务目标

本软件是一个 DDoS 攻击工具，程序运行后自动驻入系统，并在以后随系统启动，在上网时自动对事先设定好的目标进行攻击。可以自由设置"并发连接线程数""最大 TCP 连接数"等参数。由于采用了与其他同类软件不同的攻击方法，效果更好。

2. 工作任务

分布式拒绝服务攻击工具 DDoS 攻击者的使用。

3. 工作环境

（1）两台预装 Windows 7 系统的主机，通过网络相连。

（2）软件工具：DDoS 攻击测试工具。

4. 实施过程

（1）运行 DDoS 攻击生成器（DDoSMaker.exe），弹出"DDoS 攻击者生成器"对话框，如图 8-5 所示。

（2）先进行必要的设置，在"目标主机的域名或 IP 地址"文本框中填入要攻击主机的域名或 IP 地址。在"端口"文本框中填入要攻击的端口，这里需要填 TCP 端口，因为该工具只能攻击基于 TCP 的服务。填入 80 攻击 HTTP 服务，填入 21 攻击 FTP 服务，填入 25 攻击 SMTP 服务，填入 110 攻击 POP3 服务。"并发连接线程数"是指同时多个线程去连接指定的端口，此值越大对目标主机的攻击越强，但占用本机资源也越大。默认值是 10 个线程。"最大 TCP 连接数"的默认值是 1000 个连接。最后在"DDoS 攻击者程序保

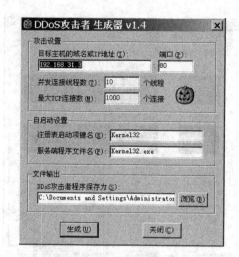

图 8-5　"DDoS 攻击者生成器"对话框

存为"文本框内指定生成的 DDoS 攻击者程序保存的位置和名称。

(3) 双击生成的 DDoS 攻击者程序，开始对目标主机发动攻击。

(4) 通过目标主机的任务管理器观察系统性能的变化，从 CPU 利用率变化可以看到 DDoS 攻击的危害性，如图 8-6 所示。

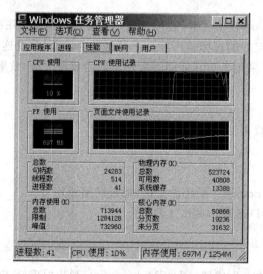

图 8-6　任务管理器

8.5　常见问题解答

1. DoS 攻击和 DDoS 攻击的区别是什么？

答：DoS 是一种利用单台计算机的攻击方式，而 DDoS 是一种基于 DoS 的特殊形式的拒绝服务攻击，是一种分布协作的大规模攻击方式，主要瞄准比较大的站点，如商业公司、搜索引擎和政府部门的站点,DDoS 攻击是利用一批受控制的计算机向一台计算机发起攻击,这样来势凶猛的攻击让人难以防备,因此具有更大的破坏性。

2. 防御 DDoS 攻击的方法有哪些？DDoS 攻击是不是可以百分百防御呢？

答：防御 DDoS 攻击是一个系统工程,仅依靠某种系统或产品来防御是不现实的。完全杜绝 DDoS 攻击目前是不可能的,但通过适当的措施抵御 90% 的 DDoS 攻击还是可以做到的。防御 DDoS 攻击的方法有定期扫描、在骨干节点配置防火墙、用足够的计算机承受黑客攻击、充分利用网络设备保护网络资源,以及过滤不必要的服务和端口等。基于攻击和防御的成本开销考虑,如果通过适当的措施增强了抵御 DDoS 的能力,也就意味着增大了攻击者的攻击成本,那么绝大多数攻击者都将因无法继续下去而放弃,也就相当于成功地抵御了 DDoS 攻击。

8.6 认 证 试 题

一、选择题

1. 拒绝服务攻击(　　)。
   A. 用超出被攻击目标处理能力的海量数据包消耗可用系统、带宽资源等方法的攻击
   B. 全称是 Distributed Denial of Service
   C. 拒绝来自一个服务器所发送回应请求的指令
   D. 入侵控制一个服务器后远程关机

2. TCP SYN Flooding 建立大量处于半连接状态的 TCP 连接,其攻击目标是网络的(　　)。
   A. 保密性　　　　　B. 完整性　　　　　C. 真实性　　　　　D. 可用性

3. 当感觉到操作系统运行速度明显减慢,打开任务管理器后发现 CPU 的使用率达到 100% 时,最有可能受到(　　)攻击。
   A. 特洛伊木马　　　B. 拒绝服务　　　　C. ARP　　　　　　D. 网络监听

4. 在网络攻击活动中,Tribal Flood Network(TFN)是(　　)类的攻击程序。
   A. 拒绝服务　　　　B. 字典攻击　　　　C. 网络监听　　　　D. 病毒程序

5. 死亡之 Ping 属于(　　)攻击。
   A. 冒充　　　　　　B. 拒绝服务　　　　C. 重放　　　　　　D. 篡改

6. (　　)无法有效防御 DDoS 攻击。
   A. 根据 IP 地址对数据包进行过滤
   B. 为系统访问提供更高级别的身份认证
   C. 安装防病毒软件
   D. 使用工具软件检查不正常的高流量

7. DDoS 攻击破坏了(　　)。
   A. 可用性　　　　　B. 保密性　　　　　C. 完整性　　　　　D. 真实性

8. 驻留在多个网络设备上的程序在短时间内同时产生大量的请求消息冲击某 Web 服务器,导致该服务器不堪重负,无法正常响应其他合法用户的请求,这属于(　　)。

  A. 上网冲浪　　　　B. 中间人攻击　　　C. DDoS 攻击　　　D. MAC 攻击

二、判断题

1. 当服务器遭受到 DoS 攻击时,重启系统就可以阻止攻击。　　　　　　　( )

2. DoS 攻击不但能使目标主机停止服务,还能入侵系统,打开后门,得到想要的资料。　　　　　　　　　　　　　　　　　　　　　　　　　　　　( )

三、操作题

对本地计算机进行 SYN 攻击压力测试。

项目 9

SQL 注入攻击

9.1 用户需求与分析

应用程序在向后台数据库传递 SQL 查询时,如果没有对提交的 SQL 查询适当的过滤,则会引发 SQL 注入。一旦在线服务器瘫痪,或虽表面在正常运行,但后台数据已被篡改或窃取,都将造成企业或个人的巨大损失。

9.2 预 备 知 识

9.2.1 SQL 注入概述

结构化查询语言 SQL 是用来和关系数据库进行交互的语言。它允许用户对数据进行有效的管理,包括对数据的查询、操作、定义和控制等方面,如向数据库写入、插入数据、从数据库读取数据等。

应用程序在向后台数据库传递 SQL 查询时,如果没有对攻击者提交的 SQL 查询适当的过滤,则会引发 SQL 注入。攻击者通过影响传递给数据库的内容来修改 SQL 自身的语法和功能。SQL 注入不只是一种会影响 Web 应用的漏洞:对于任何从不可信源获取输入的代码来说,如果使用了该输入来构造动态的 SQL 语句,那么就很可能受到攻击。

SQL 注入是针对 Web 应用程序的主流攻击技术之一,2007 年、2010 年和 2013 年在 OWASP 组织公布的 TOP 10 Web 应用程序安全风险中一直都排在第一位。SQL 注入通过 Web 应用程序的输入验证不完善漏洞,使 Web 应用程序执行由攻击者所注入的恶意指令和代码,从而造成数据库信息泄露、攻击者对系统未授权访问等危害极高的后果。

SQL 注入是由于 Web 应用程序对用户输入的信息没有正确过滤以消除 SQL 语言中的字符串转义字符,如单引号(')、双引号(")、双减号(--)、双下划线(__)、分号(;)、百分号(%)、井号(#)等,或者没有对输入信息进行严格的类型判断,从而使用户可以输入并执行一些非预期的 SQL 指令。

9.2.2 SQL 注入产生的原因

SQL 注入产生的原因有以下几点。

（1）在应用程序中使用字符串联结方式组合 SQL 指令。

（2）在应用程序链接数据库时使用权限过大的账户，例如很多开发人员都喜欢用 sa 这个内置的最高权限的系统管理员账户连接 Microsoft SQL Server 数据库。

（3）在数据库中开放了不必要但权力过大的功能，例如在 Microsoft SQL Server 数据库中的 xp_cmdshell 延伸预存程序或是 OLE Automation 预存程序等。

（4）太过于信任用户所输入的数据，未限制输入的字符数，以及未对用户输入的数据做潜在指令的检查。

9.2.3 SQL 注入的特点

SQL 注入的特点如下。

（1）隐蔽性强：利用 Web 漏洞发起对 Web 应用的攻击纷繁复杂，包括 SQL 注入、跨站脚本攻击等。其共同特点是隐蔽性强，不易发觉，因为一方面普通网络防火墙是对 HTTP/HTTPS 全开放的；另一方面对 Web 应用攻击的变化非常多，传统的基于特征检查的 IDS 对此类攻击几乎没有作用。

（2）攻击时间短：可在短短几秒钟到几分钟内完成数据窃取、木马种植，甚至完成对整个数据库或 Web 服务器的控制。

（3）危害性大：目前几乎所有银行、证券、电信、移动、政府以及电子商务企业都提供在线交易、查询和交互服务。用户的机密信息包括账户、身份证号、家庭住址、联系电话以及交易信息等，都是通过 Web 存储在后台数据库中。这样，一旦在线服务器瘫痪，或虽表面在正常运行，但后台数据已被篡改或窃取，都将造成企业或个人的巨大损失。政府网站被攻击和篡改造成恶劣的社会影响，若被外来势力利用则可能危害整个社会的稳定。

9.2.4 SQL 注入攻击的危害

SQL 注入攻击的危害包括以下几个方面。

（1）数据表中的数据外泄，如个人机密信息、账户数据、密码等。

（2）数据结构被黑客探知，得以做进一步的攻击，如执行 SELECT * FROM sys. tables。

（3）数据库服务器被攻击，系统管理员账户被篡改，如执行 ALTER LOGIN sa WITH PASSWORD='××××××××'。

（4）取得系统较高权限后，有可能得以在网页加入恶意链接以及 XSS。

（5）经由数据库服务器提供的操作系统支持，让黑客得以修改或控制操作系统，如执行 xp_cmdshell"net stop iisadmin"可停止服务器的 IIS 服务。

（6）破坏硬盘数据，瘫痪整个系统，例如执行 xp_cmdshell "FORMAT C:"。

9.2.5 SQL 注入攻击分析

例如，某个网站的登录验证的 SQL 查询代码如下。

StrSQL = "SELECT * FROM users WHERE(name = '" + username + "')and(pw = '" + password + "'); "

攻击者在填写用户名密码表单时恶意填入如下信息。

username = "1' OR '1' = '1"
password = "1' OR '1' = '1"

这时,将导致原本的 SQL 字符串被修改。因为代码 strSQL = "SELECT * FROM users WHERE(name='1' OR '1'='1')and(pw='1' OR '1'='1'); "在 WHERE 语句后面的条件判断结果都会变成 True,也就是实际上运行的 SQL 命令会变成 strSQL = "SELECT * FROM users; ",因此实现无账号密码,也可登录网站。

9.2.6 SQL 注入的类型

SQL 注入的类型包括以下几种。

1. 不正确的处理类型

如果一个用户提供的字段并非一个强类型,或者没有实施类型强制,就会发生这种情形的攻击。当在一个 SQL 语句中使用一个数字字段时,没有程序员检查用户输入的合法性,例如是否为数字型,就会发生这种攻击。例如:

Statement: = "SELECT * FROM data WHERE id = " + a_variable + "; "

从这个语句可以看出,程序员希望 a_variable 是一个与 id 字段有关的数字。不过,如果终端用户选择一个字符串,就绕过了对转义字符的需要。例如将 a_variable 设置为"1; DROP TABLE users",它就会将 users 表从数据库中删除,SQL 语句变成

SELECT * FROM data WHERE id = 1;DROP TABLE users;

2. 数据库服务器中的漏洞

有时,数据库服务器软件中也存在着漏洞,如 MYSQL 服务器中 mysql_real_escape_string()函数漏洞。这种漏洞允许一个攻击者根据错误的统一字符编码执行一次成功的 SQL 注入式攻击,在数据库字符集设为 GBK 时可能被绕过的。

3. 盲目 SQL 注入式攻击

当一个 Web 应用程序易于遭受攻击而其结果对攻击者却不可见时,就会发生所谓的盲目 SQL 注入式攻击。有漏洞的网页可能并不会显示数据,而是根据注入合法语句中的逻辑表达式的结果显示不同的内容。这种攻击相当耗时,因为必须为每一个获得的字节而精心构造一个新的语句。但是一旦漏洞的位置和目标信息的位置被确定之后,一种称为 Absinthe 的工具就可以使这种攻击自动化。

4. 条件响应

有一种 SQL 注入迫使数据库在一个普通的语句中计算一个逻辑表达式的值,例如:

```
SELECT booktitle FROM booklist WHERE bookID = 'OOk14cd'AND 1 = 1
```

这不会产生什么问题。但是语句 SELECT booktitle FROM booklist WHERE bookID='OOk14cd'AND 1=2 会给出一个不同的结果。此类注入证明盲目的 SQL 注入是可能的,它会使攻击者根据另外一个表中某字段的内容设计可以判断真伪的语句。

5. 条件性差错

如果 WHERE 语句为真,这种类型盲目 SQL 注入会迫使数据库判断一个引起错误的语句,从而导致一个 SQL 错误。例如:SELECT 1/0 FROM users WHERE username='Ralph'. 显然,如果用户 Ralph 存在的话,被零除将导致错误。

6. 时间延误

时间延误是一种盲目的 SQL 注入,根据所注入的逻辑,它可以导致 SQL 引擎执行一个长队列或者是一个时间延误语句。攻击者可以衡量页面加载的时间,从而决定所注入的语句是否为真。

9.2.7　SQL 注入防范

有以下几种方法可以防范 SQL 注入。

(1) 在设计应用程序时,完全使用参数化查询(Parameterized Query)来设计数据访问功能。

(2) 在组合 SQL 字符串时,针对所传入的参数作字符取代,将单引号字符取代为连续两个单引号字符。

(3) 如果使用 PHP 开发网页程序的话,可以打开 PHP 的魔术引号(Magic quote)功能,自动将所有的网页传入参数,将单引号字符取代为连续两个单引号字符。

(4) 使用其他更安全的方式连接数据库,如使用已修正过 SQL 注入问题的数据库连接组件如 ASP.NET 的 sqlDataSource 对象或 LINQ to SQL。

(5) 使用防 SQL 注入系统。

9.3　方　案　设　计

方案设计如表 9-1 所示。

表 9-1　方案设计

任务名称	SQL 注入攻击
任务分解	1. 测试网站是否存在 Web 漏洞 2. 构造查询结果永远为真的条件表达式 3. 验证构造结果,完成 SQL 注入攻击
能力目标	1. 熟悉 SQL 注入步骤和过程 2. 掌握 SQL 注入常用工具的使用

续表

知识目标	1. 了解 SQL 注入原理 2. 了解 SQL 注入产生的原因 3. 了解 SQL 注入的特点 4. 熟悉 SQL 注入的危害 5. 了解 SQL 注入的类型 6. 熟悉 SQL 注入的防范
素质目标	1. 培养良好的职业道德 2. 树立较强的安全意识 3. 掌握网络安全行业的基本情况 4. 树立较强的安全、节约、环保意识

9.4 项目实施

任务：SQL 注入实战

1. 任务目标

(1) 了解 SQL 注入原理。

(2) 熟悉 SQL 注入步骤和过程。

(3) 掌握 SQL 注入常用工具的使用。

2. 工作任务

本任务以 testfire.net 网站为例测试其用户登录页面。testfire.net 是 IBM 公司为演示其著名的 Web 应用安全扫描产品 AppScan 的强大功能所建立的一个测试网站，是一个包含很多典型 Web 漏洞的模拟银行网站。

3. 工作环境

一台能上网的主机。

4. 实施过程

(1) 测试网站是否存在 Web 漏洞，具体操作步骤如下。

① 打开网站登录页面 http://testfire.net/bank/login.aspx，如图 9-1 所示。

② 在 username 和 password 表单分别输入"admin'"进行测试，如图 9-2 所示。

③ 单击 Login 按钮，提交表单后，出现如图 9-3 所示的错误页面。

(2) 构造查询结果永远为真的条件表达式，具体操作步骤如下。

① 出现错误的根本原因是因为网站没有对用户的输入进行最基本的过滤处理，而且可以根据反馈的出错信息，分析得出网站进行用户验证时使用的 SQL 语句为"SELECT * FROM [users] WHERE username＝? AND password＝?"。这种 SQL 验证语句是没有

图 9-1　登录页面

图 9-2　输入测试

经过任何处理的、极度危险的，因此可以通过构造特殊的表单值使得该查询的条件表达式
结果永远为真。

② 构造的语句如下。

```
SELECT * FROM [users] WHERE username = 'admin' OR '1' AND password = 'admin' OR 1
```

这语句会使 SQL 查询语句的条件永远为真，因为在 SQL 中逻辑运算符的优先级 OR

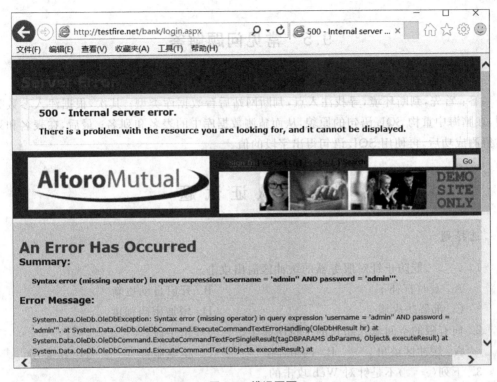

图 9-3　错误页面

低于 AND，所以 OR 1 后表达式的结果是永远为真，条件表达式的结果也总是为真。

（3）验证构造结果，完成 SQL 注入攻击，具体操作步骤如下。

返回登录页面，在 Username 框中输入"admin 'or' 1"，在 Password 框中输入"admin 'or' 1"，单击 Login 按钮，在弹出的页面中显示已经成功登录进入了网站的后台，如图 9-4 所示。

图 9-4　后台页面

9.5　常见问题解答

实现 SQL 注入的基本步骤是什么？

答：首先，判断环境，寻找注入点，判断网站后台数据库类型；其次，根据注入参数类型，在脑海中重构 SQL 语句的原貌，从而猜测数据库中的表名和列名；最后，在表名和列名猜测成功后，再使用 SQL 语句得出字段的值。

9.6　认 证 试 题

选择题

1. (　　)能防止针对服务器的缓冲区溢出攻击。
   A. 及时打补丁　　　　　　　　　　B. 开启自动更新
   C. 部署防火墙　　　　　　　　　　D. 增加密码强度

2. 向有限的空间输入超长的字符串属于(　　)攻击手段。
   A. 缓冲区溢出　　　B. 网络监听　　　C. 拒绝服务　　　D. IP 欺骗

3. 下列(　　)不是针对 Web 攻击的。
   A. 木马　　　　　　B. 跨站攻击　　　C. SQL 注入　　　D. 网络钓鱼

4. 部署(　　)安全设备可以大大提高服务器的安全性。
   A. IPS　　　　　　B. IDS　　　　　　C. 防火墙　　　　D. 扫描设备

5. 下列(　　)不能防止 SQL 注入攻击。
   A. 提高程序代码的质量　　　　　　B. 部署 Web 应用防火墙
   C. 安装杀毒软件　　　　　　　　　D. 定期备份

6. 下列关于跨站攻击描述错误的是(　　)。
   A. 攻击者要熟悉脚本语言　　　　　B. 跨站攻击是一种被动攻击
   C. 论坛是跨站攻击的常见传播途径　D. 跨站攻击会修改 Web 程序

7. 下列关于 SQL 注入攻击描述错误的是(　　)。
   A. 程序员提高编程的技巧能防止 SQL 注入攻击
   B. SQL 注入攻击主要是窃取数据库中的数据
   C. SQL 注入漏洞主要是程序员的 SQL 语句书写不规范
   D. 只要引起注意，SQL 注入攻击是比较容易解决的

8. 许多黑客利用软件实现中的缓冲区溢出漏洞进行攻击，对于这一威胁，最可靠的解决方案是(　　)。
   A. 安装防火墙　　　　　　　　　　B. 安装用户认证系统
   C. 安装相关的系统补丁软件　　　　D. 安装防病毒软件

学习情境二

主要防护技术分析

　　本学习情境主要介绍主要防护技术,即操作系统日常维护中最重要的内容,包括注册表的管理与维护、组策略的设置、数据加密技术的使用、Internet 信息服务的安全管理和 Linux 系统加固。本学习情境以 5 个项目为案例,不仅介绍系统内置的管理工具外,还介绍实际工作中常用的加密工具 PGP 的使用方法,以进一步加强操作系统的安全管理。

　　通过本学习情境所有项目的实践,可以学会如何对企业网操作系统进行安全部署,解决系统平台配置中遇到的网络安全问题和学习组策略管理、注册表管理、IIS 安全设置以及 Linux 系统加固所需要的相关网络安全知识,能排除网络中可能出现的问题,为将来工作累计实践经验。

　　本学习情境需要完成的项目有:

　　项目 10　注册表的管理

　　项目 11　组策略的设置

　　项目 12　数据加密技术的使用

　　项目 13　Internet 信息服务的安全设置

　　项目 14　Linux 系统加固

注册表的管理

10.1 用户需求与分析

Windows 的注册表是一个庞大的数据库,它包含了 Windows 运行期间不断引用的信息,存储着软、硬件的有关配置和状态信息,应用程序和资源管理器外壳的初始条件、首选项和卸载数据;计算机整个系统的设置和各种许可,文件扩展名与应用程序的关联,硬件的描述、状态和属性;计算机性能记录和底层的系统状态信息,以及各类其他的数据,所以注册表的管理在网络管理员的系统维护中至关重要。

10.2 预 备 知 识

10.2.1 注册表的组成

从一般用户的角度看,注册表系统由注册表数据库和注册表编辑器两部分组成。注册表编辑器是专门编辑注册表的程序,负责注册表的浏览、编辑和修改。注册表编辑器与资源管理器相似,也是树状目录结构。但资源管理器中的目录是文件夹,而注册表中的目录是键(key),在注册表编辑器中,最上面的键叫根键,里面包含的叫子键。单击根键前面的加号,就能展开属于这个根键的子键。

注册表编辑器的左侧窗口显示的是目录结构,右侧窗口显示的是与左侧窗口中所选键的相关的设定值、命令等。所有的注册表键都有"默认"项,每个值分为"名称""类型"和"数据"3 部分,这种直观的结构体系也被称为注册表的逻辑结构。

Windows 注册表由 5 个根键组成,下面介绍每种根键的内容和含义,如表 10-1所示。

表 10-1　注册表的 5 个根键

名　　称	含　　义	内　　容
HKEY_CLASSES_ROOT	种类_根键	存储系统中所有的文件类型标识和基本操作标识
HKEY_CURRENT_USER	当前_用户键	存储当前用户配置文件和设置信息
HKEY_LOCAL_MACHINE	定位_机器键	存储计算机安装的硬件和软件的所有设置内容，以及硬件和硬件驱动程序的设置信息
HKEY_USERS	用户键	存储所有用户信息，包括动态加载的用户配置文件和默认的配置文件
HKEY_CURRENT_CONFIG	当前_配置键	存储本地计算机系统使用的硬件配置信息

10.2.2　注册表值的数据类型

注册表值采用了多种数据形式来存储设置，在注册表编辑器的右侧窗格中，"类型"列显示的项目就是所属值的数据类型。经常使用的值的数据类型有字符串值、二进制值、DWORD 值、多字符串值和可扩充字符串值，如表 10-2 所示。

表 10-2　注册表值的数据类型

数 据 类 型	功　　能
DWORD 值	DWORD 表示双字(Double Word)，表示为 REG_DWORD。字能表示 0～65535 范围内的 16 位数，因此 DWORD 是由两个 16 位值组成的 32 位数值。DWORD 能表示 2^{32}，也就是 40 亿以上的数据，但大部分情况下用来表示真(1)和假(0)
多字符串值	多种 UNICODE 的字符串集合，表示为 REG_MULTI_SZ，能把多种内容显示为数据
字符串值	存储字符串类型的数据，表示为 REG_SZ，这里的 S 是指字符串(String)，Z 表示以 0 组成的字节结束
二进制值	用 0 和 1 表示的二进制数据类型，表示为 REG_BINARY
可扩充字符串值	Windows 中使用多个系统定义变量，这些变量可以在 BAT 文件或控制面板的系统环境变量中设定，在注册表编辑器中表示为 REG_EXPAND_SZ

10.2.3　注册表的打开方式

组策略使用命令行方式打开。在 Windows 中，按 Win＋R 组合键，弹出"运行"对话框，输入 regedit 命令并按 Enter 键，打开注册表窗口。

10.3 方案设计

方案设计如表 10-3 所示。

表 10-3　方案设计

任务名称	注册表的管理
任务分解	1. 永久关闭默认共享 (1) 关闭分区默认共享(如 C $ 、D $ 、E $ ……) (2) 关闭管理默认共享(ADMIN $) (3) 关闭 IPC $ 默认共享,防范 IPC $ 攻击 2. 设置 Windows 的自动登录 3. 清除系统中随机启动的木马 4. 清除恶意代码 (1) 删除开机自动弹出的网页 (2) 删除开机自动弹出的恶作剧对话框 (3) 修改 IE 的首页 (4) 修改 IE 的默认页 (5) 修改 IE 的右键菜单 (6) 删除 IE 工具栏中被添加的网站超链接 5. 防止 SYN 洪水攻击 6. 注册表的防黑设置 (1) 禁止远程修改注册表 (2) 禁止普通用户查看事件记录 (3) 找出隐藏的超级用户 7. 注册表的备份和恢复 (1) 备份注册表 (2) 恢复注册表
能力目标	1. 能通过修改注册表防范 IPC $ 攻击 2. 能通过修改注册表永久关闭默认共享 3. 能通过修改注册表自动登录计算机 4. 能手动清除隐藏在系统中随机启动的木马 5. 能通过修改注册表删除开机自动弹出的网页 6. 能通过修改注册表删除开机自动弹出的恶作剧对话框 7. 能手动修改被篡改的 IE 首页 8. 能手动修改 IE 的右键菜单项 9. 能手动删除 IE 工具栏被添加的网站超链接 10. 能通过修改注册表防范 SYN 洪水攻击 11. 能手动备份和恢复注册表
知识目标	1. 了解注册表的组成 2. 熟悉注册表值的数据类型 3. 掌握注册表的打开方式
素质目标	1. 培养良好的职业道德 2. 树立较强的安全意识 3. 培养职业兴趣,能爱岗敬业、热情主动的工作态度 4. 具有可持续发展能力 5. 树立较强的安全、节约、环保意识

10.4　项目实施

10.4.1　任务1：永久关闭默认共享

1. 任务目标

以默认方式安装 Windows 系统后，所有的硬盘都是隐藏共享的。一般默认共享的目录只有系统管理员能够在网络中查看，因为在共享名称旁加了"＄"符号，这样除非别人知道这个共享，否则将无法找到该共享文件。虽然对其访问还需要超级用户的密码，但这是潜在的安全隐患，因此从服务器的安全考虑，最好关闭默认共享，以保证系统的安全。虽然使用 net share 命令可以关闭系统的默认共享，但这只是暂时的，在系统重启后会再次打开。如果需要永久关闭默认共享可以通过修改注册表来完成。

2. 工作任务

(1) 关闭分区默认共享（如 C＄、D＄、E＄……）。
(2) 关闭管理默认共享（ADMIN＄）。
(3) 关闭 IPC＄默认共享，防范 IPC＄攻击。

3. 工作环境

一台预装 Windows 7 系统的主机。

4. 实施过程

(1) 关闭分区默认共享（如 C＄、D＄、E＄……）。对于 C＄、D＄和 E＄等类型的默认共享的关闭可以按照以下操作步骤进行。

① 打开注册表编辑器，展开 HKEY_LOCAL_MACHINE \ SYSTEM \ CurrentControlSet\Services\Lamanserver\Parameters 子键。

② 在该子键右边窗格中找到并双击 AutoShareServer 键值项，如图 10-1 所示。将"数值数据"文本框里的数值修改为 0，单击"确定"按钮保存。

如果找不到 AutoShareServer 键值项，则在右侧窗格中右击，在弹出的快捷菜单中选择"新建"→"DWORD(32-位)值"命令，然后将新建项重新命名为 AutoShareServer，设置其类型为 REG_DWORD，值为 0。

(2) 关闭管理默认共享（ADMIN＄）。对于 ADMIN＄的默认共享的关闭可以按照以下操作步骤进行。

① 打开注册表编辑器，展开 HKEY_LOCAL_MACHINE \ SYSTEM \ CurrentControlSet\Services\Lamanserver\Parameters 子键。

② 在该子键右边窗格中找到并双击 AutoShareWks 键值项，如图 10-2 所示。将"数值数据"文本框里的数值修改为 0，单击"确定"按钮保存。

图 10-1　修改 AutoShareServer 键值项

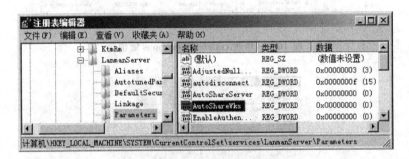

图 10-2　修改 AutoShareWks 键值项

如果找不到 AutoShareWks 键值项则在右侧窗格中右击,在弹出的快捷菜单中选择"新建"→"DWORD(32-位)值"命令,然后将新建项重新命名为 AutoShareWks,设置其类型为 REG_DWORD,值为 0。

注意:(1)和(2)的操作均在 services\lanmanserver 下修改,如果在 services\lanmanworkstation 下修改则不会成功。修改完注册表,使用 net share 命令删除分区默认共享和管理默认共享后,重新启动计算机,发现这些默认共享不会再出现了。

(3)关闭 IPC$默认共享,防范 IPC$攻击。通过修改注册表达到防范 IPC$攻击的目的,具体操作步骤如下。

① 打开注册表编辑器,展开 HKEY_LOCAL_MACHINE\SYSTEM\CurrentControlSet\Control\Lsa 子键。

② 在该子键右边窗格中找到并双击 restrictanonymous 键值项,如图 10-3 所示。将"数值数据"文本框里的数值修改为 1,单击"确定"按钮保存,如图 10-4 所示。这样即可将 IPC$共享关闭。

注意:如果修改完注册表,使用 net share 命令删除 IPC$共享,并重新启动后,发现 IPC$共享还在,则可以在"运行"对话框中执行 secpol.msc 命令,然后在"本地安全策略"窗口的左侧窗格中单击"安全设置"→"本地策略"→"用户权限分配"项,在右侧窗格中双击"拒绝从网络访问这台计算机",在弹出的对话框中单击"添加用户或组"按钮,输入 administrator;guest,然后单击"确定"按钮。远程计算机使用 net use 命令则会出现"系统错误 1385:登录失败"的提示信息。

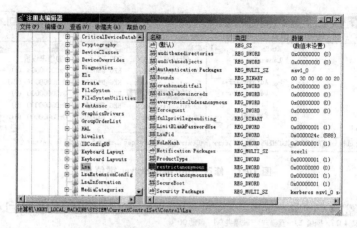

图 10-3　修改 restrictanonymous 键值项

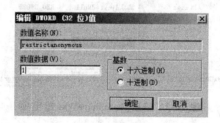

图 10-4　修改 restrictanonymous 键值

10.4.2　任务 2：设置 Windows 的自动登录

1. 任务目标

如果计算机被黑客监控了，在登录 Windows 时账号、密码有可能外泄，因此可通过设置注册表允许用户绕过 Windows 系统的登录对话框，自动登录到计算机和网络中。

2. 工作任务

设置 Windows 的自动登录。

3. 工作环境

一台预装 Windows 7 系统的主机。

4. 实施过程

通过修改注册表达到自动登录到计算机的目的，具体操作步骤如下。

（1）打开注册表编辑器，展开 HKEY_LOCAL_MACHINE\SOFTWARE\Microsoft\WindowsNT\CurrentVersion\Winlogon 子键，如图 10-5 所示。

（2）在 Winlogon 子键中创建 3 个字符串值，并将其分别命名为 Default

项目10 注册表的管理 161

图 10-5　展开 Winlogon 子键

DomainName、DefaultUserName、DefaultPassword，如图 10-6 所示。

图 10-6　创建新键值项

（3）这 3 个键值项分别为用户所在的域名、登录用户名和密码。依次编辑键值，单击"确定"按钮保存，如图 10-7 所示。

（4）新建一个名为 AutoAdminLogon 的字符串值，将其键值设置为 1，即激活自动登录，单击"确定"按钮保存，如图 10-8 所示。

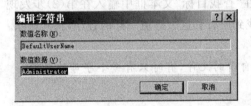

图 10-7　设置登录用户名

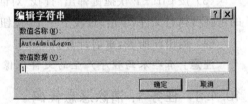

图 10-8　设置键值

10.4.3　任务 3：清除系统中随机启动的木马

1．任务目标

木马通常将自身隐藏在系统中某个不起眼"角落"里，并且可能将自己伪装成"面貌普通"的文件，一旦用户不小心运行了该木马的服务端，该木马的服务端在用户的计算机上立即开始工作，通过端口与客户端进行连接，黑客就可以通过某个端口连接到该计算机上进行攻击。通过注册表的设置可以清除系统中随机启动的木马。

2．工作任务

清除系统中随机启动的木马。

3．工作环境

一台预装 Windows 7 系统的主机。

4. 实施过程

在注册表中自动启动的木马往往隐藏在 HKEY_LOCAL_MACHINE\SOFTWARE \ Microsoft\ Windows\ CurrentVersion\ Run、HKEY_LOCAL_USER\ SOFTWARE \ Microsoft \ Windows\ CurrentVersion\ Run、HEKY_USERS\ DEFAULT\ Software \ Microsoft\Windows \CurrentVersion\Run 等子键中。删除这些木马的具体操作步骤如下。

（1）打开注册表编辑器，展开 HKEY_LOCAL_MACHINE\SOFTWARE \ Microsoft \ Windows\CurrentVersion\Run 子键，如图 10-9 所示。

图 10-9　展开 Run 子键

（2）在右边窗格中查找一下，看是否有可疑的自动启动文件，通常扩展名为 .exe。

（3）按 Ctrl＋F 快捷键弹出"查找"对话框，在"查找目标"文本框中输入在第（2）步发现的可疑可执行文件，单击"查找下一个"按钮，将找到所有和这个键值一样的程序，将其删除。

（4）退出注册表，重启计算机。

注意：有些木马程序产生的文件很像系统自带的文件，有时只有一个字母的差别。

10.4.4　任务 4：清除恶意代码

1. 任务目标

由于 Windows 系统启动的同时就开始了与注册表的数据信息进行相互交换，并且在计算机使用的过程中，系统不断与注册表中保存的数据信息进行相互交换。因此当用户在浏览互联网或下载软件、资料时都面临着由于系统漏洞导致系统遭受各种恶意攻击的风险，一旦感染了恶意代码就可能导致恶意网站和对话框自动弹出，甚至有时 IE 浏览器的首页和右键菜单被篡改的面目全非。而几乎所有的网页恶意代码都是利用注册表来实现操作的。

2. 工作任务

（1）删除开机自动弹出的网页。

（2）删除开机自动弹出的恶作剧对话框。

（3）修改 IE 的首页。

（4）修改 IE 的默认页。

（5）修改 IE 的右键菜单。

（6）删除 IE 工具栏中被添加的网站超链接。

3. 工作环境

一台预装 Windows 7 系统的主机。

4. 实施过程

（1）删除开机自动弹出的网页。最常见的恶意代码的表现是开机即自动弹出网页。这是注册表项被恶意添加网址所致。用户可以打开注册表编辑器展开下面两个子键，如果发现这两个子键下的某个键值项的键值是弹出网页的网址就将键值删除，重启计算机即可。

这两个子键是 HKEY_CURRENT_USER\SOFTWARE\Microsoft\Windows\CurrentVersion\Run 和 HKEY_CURRENT_USER\SOFTWARE\Microsoft\Windows\CurrentVersion\RunOnce。

在右侧窗格中将后缀为 .url、.html、.htm、.asp、.aspx 或者 .php 等网址属性的键值全部删除即可。这种恶意代码往往会对注册表的不同键值进行多处修改，删除一处可能还不能完全将其清除，因此用户可以使用注册表编辑器的查找功能来搜索目标，并将其删除。

（2）删除开机自动弹出的恶作剧对话框。某些恶意代码会修改注册表的某些键值项，让用户在开机的时候弹出一些莫名其妙的对话框，这个子键是 HKEY_LOCAL_MACHINE\SOFTWARE\Microsoft\Windows NT\CurrentVersion\Winlogon。

这种对话框看起来很有危险性，其实只是一个恶作剧。如果不喜欢别人使用自己的计算机，可以利用这个策略来警示一下那些不受欢迎的"客人"。其中 LegalNoticeCaption 是提示框的标题，LegalNoticeText 是提示框的文本内容，具体操作步骤如下。

① 打开注册表编辑器，展开 HKEY_LOCAL_MACHINE\SOFTWARE\Microsoft\WindowsNT\CurrentVersion\Winlogon 子键，如图 10-10 所示。

图 10-10 展开 Winlogon 子键

② 在 Winlogon 的右侧窗格中找到两个键值项：LegalNoticeCaption 和 LegalNoticeText，分别双击它们打开，同时输入一些警示性文字，单击"确定"按钮保存，如图 10-11 和图 10-12 所示。

③ 关闭注册表编辑器，重启计算机，在出现登录对话框之前就会弹出一个警示框，单

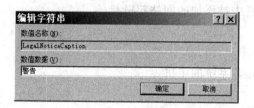

图 10-11　LegalNoticeCaption 设置（警示框标题）

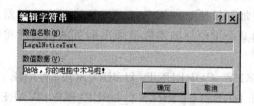

图 10-12　LegalNoticeText 设置（警示性文字）

击"确定"按钮即可进入系统。如果要取消该设置，把键值删除即可。

（3）修改 IE 的首页。有些 IE 被篡改首页，是因为注册表的键值被恶意修改造成的。恢复 IE 默认首页的具体操作步骤如下。

① 打开注册表编辑器，展开 HKEY_LOCAL_MACHINE\Software\Microsoft\Internet Explorer\Main 子键。在右侧窗格中双击 Start Page 选项，打开"编辑字符串"对话框，将"数值数据"文本框中的内容设置为 about：blank 或想要的首页地址，然后单击"确认"按钮，如图 10-13 所示。

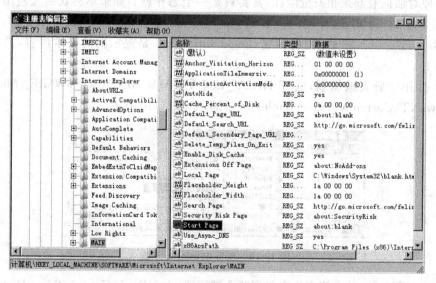

图 10-13　IE 首页设置

② 打开注册表编辑器，展开 HKEY_CURRENT_USER\Software\Microsoft\Internet Explorer\Main 子键。在右侧窗格中双击 Start Page 选项，打开"编辑字符串"对

话框,将 Start Page 的键值改为 about：blank 或想要的首页地址,然后单击"确认"按钮,如图 10-14 所示。

注意：如果用户修改完毕重启后发现又被改了回去,此时就不得不重新进入注册表,先重复上述操作,然后展开 HKEY_LOCAL_MACHINE\Software\Microsoft\Windows\CurrentVersion\Run 子键,仔细寻找有没有可疑的键值,如果有则删除,重启生效。

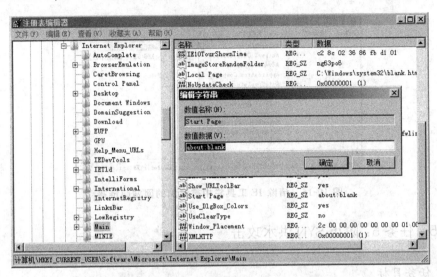

图 10-14 "HKEY_CURRENT_USER"首页设置

(4) 修改 IE 的默认页。有些 IE 被篡改默认页后,设置"使用默认页"仍然无效,这是因为 IE 的默认页也被篡改,被更改的注册表项目为 HKEY_LOCAL_MACHINE\Software\Microsoft\Internet Explorer\Main 子键下的 Default_page_URL 和 Default_page_URL 键值,它们是起始页的默认页。恢复 IE 默认页的具体操作步骤如下。

① 打开注册表编辑器,展开 HKEY_LOCAL_MACHINE\Software\Microsoft\Internet Explorer\Main 子键。

② 在右侧窗格中双击 Default_page_URL 选项,在弹出的"编辑字符串"对话框中将"数值数据"文本框中的内容设置为想要的默认页,然后单击"确认"按钮。

(5) 修改 IE 的右键菜单。IE 右键菜单的改变是下列注册表项被恶意修改造成的。

① 打开注册表编辑器,展开 HKEY_LOCAL_MACHINE\SOFTWARE\Microsoft\Internet Explorer\MenExt 子键。

② 选中含有恶意代码的 IE 右键菜单项,然后右击,从弹出的快捷菜单中选择"删除"命令。

(6) 删除 IE 工具栏中被添加的网站超链接。常用的软件如 Flashget、QQ 等在安装后,会向 IE 工具栏中添加它们的快捷方式,现在有些网站也通过恶意代码修改注册表来达到同样的目的。要防止 IE 工具栏中被添加网站超链接,只需要将包含恶意网站超链接的子键删除即可,具体操作步骤如下。

① 打开注册表编辑器,展开 HKEY_LOCAL_MACHINE\Software\Microsoft\

Internt Explorer\Extensions 子键。

② 如果看到有一些形如"{×××××-××××-×××-××××××}"的子键,删除这些包含恶意网站超链接的子键就可以清除 IE 工具栏中被添加的网站超链接。

③ 如果看到如图 10-15 所示右侧窗格"数值未设置"的显示,则表明 IE 工具栏菜单没有被恶意网站或其他软件添加快捷方式。

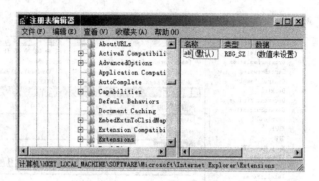

图 10-15　清除 IE 工具栏中被添加的网站超链接

10.4.5　任务 5：防止 SYN 洪水攻击

1. 任务目标

SYN 攻击属于 DoS 攻击的一种,它利用 TCP 协议缺陷,通过发送大量半连接请求消耗 CPU 和内存资源。SYN 攻击除了影响主机外,还危害路由器、防火墙等网络系统。

SYN 攻击的工作原理是:当服务器接收到连接请求时,服务器将此请求信息加入未连接队列中,并发生请求包给客户端;当服务器未收到客户端的确认包时,将会重发请求包,直到超时才将该信息从未连接队列中删除。配合 IP 欺骗 SYN 的攻击效果很好。客户端利用伪装大量不存在的 IP 地址向服务器不断发送 SYN 包,服务器回复确认包后,等待客户的确认,因为源地址是不存在的,因此服务器需要不断重发直至超时,伪装的 SYN 包长时间占用未连接队列致使正常的 SYN 包被丢弃,目标系统运行缓慢,甚至处于瘫痪状态。

SYN 攻击不管目标主机是什么系统,只要这些系统打开了 TCP 服务就可以实施。为了防范 SYN 攻击,Windows 2000 以上的版本都在 TCP/IP 协议内嵌了 SynAttackProtect 机制,通过关闭某些 Socket 选项,增加额外的连接指示并减少超时时间,使系统能处理更多 SYN 连接,以达到防范 SYN 的目的。但在默认情况下 Windows 并不支持 SynAttackProtect 保护机制,需要在注册表中做出相应修改才行。

2. 工作任务

防止 SYN 洪水攻击。

3．工作环境

一台预装 Windows 7 系统的主机。

4．实施过程

具体操作步骤如下。

（1）打开注册表编辑器，展开 HKEY＿LOCAL＿MACHINE＼SYSTEM＼CurrentControl Set＼Services＼Tcpip＼Parameters 子键，如图 10-16 所示。

图 10-16　展开 Parameters 子键

（2）在右侧窗格空白处右击，从弹出的快捷菜单中选择"新建 DWORD 值"命令，将新创建的 DWORD 值命名为 SynAttackProtect，如图 10-17 所示。

图 10-17　新建键值项

（3）双击新创建的 SynAttackProtect 键值项，将"数值数据"文本框内的数字修改为 2，单击"确定"按钮保存，如图 10-18 所示。

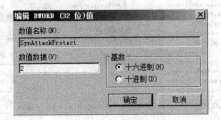

图 10-18　设置键值

（4）使用同样的方法创建 6 个 DWORD 键值项，分别是：EnablePMTUDiscovery，键值为 0；NoNameReleaseOnDemand，键值为 1；EnableDeadGWDetect，键值为 0；KeepAliveTime，键值为 300000；PerformRouterDiscovery，键值为 0；EnableCMPRedirect，键值为 0。

10.4.6　任务6：注册表的防黑设置

1．任务目标

注册表对于系统的重要性是毋庸置疑的，所以注册表也是黑客"青睐"的对象。通过对注册表进行相关设置，可以有效防止黑客的入侵。

2．工作任务

（1）禁止远程修改注册表。
（2）禁止普通用户查看事件记录。
（3）找出隐藏的超级用户。

3．工作环境

一台预装 Windows 7 系统的主机。

4．实施过程

（1）禁止远程修改注册表。Windows 7 支持通过网络使用注册表编辑器对注册表的数据进行修改，默认的系统配置下，用户可以进行远程操作。为了提高系统的安全性，避免计算机的注册表被黑客通过网络修改，可以禁用此功能，具体操作步骤如下。

① 打开"注册表编辑器"窗口，在左侧窗格中展开 HKEY_LOCAL_MACHINE\SYSTEM\CurrentControlSet\control\SecurePipeServers\winreg 子键。

② 在右侧窗格中双击"默认"项，在弹出的"编辑字符串"对话框中输入 1，单击"确定"按钮，如图 10-19 所示。

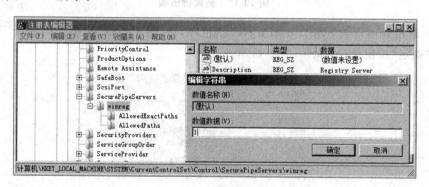

图 10-19　禁止远程修改注册表

③ 关闭"注册表编辑器"窗口，重新启动计算机。

（2）禁止普通用户查看事件记录。系统事件记录日志记录了计算机所有的程序、安全和系统事件。在这些记录里，可能会包含一些关于系统安全方面的信息。默认情况下，即使是 Guest 用户也有权限查看事件记录，这在一定程度上降低了系统的安全性。如果黑客查看到这些信息,就会更加容易入侵系统。可以通过注册表禁止普通用户查看事件记录,而只允许拥有系统管理员权限的用户查看这些记录,具体操作步骤如下。

① 打开"注册表编辑器"窗口,在左侧窗格中展开 HKEY_LOCAL_MACHINE\SYSTEM\CurrentControlSet\Services\Eventlog 子键。

② 在 eventlog 子键下有 Application、Security 和 System 3 个子键,分别在每一个子键的右侧窗格中双击 RestrictGuestAccess 键值,将其值均修改为 1,即可禁止普通用户查看事件日志,如图 10-20 所示。

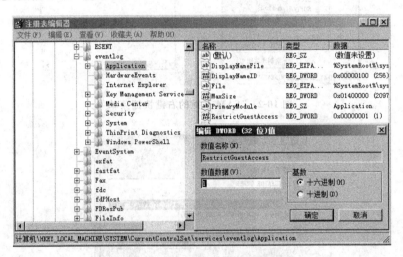

图 10-20 禁止普通用户查看事件记录

注意:如果 Application、Security 和 System 3 个子键下没有 RestrictGuestAccess 键值,则在 3 个子键下分别新建一个 DWORD 值,命名为 RestrictGuestAccess,并将其键值设置为 1。

(3) 找出隐藏的超级用户。一般技术高超的黑客,可以通过修改注册表在系统中创建隐藏的超级用户,并且在账户管理器中看不到该账号,即便在命令行中使用 net user 命令也查看不到,唯一的方法是在注册表中查看相应的键值,具体操作步骤如下。

① 打开注册表编辑器窗口,在左侧窗格中展开 HKEY_LOCAL_MACHINE\SAM 子键,右击 SAM 子键,在弹出的快捷菜单中选择"权限"命令,如图 10-21 所示。

② 在打开的"SAM 的权限"对话框中选中可访问子键的账户名或所在的用户组,并把权限设置为"完全控制",单击"确定"按钮,如图 10-22 所示。

③ 这时就可以看到在 SAM 子键下多出几个子键,各个子键就是当前系统所有的账号列表,包括隐藏账户。如果发现该列表中与系统账号管理器或者使用 net user 命令看到的用户不一致,那么可以断定是非法创建的秘密账号,直接将其对应的子键删除即可。注意,注册表编辑器必须使用管理员身份运行才行。

如果 Windows 7 64 位系统中没有隐藏的超级管理员账户,那么用以下方法创建超级管理员账户。

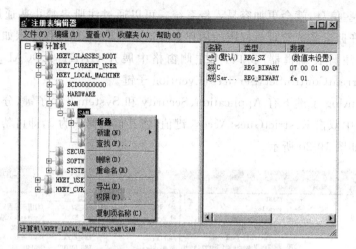

图 10-21　SAM 子键的右键快捷菜单

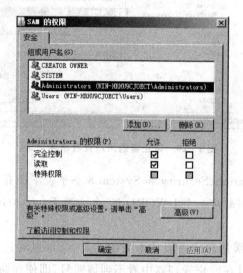

图 10-22　设置 SAM 的权限

① 按 Win+R 快捷键打开"运行"窗口，输入 lusrmgr.msc。

② 在"本地用户组"窗口中，新建隐藏用户 test＄，密码是 1。也可以用命令 net user test＄ 1 /add 创建。

③ 在"运行"窗口输入 regedit 打开注册表编辑器，在左侧窗格中展开 HKEY_LOCAL_MACHINE\SAM 子键，右击 SAM 选项，在弹出的快捷菜单中选择"权限"命令。

④ 在打开的"SAM 的权限"对话框中选中可访问子键的账户名或所在的用户组，并把权限设置为"完全控制"，单击"确定"按钮，如图 10-22 所示。

⑤ 这时就可以看到在 SAM 子键下多出子键 Domains。在左侧窗格中展开 HKEY_LOCAL_MACHINE\SAM\SAM\Domains\Account\Users\Names 子键。

⑥ 单击 Names 子键下的 Administrator 账户,窗口右侧的类型显示为 0x1F4,可知 Users 子键的 000001F4 对应 Administrator 账户的权限键值,在窗口右边找到并双击 F 键值,复制里面的数据,如图 10-23 所示。

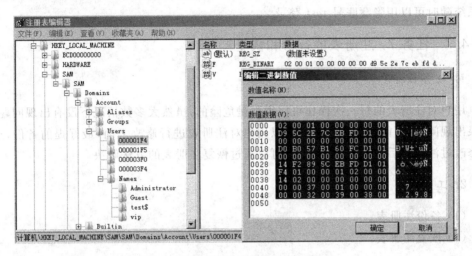

图 10-23 复制 Administrator 的 F 键值

⑦ 单击 Names 子键下的 test＄账户,窗口右侧的类型显示为 0x3F4,可知 Users 子键的 000003F4 对应 test＄账户的权限键值。在窗口右边找到并双击 F 键值,把 test＄账户的 F 键值替换成刚复制的 Administrator 的 F 键值,如图 10-24 所示。

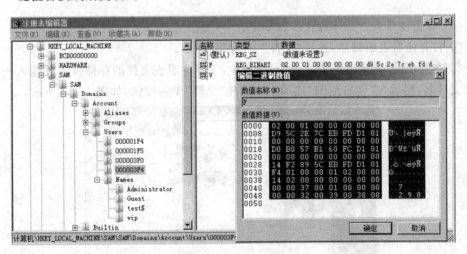

图 10-24 test＄的 F 键值替换成 Administrator 的 F 键值

⑧ 分别右击 Names 下的 test＄和 Users 下 test＄对应的 000003F4 子键,选择"导出"命令,导出分支 HKEY_LOCAL_MACHINE\SAM\SAM\Domains\Account\Users\000003F4 和 HKEY_LOCAL_MACHINE\SAM\SAM\Domains\Account\Users\Names\test＄子键,分别命名为 1.reg 和 2.reg,保存在桌面上。

⑨ 在"用户和组管理"界面把 test＄账户删除,或者用命令 net user test＄ /del 进行

删除,然后双击导出在桌面上的两个注册表分支 1. reg 和 2. reg,导入注册表,注册表中隐藏的账户 test $ 和 test $ 在 Users 下的子键又出现了。

⑩ 在命令行用 net user 命令查看不到 test $ 账号,在"用户"窗口也查看不到该账号,但系统随时可以用隐藏账号 test 登录。

10.4.7　任务 7：注册表的备份和恢复

1. 任务目标

用户对注册表的每一次操作可以说都是危险的,虽然大多数情况下没有出现问题,但如果出现问题,可能就比较麻烦。所以用户对注册表进行修改之前,最好提前备份,这样在修改过注册表后如果出现问题,还可以通过恢复注册表的方法解决。

2. 工作任务

(1) 备份注册表。
(2) 恢复注册表。

3. 工作环境

一台预装 Windows 7 系统的主机。

4. 实施过程

(1) 备份注册表。具体操作步骤如下。
① 打开注册表编辑器,选择"文件"→"导出"命令。
② 在弹出的"导出注册表文件"对话框中,选择注册表文件的存储位置并输入一个合适的文件名,然后在"导出范围"选项组中选择"全部"单选按钮,如图 10-25 所示。

图 10-25　导出注册表

③ 单击"保存"按钮,注册表编辑器开始将注册表全部内容导出到指定的.reg文件中。

(2) 恢复注册表。在恢复注册表时,可以继续使用注册表编辑器将注册表备份的.reg文件导入,这将用.reg文件中的内容覆盖当前的注册表内容,具体操作步骤如下。

① 打开注册表编辑器窗口,选择"文件"→"导入"命令,打开"导入注册表文件"对话框。

② 在"导入注册表文件"对话框中选择要导入的注册表备份文件。

③ 单击"打开"按钮,注册表编辑器开始将.reg文件中的内容导入并覆盖当前注册表,如图10-26所示。导入完成后重新启动计算机即可。

注意:另外一种方法是打开Windows资源管理器,找到要导入的.reg文件,然后双击它或右击该文件并从弹出的快捷菜单中选择"合并"命令,这样便可以将注册表文件导入。

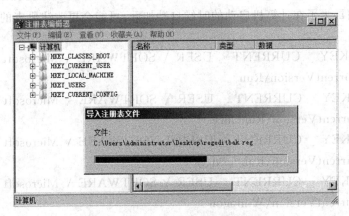

图10-26 导入.reg文件覆盖当前注册表

10.5 常见问题解答

1. 恶意代码常利用注册表的哪些子键实现自启动?

答:恶意代码常利用注册表的以下子键实现自启动。

HKEY_CURRENT_USER\SOFTWARE\Microsoft\Windows\CurrentVersion\Run

HKEY_CURRENT_USER\SOFTWARE\Microsoft\Windows\CurrentVersion\RunOnce

HKEY_CURRENT_USER\SOFTWARE\Microsoft\Windows\CurrentVersion\RunServices

HKEY_LOCAL_MACHINE\SOFTWARE\Microsoft\Windows\CurrentVersion\Run

HKEY_LOCAL_MACHINE\SOFTWARE\Microsoft\Windows\CurrentVersion\RunOnce

HKEY_LOCAL_MACHINE\SOFTWARE\Microsoft\Windows\CurrentVersion\RunServices

HKEY_LOCAL_MACHINE\SOFTWARE\Microsoft\Windows\CurrentVersion\Winlogon

2. 如何利用注册表屏蔽445端口?

答:打开注册表编辑器,展开HKEY_LOCAL_MACHINE\SYSTEM\ControlSet\

Services\NetBT\Parameters 子键，添加一个键值，命名为 SMBDeviceEnabled，类型为 REG_DWORD，值为 0，修改完毕重启计算机即可生效。

10.6　认证试题

一、选择题

1. 若在 Windows "运行" 窗口中输入（　　）命令，可以查看和修改注册表。

    A. cmd　　　　　　　B. mmc　　　　　　　C. autoexe　　　　　D. regedit

2. Windows Server 2012 的注册表根键（　　）用于确定不同类型的文件。

    A. HKEY_CLASSES_ROOT　　　　　　B. HKEY_USER

    C. HKEY_LOCAL_MACHINE　　　　　　D. HEKEY_SYSTEM

3. 有些病毒为了在计算机启动的时候自动加载，可能会更改注册表的（　　）子键下的键值。

    A. HKEY _ CURRENT _ USER \ SOFTWARE \ Microsoft \ Windows \ CurrentVersion\Run

    B. HKEY _ CURRENT _ USER \ SOFTWARE \ Microsoft \ Windows \ CurrentVersion\RunOnce

    C. HKEY _ CURRENT _ USER \ SOFTWARE \ Microsoft \ Windows \ CurrentVersion\RunServices

    D. HKEY _ CURRENT _ USER \ SOFTWARE \ Microsoft \ Windows \ CurrentVersion\Winlogon

二、操作题

如何备份和还原注册表？

组策略的设置

11.1　用户需求与分析

所谓组策略就是基于组的策略。它以 Windows 中的一个 MMC 管理单元的形式存在，可以帮助系统管理员针对整个计算机或是特定用户来设置多种配置，包括桌面配置和安全配置。通过使用组策略，用户可以设置各种软件、计算机和用户策略。

11.2　预 备 知 识

11.2.1　组策略的作用

组策略是系统管理员为计算机和用户定义的，用来控制应用程序、系统设置和管理模板的一种机制。如同一个庞大的数据库，它保存着 Windows 系统中与系统、应用软件配置相关的信息。随着 Windows 功能越来越丰富以及用户安装在计算机中的软件程序越来越多，注册表中的相关信息便越来越多。

组策略是修改注册表中的配置的一个有效工具。它使用更加完善的管理组织方法，可以对各种对象中的配置进行管理和设置，远比手动修改注册表更加方便、灵活，功能也更加强大。在注册表中，很多信息都是可以由用户自定义设置的，但这些信息发布在注册表的各个角落，如果是手动配置，便会非常困难和繁杂。而组策略则将系统重要的配置功能汇集成各种配置模块，供管理人员直接使用，从而达到方便管理计算机的目的。

利用组策略可以修改 Windows 的桌面、"开始"菜单、登录方式、组件、网络及 IE 浏览器等许多设置。通常情况下，像一些常用的系统、外观及网络设置等，用户可以在控制面板中进行修改，但往往用户对此并不满意，因为通过控制面板能修改的设置太少，水平高一点的用户可以使用修改注册表的方法来设置，但是注册表中涉及的内容又太多，修改起来也不方便。组策略正好介于两者之间，涉及的内容比控制面板多，安全性和控制面板一样高，而条理性、可操作性又比注册表强，因此成为网络管理员管理系统的首选。

11.2.2　组策略的打开方式

组策略的打开方式有两种。一种是使用命令行。在 Windows 7 中，按 Win＋R 组合键，弹出"运行"窗口，输入 gpedit.msc 命令并按 Enter 键，打开"组策略"窗口。在该窗口的左边窗格中，用户可以看到两个选项，即"计算机配置"和"用户配置"。另一种是利用 MMC 控制台。MMC(Microsoft Management Console)是 Windows 中一个很重要的系统管理工具，而组策略实际上就是一个已经预置在 Windows 中的 MMC，因此用户可以将其作为独立的 MMC 来打开。打开"开始"菜单，在"搜索"文本框中输入 mmc 命令并按 Enter 键，打开"控制台"窗口，即 Microsoft 管理控制台。在该窗口中选择"文件"→"添加/删除管理单元"命令。在打开的"添加/删除管理单元"对话框中滑动左侧窗口滑块，选择"组策略对象编辑器"选项。单击"添加"按钮，弹出"选择组策略对象"对话框，默认情况下，该组策略对象为本地计算机。如果用户想为其他计算机设置组策略，可以单击"浏览"按钮，在打开的"浏览组策略对象"对话框中选择相应的计算机。这里保持系统默认设置，即"本地计算机"。选中"从命令行启动时，允许更改组策略管理单元的焦点。这只在保存控制台的情况下适用"复选框，单击"完成"按钮，如图 11-1 所示。返回"添加独立管理单元"对话框，用户可以发现相应的"本地计算机策略"选项被添加在相应的列表框中如图 11-2 所示。单击"确定"按钮，返回"控制台 1"对话框，此时可以发现打开了相应的组策略管理单元，如图 11-3 所示。

注意：如果因为误操作导致无法通过第一种方法进入组策略窗口，可以在计算机重启的时候按住 F8 键，选择"带命令行的安全模式"，然后在命令行窗口输入 mmc 命令进入控制台，用户可以对其中的内容进行更改。

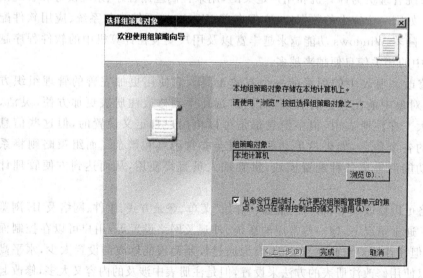

图 11-1　"选择组策略对象"对话框

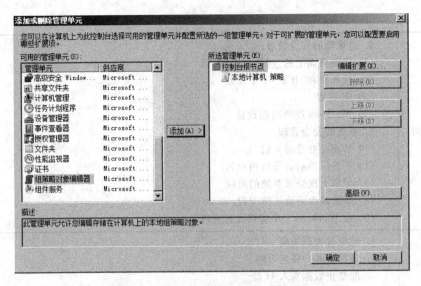

图 11-2 "添加或删除管理单元"对话框

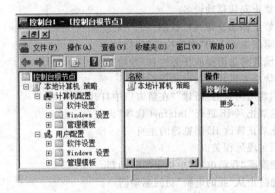

图 11-3 "控制台 1"窗口

11.3 方案设计

方案设计如表 11-1 所示。

表 11-1 方案设计

任务名称	组策略的设置
任务分解	1. 组策略的开机策略 (1) 设置密码策略 (2) 设置账户锁定策略 2. 移动存储设备安全策略 (1) 禁止数据写入 U 盘 (2) 完全禁止使用 U 盘 (3) 禁用移动设备执行权限 (4) 禁止安装移动设备

续表

任务分解	3. 组策略的安全设置 （1）隐藏桌面上的"网络位置"图标 （2）任务栏和"开始"菜单设置 （3）IE 设置 （4）Windows 高级功能设置 4. 系统的安全管理 （1）禁止在登录前关机 （2）不显示最后登录的用户名 （3）记录上次登录系统的时间 （4）禁止修改系统还原配置 （5）在 Windows 7 中实现远程关机
能力目标	1. 能设置密码策略 2. 能设置账户锁定策略 3. 能禁止数据写入 U 盘 4. 能完全禁止使用 U 盘 5. 能禁止安装移动设备 6. 能禁止移动设备执行权限 7. 能隐藏桌面上的"网络位置"图标 8. 能设置满足需要的任务栏和"开始"菜单 9. 能禁止关机和重新启动等操作 10. 能禁用网页的"新建""在新窗口中打开"等功能 11. 能禁止对 IE 进行"Internet 选项"设置 12. 能禁止修改 IE 浏览器的主页 13. 能实现远程关机 14. 能隐藏"我的电脑"中指定的驱动器 15. 能防止从"我的电脑"访问驱动器 16. 能禁止设置文件夹选项 17. 能禁止光盘自动播放 18. 能防止访问控制面板，或禁用"添加/删除程序" 19. 能禁止使用命令提示符 20. 能禁止使用注册表编辑器 21. 能限制使用应用程序 22. 能禁止在登录前关机 23. 能不显示上次登录的用户名 24. 能禁止修改系统还原配置
知识目标	1. 熟悉组策略的作用 2. 掌握组策略的打开方式
素质目标	1. 树立较强的安全、节约、环保意识 2. 具有可持续发展能力 3. 培养良好的职业道德 4. 掌握网络安全行业的基本情况 5. 培养职业兴趣，能爱岗敬业、热情主动的工作态度

11.4 项 目 实 施

11.4.1 任务1：组策略的开机策略

1．任务目标

用户可以使用组策略来对开机进行设置，以使自己的计算机和隐私更加安全可靠。

2．工作任务

(1) 设置密码策略。
(2) 设置账户锁定策略。

3．工作环境

一台预装 Windows 7 系统的主机。

4．实施过程

(1) 设置密码策略。密码是用户登录到系统的凭证，网络中存在一些别有用心的人总是想尽方法以各种手段来破解用户密码以达到不可告人的目的，密码起着比用户账号更加重要的作用。

① 在 Windows 7 中，按 Win+R 组合键，弹出"运行"对话框，执行 gpedit. msc 命令打开"组策略"窗口。在该窗口中展开"计算机配置"→"Windows 设置"→"安全设置"→"账户策略"→"密码策略"节点，用户可以在右边窗格看到 6 个账户锁定策略选项，分别是"密码必须符合复杂性要求""密码长度最小值""密码最短使用期限""密码最长使用期限""强制密码历史"和"用可还原的加密来储存密码"，如图 11-4 所示。

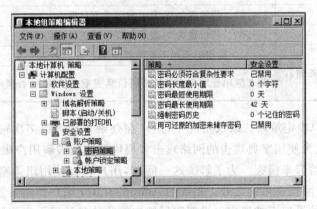

图 11-4 "密码策略"设置

② 用户可以双击相应的密码策略选项，打开相应的属性对话框，然后用户就可以设置属性值了。例如，双击"密码长度最小值"密码策略选项设置数值，如图 11-5 所示。

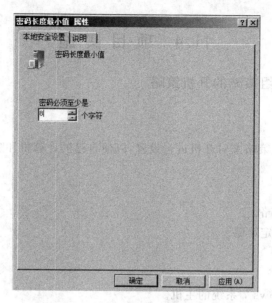

图 11-5 "密码长度最小值 属性"对话框

表 11-2 中列出了有关这 6 个密码策略选项的说明。

表 11-2 密码策略选项说明

密 码 策 略	说 明
密码必须符合复杂性要求	启用该策略,密码必须满足: (1) 不包含全部或部分的账户名 (2) 长度至少为 6 个字符 (3) 包含英文大写字母、小写字母、基本数字和非字母字符中的 3 类 (4) 更改或创建密码时,会强制执行复杂需求
密码长度最小值	1~14。若设置为 0,则为不需要密码
密码最长使用期限	1~999。若设置为 0,表示密码永不过期
密码最短使用期限	1~999。若设置为 0,表示允许立即更改密码
强制密码历史	0~24。确保旧密码不能继续使用
用可还原的加密来储存密码	除非应用程序有比保护密码信息更重要的要求,否则不必启用该策略

(2) 设置账户锁定策略。默认情况下,用户在登录界面可以多次输入无效用户账号和密码,而这些也为使用字典攻击的网络攻击者提供了快速破解用户账号和密码的机会,从而给用户的权益带来损害。为了解决这一问题,用户可以使用组策略设置账户锁定策略,以将非法用户阻挡在系统之外。系统的 Administrator 账户即超级管理员账户不会因为账户锁定策略的设置而被锁定。设置账号锁定策略的具体操作步骤如下。

① 在 Windows 7 中,按 Win+R 组合键,弹出"运行"对话框,执行 gpedit.msc 命令打开"组策略"窗口。

② 在该窗口中展开"计算机配置"→"Windows 设置"→"安全设置"→"账户策略"→"账户锁定策略"节点,用户可以在右边窗格看到 3 个账户锁定策略选项,分别是"账户锁定时间""账户锁定阈值"和"重置账户锁定计数器",如图 11-6 所示。

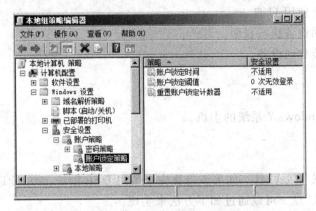

图 11-6　"账户锁定策略"设置

③ 双击"账户锁定阈值"选项,打开"账户锁定阈值 属性"对话框。默认情况下,账户为不锁定状态,用户可以根据自己的实际情况进行设置(下限为 0,代表账户不设置锁定状态,上限为 999 次,即经过 999 次无效输入以后,账户被设置为锁定状态)。

④ 例如设置成 3 次,然后单击"应用"按钮,弹出"建议的数值改动"对话框。当单击"确定"按钮后,其他两个策略选项的数值会自动被设置为被建议的数值,如图 11-7 所示。

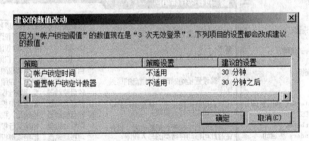

图 11-7　"建议的数值改动"对话框

如果用户不慎忘记了登录的用户名和密码,可以在进入登录界面时,同时按 Ctrl+Alt+Delete 组合键使用 Administrator 账户来登录系统。

11.4.2　任务 2:移动存储设备安全策略

1. 任务目标

移动设备是病毒、木马传播的主要途径之一。另外,由于移动设备的便携性,也给非法用户窃取计算机中的重要资料提供了很大的方便。因此,如果计算机中存有重要资料,而且是多人使用,那么就有必要对移动存储设备的使用加以限制。

2．工作任务

（1）禁止数据写入 U 盘。

（2）完全禁止使用 U 盘。

（3）禁用移动设备执行权限。

（4）禁止安装移动设备。

3．工作环境

一台预装 Windows 7 系统的主机。

4．实施过程

（1）禁止数据写入 U 盘。如果不打算完全禁用 USB 设备，希望读取 U 盘的内容，只是禁止数据写入 U 盘。可以通过如下方法来实现。

① 打开"本地组策略编辑器"窗口，在左侧窗格中展开"计算机配置"→"管理模板"→"系统"→"可移动存储访问"节点，在右侧窗格中双击"可移动磁盘：拒绝写入权限"策略，如图 11-8 所示。

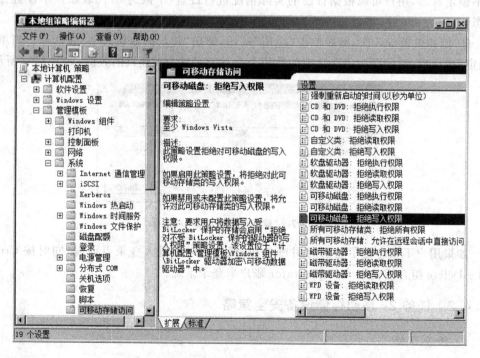

图 11-8 "拒绝写入权限"设置

② 在打开的"可移动磁盘：拒绝写入权限"窗口中选择"已启用"单选按钮，单击"确定"按钮。

注意：如果要禁止读取 U 盘，而允许写入数据，则可以启用"可移动磁盘：拒绝读取权限"策略来实现。

（2）完全禁止使用U盘。U盘因其便携性而普及，这也给用户的计算机的数据安全造成了威胁，因为使用U盘复制计算机中的资料非常容易，如果计算机是公用的，而且存有重要资料，必须小心使用。最好的方法是让系统禁用U盘，操作方法如下。

① 打开"本地组策略编辑器"窗口，在左侧窗格中展开"计算机配置"→"管理模板"→"系统"→"可移动存储访问"节点，在右侧窗格中双击"所有可移动存储类：拒绝所有权限"策略，如图11-9所示。

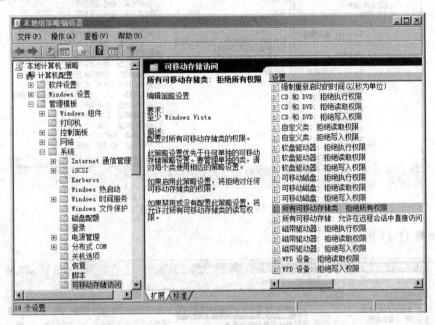

图11-9 "拒绝所有权限"设置

② 在打开的"所有可移动存储类：拒绝所有权限"窗口中选择"已启用"单选按钮，单击"确定"按钮。

（3）禁用移动设备执行权限。如果不希望他人在自己的计算机上随便使用移动设备，则可以通过组策略禁止安装可移动设备，具体操作方法如下。

① 打开"本地组策略编辑器"窗口，在左侧窗格中展开"计算机配置"→"管理模板"→"系统"→"可移动存储访问"节点，在右侧窗格中双击"可移动磁盘：拒绝执行权限"策略，如图11-10所示。

② 在打开的"可移动磁盘：拒绝执行权限"窗口中选择"已启用"单选按钮，单击"确定"按钮。

启用此策略后，可移动设备上的可执行文件将不能执行，计算机也就不会再被病毒感染，而如果需要执行，只需要复制到硬盘中即可。

（4）禁止安装移动设备。如果不希望他人在自己的计算机上随便使用移动设备，则可以通过组策略禁止安装可移动设备，具体操作方法如下。

① 打开"本地组策略编辑器"窗口，在左侧窗格中展开"计算机配置"→"管理模板"→"系统"→"设备安装"→"设备安装限制"节点，在右侧窗格中双击"禁止安装可移动设备"

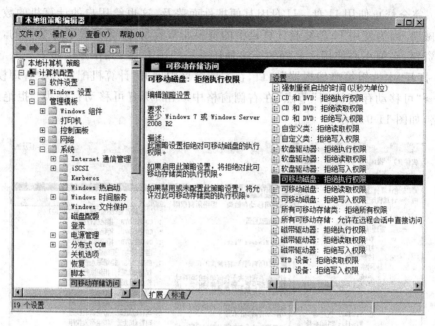

图 11-10　"拒绝执行权限"设置

策略，如图 11-11 所示。

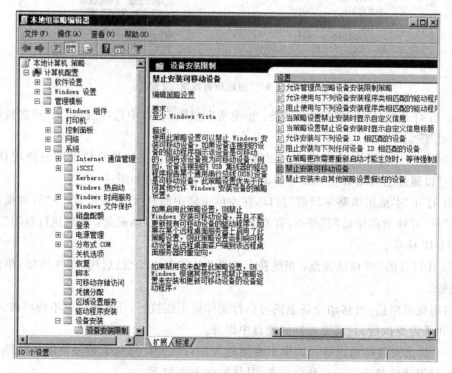

图 11-11　"禁止安装可移动设备"设置

② 在打开的"禁止安装可移动设备"窗口中选择"已启用"单选按钮,单击"确定"按钮。

启用此策略后,系统就不会安装可移动设备,而且无法更新现有可移动设备的驱动程序。

注意:此策略比允许安装设备的任何其他策略的优先级都高。

11.4.3 任务3:组策略的安全设置

1. 任务目标

用户可以使用组策略来对系统进行设置,以使自己的计算机和隐私更加安全可靠。

2. 工作任务

(1) 隐藏桌面上的"网络位置"图标。

(2) 任务栏和"开始"菜单设置。

(3) IE设置。

(4) Windows高级功能设置。

3. 工作环境

一台预装Windows 7系统的主机。

4. 实施过程

(1) 隐藏桌面上的"网络位置"图标。Windows的桌面就像人们的办公桌一样,需要经常进行整理和清洁,而组策略就如同人们的贴身秘书,让桌面管理工作变得易如反掌。

位置:本地组策略编辑器→用户配置→管理模板→桌面。

要隐藏桌面上的"网络位置"图标,只要在右侧窗格中将"在桌面上隐藏'网络位置'图标"的策略启用即可,如图11-12所示。

(2) 任务栏和"开始"菜单设置。位置:本地计算机策略→用户配置→管理模板→"开始"菜单和任务栏。

① "开始"菜单设置。如果觉得Windows的"开始"菜单项太多,可以将不需要的菜单项从"开始"菜单中删除。例如,从"开始"菜单中删除"帮助"菜单,启动相应策略即可,如图11-13所示。

在组策略右侧窗格中,提供了"从「开始」菜单中删除'所有程序'列表"策略,如图11-14所示,只要将不需要的菜单项所对应的策略启用即可。同样,可以设置"从「开始」菜单中删除'文档'图标""从「开始」菜单中删除'音乐'图标"和"从「开始」菜单中删除'图片'图标"等多种组策略配置项目。

② 阻止更改任务栏和"开始"菜单属性设置。如果不想随意让他人更改"任务栏"和"开始"菜单的设置,只要将本地计算机策略右侧窗格中的"阻止更改'任务栏和「开始」菜单'设置"策略启用即可,如图11-15所示。

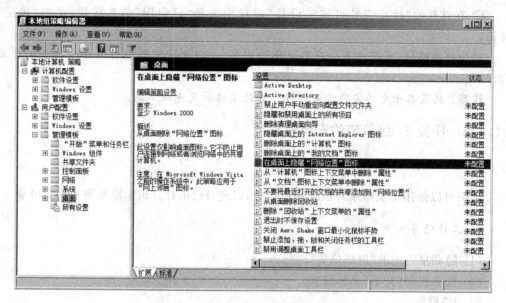

图 11-12　在桌面上隐藏"网络位置"图标

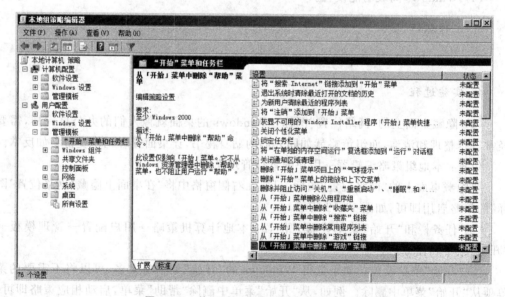

图 11-13　从"开始"菜单中删除"帮助"菜单

③ 禁止关机(Windows 7)和重新启动等操作。计算机启动以后,如果不希望这个用户再进行关机和重新启动操作,可将本地计算机策略右侧窗格中的"删除并阻止访问'关机'、'重新启动'、'睡眠'和'休眠'命令"策略启用,如图 11-16 所示。

这个设置会从"开始"菜单中删除"关机"选项,并禁用"Windows 任务管理器"对话框(按 Ctrl+Alt+Delete 组合键会出现这个对话框)中的"关机"选项。但是,此设置虽然可防止用户用 Windows 界面来关机,但无法防止用户用其他第三方工具程序将 Windows关闭。

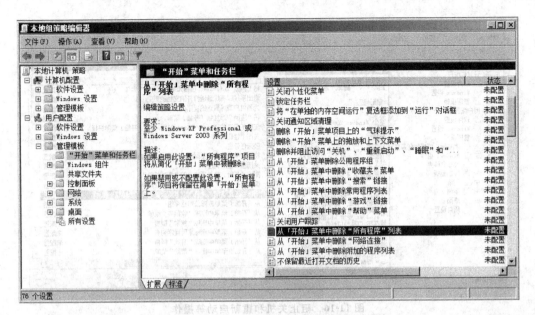

图 11-14 从"开始"菜单中删除"所有程序"列表

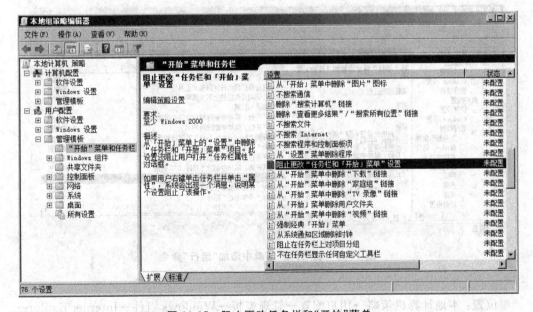

图 11-15 阻止更改任务栏和"开始"菜单

④ 将"运行"命令添加到"开始"菜单(Windows 7)。Windows 7的"开始"菜单默认没有"运行"命令,非常不方便。利用组策略,只要在右侧窗格中把"将'运行'命令添加到「开始」菜单"策略启用即可,如图11-17所示。

(3) IE 设置。微软的 Internet Explorer 让人们可以轻松地在互联网上遨游,但要想用好 Internet Explorer,则必须将它配置好。很多病毒、木马和恶意代码都瞄准了 IE,因此 IE 浏览器的安全问题不容忽视。

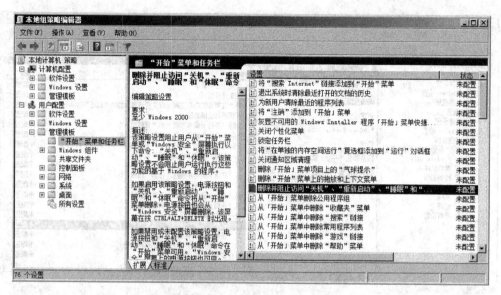

图 11-16　阻止关机和重新启动等操作

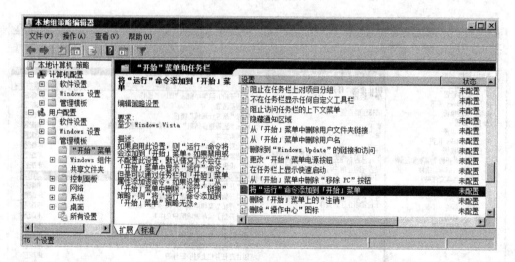

图 11-17　在"开始"菜单中添加"运行"命令

位置：本地计算机策略→用户配置→管理模板→Windows 组件→Internet Explorer。

① 锁定主页。IE 浏览器的主页被篡改是最常见的，而利用组策略锁定后，就可以彻底解决这一问题。不仅不会再弹出乱七八糟的页面，而且降低了中病毒和中木马的概率。在右侧窗格中双击"禁用更改主页设置"策略项，如图 11-18 所示。在打开的"禁用更改主页设置"窗口中选择"已启用"单选按钮，然后在"选项"下的"主页"文本框中输入一个主页地址，单击"确定"按钮，如图 11-19 所示。启用此策略后，用户将无法对默认主页进行设置。如果需要，用户必须在修改设置前指定一个默认主页。

② 禁止网页保存密码。表单上的用户名和密码的自动完成功能可以自动保存密码，

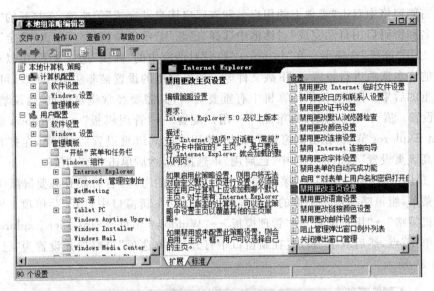

图 11-18 禁止更改主页

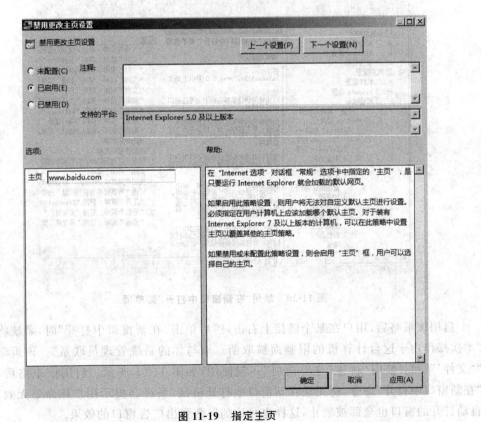

图 11-19 指定主页

这给用户的操作带来了方便,但也带来了很大的风险,如果不希望自动保存密码,可以根据下列步骤设置。

在右侧窗格中双击"表单上的用户名和密码启用自动完成"策略项，在打开的"表单上的用户名和密码启用自动完成"对话框中选择"已禁用"单选按钮，然后单击"确定"按钮。

③ 禁用"高级"选项卡。在"Internet 选项"对话框中的"高级"选项卡下，可以对 IE 安全相关的许多选项进行设置，如下载文件等。如果这里的设置被非法用户更改，可能会导致很严重的后果。因此，如果计算机中有重要资料，又需要经常浏览网页，建议禁用更改高级页设置。展开"本地计算机策略"→"用户配置"→"管理模板"→"Windows 组件"→Internet Explorer 节点，在右侧窗格中双击"禁用更改高级页设置"策略项，在打开的"禁用更改高级页设置"对话框中选中"已启用"单选按钮，然后单击"确定"按钮。

④ 禁用"在新窗口中打开"菜单项。出于对安全的考虑，有时候有必要屏蔽 IE 的一些功能菜单，组策略提供了丰富的设置项目，如禁用"在新窗口中打开"菜单项。展开"本地计算机策略"→"用户配置"→"管理模板"→"Windows 组件"→Internet Explorer→"浏览器菜单"节点，然后双击"禁用'在新窗口中打开'菜单选项"策略项并设置为"已启用"，如图 11-20 所示。

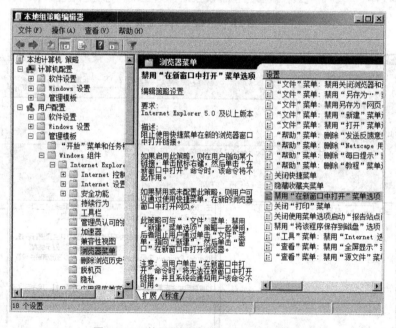

图 11-20 禁用"在新窗口中打开"菜单项

启用该策略后，用户在某个链接上右击，然后单击"在新窗口中打开"时，系统将提示"本次操作由于这台计算机的限制而被取消。请与你的系统管理员联系"。该策略可与"'文件'菜单：禁用'新建'菜单选项"一起使用，如图 11-21 所示。启用该策略后，选择"在新窗口中打开"命令，将无法在新窗口中打开链接，系统会提示用户该命令无效，网页自动打开的窗口也全部被禁止，这样也可达到屏蔽弹出广告窗口的效果。

⑤ 禁用"Internet 选项"设置。如果不希望别人对 IE 浏览器的设置随意更改，可以展开"本地计算机策略"→"用户配置"→"管理模板"→"Windows 组件"→Internet Explorer→"浏览器菜单"节点，然后将右侧窗口的"'工具'菜单：禁用'Internet 选项'菜单选项"策略

启用,如图 11-22 所示。当用户选择 IE 浏览器的"Internet 选项"命令时会提示失效。

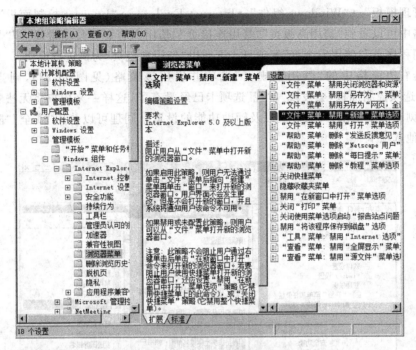

图 11-21 禁用"新建"菜单项

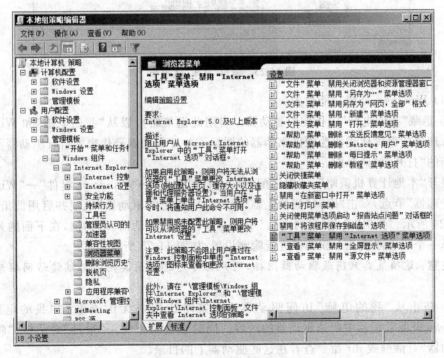

图 11-22 禁用"Internet 选项"菜单项

⑥ 禁用"Internet 选项"对话框中的某个选项卡。展开"本地计算机策略"→"用户配置"→"管理模板"→"Windows 组件"→Internet Explorer→"Internet 控制面板"节点，在右边窗格中可以看到"禁用高级页""禁用连接页""禁用内容页""禁用常规页""禁用隐私页""禁用程序页""禁用安全页"等项目。下面以"禁用常规页"为例进行说明。

双击右边窗格中的"禁用常规页"选项并启用该策略（见图 11-23），则当再打开 Internet 选项控制面板，会发现"常规"选项卡已经没有了，这样一来用户将无法看到和更改主页、浏览历史记录、网页外观以及辅助功能的设置。同理可以禁用"安全""隐私""内容"等其他选项卡。

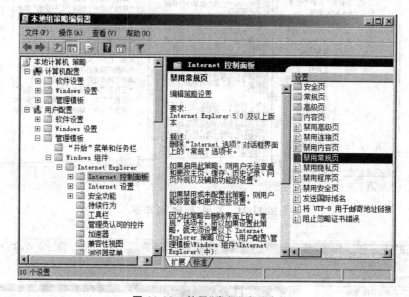

图 11-23　禁用"常规"选项卡

（4）Windows 高级功能设置。

① 隐藏"我的电脑"中指定的驱动器。启用此组策略可以从"我的电脑"和 Windows 资源管理器中删除代表所选硬件驱动器的图标。并且驱动器号代表的所有驱动器不出现在标准的"打开"对话框中。

展开"本地计算机策略"→"用户配置"→"管理模板"→"Windows 组件"→"Windows 资源管理器"节点，双击"隐藏'我的电脑'中的这些指定的驱动器"选项并启用此策略，如图 11-24 所示。弹出"隐藏'我的电脑'中的这些指定的驱动器"对话框，在下面的列表框中选择一个驱动器或几个驱动器进行隐藏设置，如图 11-25 所示。

注意：这项策略只隐藏驱动器图标，用户仍可通过使用其他方式继续访问驱动器的内容。

② 防止从"我的电脑"访问驱动器。此策略让用户无法查看在"我的电脑"或 Windows 资源管理器中所选驱动器的内容。同时它也禁止使用"运行"对话框、"映像网络驱动器"对话框或 dir 命令查看在这些驱动器上的目录。

展开"本地计算机策略"→"用户配置"→"管理模板"→"Windows 组件"→"Windows 资源管理器"节点，在右边窗格中双击"防止从'我的电脑'访问驱动器"选项并启用此策略，如

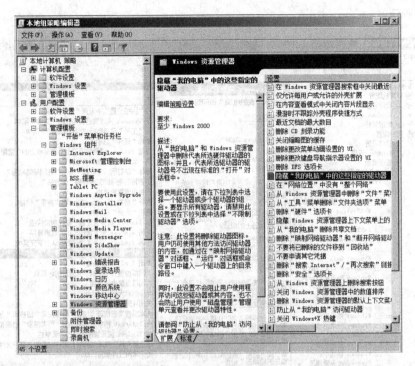

图 11-24　隐藏指定驱动器

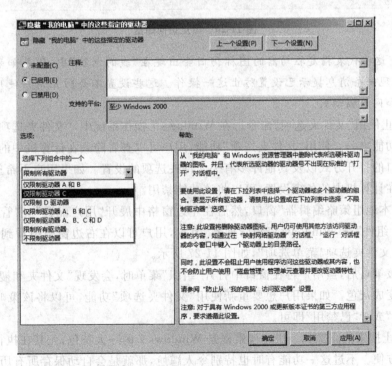

图 11-25　仅限制驱动器 C

图 11-26 所示。

图 11-26　阻止访问磁盘

注意：这些代表指定驱动器的图标仍旧会出现在"我的电脑"中，但是如果用户双击图标，会出现一条消息提示已设置防止这一操作。这些设置不会防止用户使用其他程序访问本地和网络驱动器。

③ 禁止使用"文件夹选项"命令。在 Windows 7 操作系统中，"文件夹选项"功能是比较常用的功能之一。使用"文件夹选项"功能，用户可以查看隐藏在计算机中的文件、设置文件夹窗口的打开方式以及其他许多有关文件夹选项的设置。如果用户不希望其他用户更改自己在计算机中的各项设置，可以将该功能禁用。

打开"本地组策略编辑器"窗口，然后在左边窗格中展开"用户配置"→"管理模板"→"Windows 组件"→"Windows 资源管理器"节点，用户可以在右边窗格中看到"从'工具'菜单删除'文件夹选项'菜单选项"，如图 11-27 所示。

启用该策略后，当用户再在窗口中打开"组织"菜单时，会发现"文件夹和搜索选项"菜单项已经变成灰色。如果用户想要重新使用"文件夹选项"功能，可以将该策略重新设置为"未配置"或者"已禁用"即可。

④ 防止搜索泄露隐私。快速搜索框是 Windows 7 的一大特色，尤其在执行文件夹搜索时非常方便。不过这一功能有时也特别令人尴尬，那就是会自动保存所有历史搜索，并且没有提供清除功能，其中一些隐私内容就会暴露出来。使用组策略随时清空搜索历史是一个很好的补救措施，具体操作步骤如下。

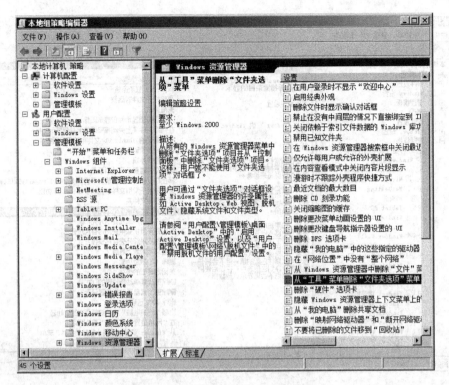

图 11-27 禁用"文件夹选项"功能

打开"本地组策略编辑器"窗口,然后在左边窗格中展开"用户配置"→"管理模板"→"Windows 组件"→"Windows 资源管理器"节点,在右边窗格中双击"在 Windows 资源管理器搜索框中关闭最近搜索条目的显示"选项,如图 11-28 所示。在打开的"在 Windows 资源管理器搜索框中关闭最近搜索条目的显示"窗口中,选择"已启用"单选按钮,然后单击"确定"按钮。

⑤ 禁止光盘自动播放。光盘自动播放虽然能给用户带来便利,但有时也会带来不少麻烦。默认情况下,将光盘插入光驱,系统就会自动读取光盘,并启动 autorun.inf 文件中指定的应用程序。这一默认状态对系统来说非常不安全,说不定自动运行的是一个木马程序。用组策略可以关闭光盘自动播放功能,具体操作步骤如下。

打开"本地组策略编辑器"窗口,在左边窗格中展开"用户配置"→"管理模板"→"Windows 组件"→"自动播放策略"节点,在右边窗格中双击"关闭自动播放"选项,在打开的"关闭自动播放"窗口中选择"已启用"单选按钮,然后在"选项"选项组的"关闭自动播放"下拉列表框中选择"CD-ROM 和可移动介质驱动器"或"所有驱动器"选项,单击"确定"按钮。

注意:插入光盘时按住 Shift 键可禁止光盘自动播放。这种方式最好能成为使用陌生光盘时的一种操作习惯。另外,此设置不阻止自动播放音乐 CD。

⑥ 防止访问控制面板。控制面板是 Windows 最重要的组件之一。下面介绍如何在组策略中设置禁止访问控制面板,具体的操作步骤如下。

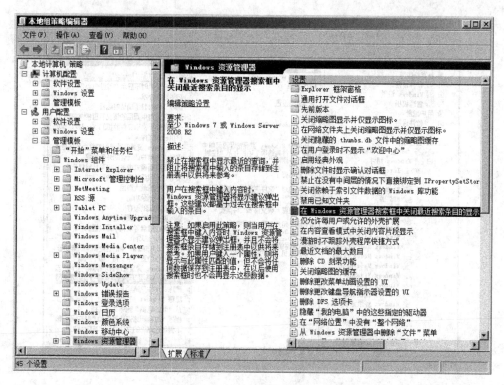

图 11-28 防止搜索泄露隐私

　　打开"本地组策略编辑器"窗口，然后在左边窗格中展开"用户配置"→"管理模板"→"控制面板"节点，在右边窗格中双击"禁止访问'控制面板'"选项，如图 11-29 所示。在打开的对话框中选择"已启用"单选按钮，然后单击"应用"和"确定"按钮。这样，当用户再次打开"开始"菜单时，就会发现其中已经没有了"控制面板"菜单项。如果用户想要重新使用控制面板，可以在上述操作的同一目录下，将"禁止访问控制面板"选项设置为"未配置"或者"已禁用"。

　　⑦ 禁止使用注册表编辑器。打开"本地组策略编辑器"窗口，在左边窗格中展开"用户配置"→"管理模板"→"系统"节点，在右边窗格中双击"阻止访问注册表编辑工具"选项并启用该策略，如图 11-30 所示。

　　当用户试图执行 regedit 命令时，会提示"注册编辑已被管理员停用"。

　　⑧ 限制可以使用的应用程序。有时用户所使用的计算机并非一人专用，而是多个人共用的，但是这些使用者在计算机中的权限却不一样，有的是管理员账户，有的是标准账户，有的则使用 Guest 账户。此时，管理员用户可以为其他用户设置可以使用的应用程序，具体操作步骤如下。

　　打开"本地组策略编辑器"窗口，在左边窗格中展开"用户配置"→"管理模板"→"系统"节点，双击"只运行指定的 Windows 应用程序"选项并启用该策略，如图 11-31 所示。输入想要设置为允许运行的应用程序，例如输入 cmd.exe，设置命令提示符为允许运行的应用程序。另外，用户还可以在右边窗格中双击"不要运行指定的 Windows 应用程序"选

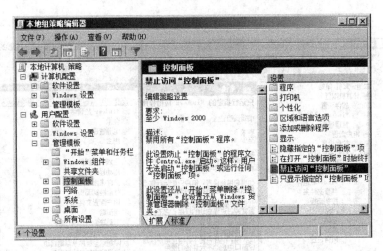

图 11-29 禁止访问控制面板

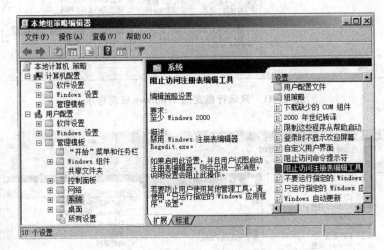

图 11-30 阻止访问注册表编辑工具

项并启用该策略,如图 11-32 所示。输入想要设置为不允许运行的应用程序,例如输入 notepad.exe,设置记事本为不允许运行的应用程序。

11.4.4 任务 4:系统的安全管理

1. 任务目标

安全是计算机用户所不能忽视的一个方面。设置完善的安全策略对于维护计算机系统的安全是很重要的。系统安全是至关重要的,它决定了计算机能否处于一个稳定且安全可靠的环境中,而且直接影响着用户的利益能否得到有效的保障。一些网络攻击者常常会利用用户计算机中的漏洞进行窃取和破坏活动,从而给用户带来不必要的损失。在与本地安全策略有关的策略选项中,有一些是与系统安全紧密相关的,对这些策略选项进行适当的设置,能够更好地维护计算机系统的安全。

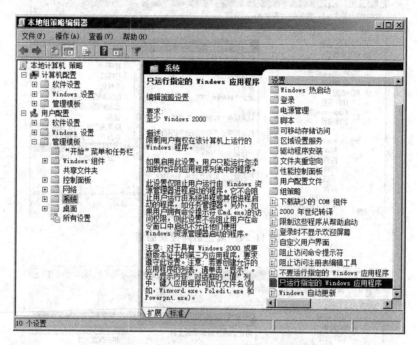

图 11-31 只运行指定的 Windows 应用程序

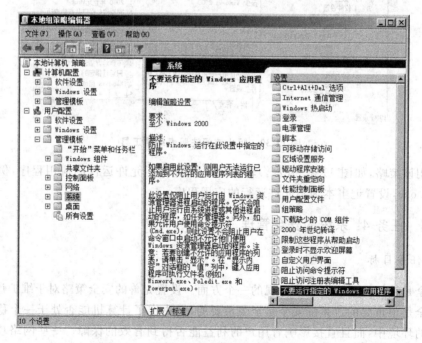

图 11-32 不要运行指定的 Windows 应用程序

2. 工作任务

（1）禁止在登录前关机。

（2）不显示最后登录的用户名。

（3）记录上次登录系统的时间。

（4）禁止修改系统还原配置。

（5）在 Windwos 7 中实现远程关机。

3. 工作环境

一台预装 Windows 7 系统的主机。

4. 实施过程

（1）禁止在登录前关机。该策略用来确定是否无须登录系统便可关闭计算机。启用此策略时，在 Windows 登录屏幕上的"关机"命令可用。禁用此策略时，用户必须能够成功登录到计算机并具有关闭系统的用户权限，才能够执行系统关闭操作。具体操作步骤如下。

在 Windows 7 中，按 Win＋R 组合键，弹出"运行"对话框，然后输入 secpol. msc 命令，按 Enter 键打开"本地安全策略"窗口，然后在左边窗格中展开"安全设置"→"本地策略"→"安全选项"节点，在右边窗格中找到"关机：允许系统在未登录的情况下关闭"选项，如图 11-33 所示。

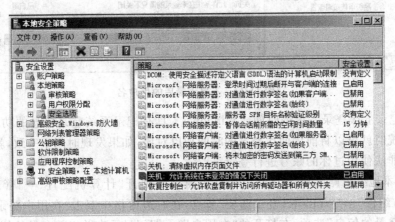

图 11-33 允许在未登录的情况下关机

双击打开其属性对话框，选择"已启用"单选按钮，然后单击"应用"或"确认"按钮。通常情况下，作为服务器的计算机是否能够运行正常、不受到恶意攻击和不中途关机等，对于局域网起着至关重要的作用，因此应该将该策略选项设置为"已禁用"。而对于终端计算机来说，不需要保证计算机一直都处于开机状态，如果用户开机后不想登录计算机了，可在登录界面直接单击"关机"按钮。

（2）不显示最后登录的用户名。该策略用来确定是否将上次登录到系统中的用户名显示在 Windows 登录界面中。在很多情况下，这一功能的设置方便了用户登录系统，然而，也为其他非法用户侵犯用户隐私带来了危险。如果启用该策略选项，则上次成功登录的用户的名称将不显示在登录界面中；如果禁用该策略选项，则在 Windows 登录界面中会显示上次登录的用户名。具体的操作步骤如下。

① 在 Windows 7 中，按 Win＋R 组合键，弹出"运行"对话框，然后输入 secpol. msc 命令，按 Enter 键打开"本地安全策略"窗口。

② 在左边窗格中展开"安全设置"→"本地策略"→"安全选项"节点。

③ 在右边窗格中找到"交互式登录：不显示最后的用户名"选项，如图 11-34 所示。双击打开其属性对话框，选择"已启用"单选按钮，然后单击"应用"或"确认"按钮。注意，当启用了该策略选项之后，用户再次登录系统时，必须输入用户名和密码。

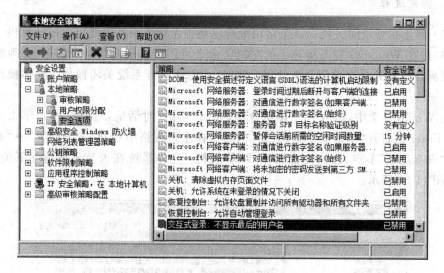

图 11-34　不显示最后的用户名

（3）记录上次登录系统的时间。Windows 7 具有记录系统登录信息的功能，这样每次登录系统时就可以将前后两次登录的时间加以对比，如果发现时间不一致，就说明有人曾经试图非法使用过你的账号进行登录。

打开"本地组策略编辑器"窗口，在左边窗格中展开"计算机配置"→"管理模板"→"Windows 组件"→"Windows 登录选项"节点，在右边窗格中双击"在用户登录期间显示有关以前登录的信息"选项，在打开的"在用户登录期间显示有关以前登录的信息"窗口中选择"已启用"单选按钮，单击"确定"按钮。这样，下次启动计算机时，Windows 7 就会在用户进入系统桌面前提示你上次登录的时间。

（4）禁止修改系统还原配置。"系统还原"是 Windows 中一项很重要的功能。为了保证系统的可操作性，将"系统还原"所占用的磁盘空间设置得大一些是很有必要的。但如果这个设置被人更改，就会造成以前创建的还原点中信息的丢失。在组策略中禁止对"系统还原"的配置进行修改的方法如下。

① 打开"本地组策略编辑器"窗口。

② 在左边窗格中展开"计算机配置"→"管理模板"→"系统"→"系统还原"节点，然后在右侧窗格中双击"关闭配置"策略项，如图 11-35 所示。

图 11-35　关闭系统还原配置

③ 在打开的"关闭配置"窗口中选择"已启用"单选按钮，然后单击"确定"按钮，如图 11-36 所示。

④ 重启计算机后设置就会生效，此时"系统还原"配置界面上配置系统还原的选项就会消失。

（5）在 Windows 7 中实现远程关机。在 Windows 7 中使用 shutdown 命令可以关闭、重新启动本地或远程计算机。利用它不但可以注销用户、关闭或重新启动计算机，还可以实现定时关机、远程关机。该命令的语法格式如图 11-37 所示。下面是该命令的一些基本用法。

① 注销当前用户，使用命令 shutdown -l，该命令只能注销本机用户，对远程计算机不适用。

② 关闭本地计算机，使用命令 shutdown -s。

③ 重启本地计算机，使用命令 shutdown -r。

④ 定时关机，使用命令 shutdown -s -t 30 可指定在 30 秒之后自动关闭计算机。使

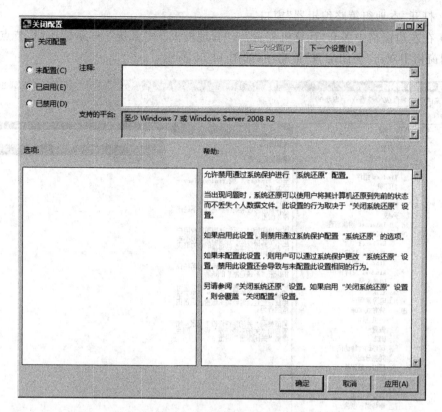

图 11-36 "关闭配置"窗口

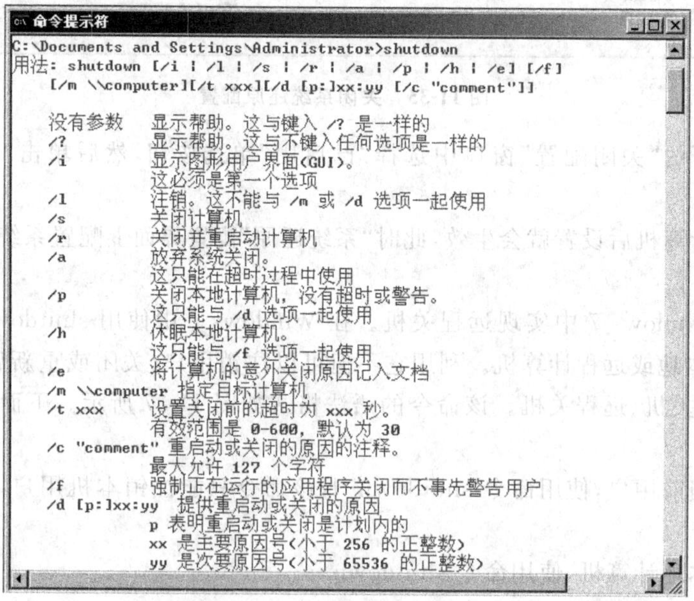

图 11-37 shutdown 命令使用帮助

用命令 at 23:00 shutdown -s 指定计算机在晚上 11 点准时关机。

⑤ 中止计算机的关闭，有时在设定了计算机定时关机后，如果出于某种原因又想取消这次关机操作，就可以用 shutdown -a 来中止。

⑥ 使用图形界面设置关机，shutdown 命令也可以用图形界面进行设置，在命令行窗口输入 shutdown -i，按 Enter 键后会弹出"远程关机对话框"对话框，如图 11-38 所示，可以根据需要进行设置。

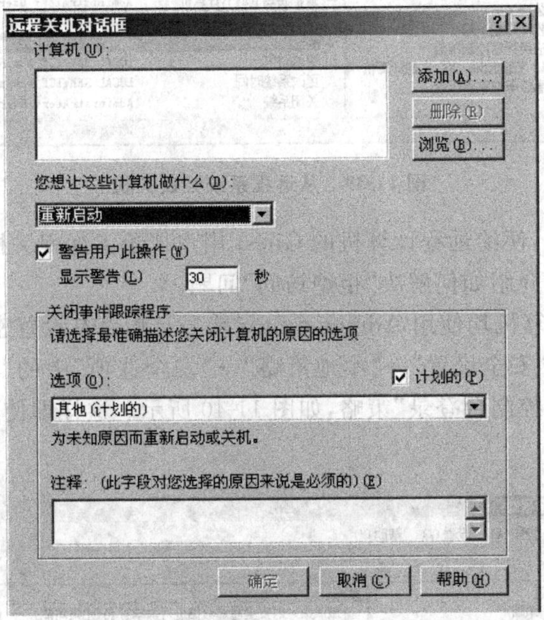

图 11-38 "远程关机对话框"对话框

该命令的参数 -m \\Computer 可以指定将要关闭或重启的计算机，若省略的话则默认为对本机操作。

例如，在 30 秒内关闭远程装有 Windows 7 系统的计算机，其 IP 地址为 192.168.5.2，可使用如下命令。

```
shutdown - s - m \\192.168.5.2 - t 30
```

如果该命令执行后，远程计算机一点反应都没有，屏幕上提示"拒绝访问"，则是因为系统权限不够。因为 Windows 7 默认的安全策略中，只有管理员组的用户才有权从远端关闭计算机，而一般情况下从局域网内的其他计算机访问该计算机时，则只有 Guest 用户权限，所以当执行上述命令时，便会出现"拒绝访问"的情况。而利用组策略即可赋予 Guest 用户远程关机的权限。

打开"本地安全策略"窗口，展开"安全设置"→"本地策略"→"用户权限分配"节点，双击"从远程系统强制关机"选项，如图 11-39 所示。

在弹出的对话框中显示目前只有 Administrators 组的成员才有权从远程关机。单击对话框下方的"添加用户或组"按钮，然后在新弹出的对话框中输入 Guest，单击"确定"按

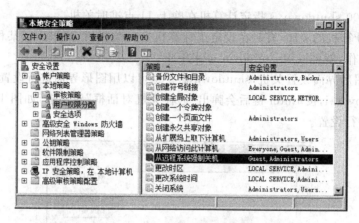

图 11-39　从远程系统强制关机

钮。通过上述操作后，便给远程计算机的 Guest 用户授予了远程关机的权限。

下面分 3 种情况介绍如何解决"拒绝访问"问题。

情况一：两台计算机均使用 Administrator 账号且均没有设置密码。

解决方法：禁用"安全设置"→"本地策略"→"安全选项"中的"账户：使用空密码的本地账户只允许进行控制台登录"策略，如图 11-40 所示。这样即使空密码的账户也能互相访问了。

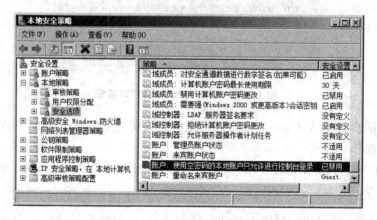

图 11-40　使空密码账号能互相访问

情况二：两台计算机均设置了密码，但提示无法访问。

解决方法：将两台计算机的账号和密码设置为相同，这样就可以实现远程关机了。

情况三：两台计算机均设置了密码，且密码不同，但仍希望实现远程关机。

解决方法：修改"安全设置"→"本地策略"→"安全选项"中的"网络访问：本地账户的共享和安全模型"策略，把"经典"设置为"仅来宾"，如图 11-41 所示。把"账户：来宾账户状态"设置为"已启用"，把"账户：重命名来宾账户"设置为 Guest，如图 11-42 所示。修改"本地策略"→"用户权限分配"中的"从网络访问此计算机"策略，添加 Guest 账号，如图 11-43 所示。然后从"拒绝从网络访问这台计算机"中删除 Guest 账号，如图 11-44 所示，才能实现 Guest 账户访问局域网中的计算机。

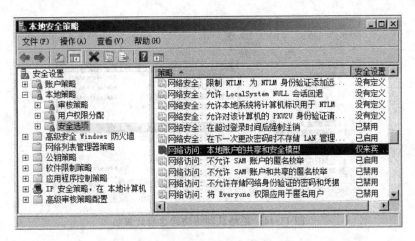

图 11-41 本地账户的共享和安全模型

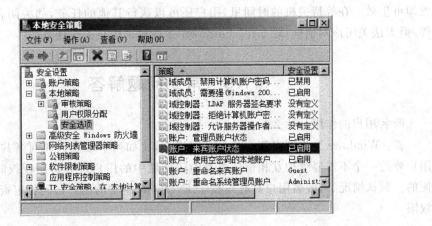

图 11-42 启用来宾账户

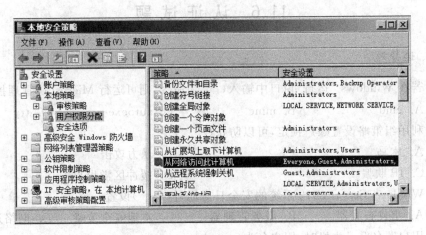

图 11-43 允许从网络访问此计算机

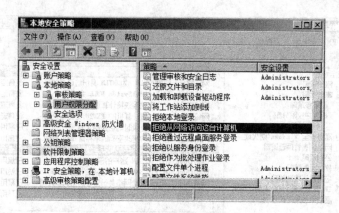

图 11-44　拒绝从网络访问这台计算机

　　如果以上 3 种情况还未解决远程关机产生的"拒绝访问"问题，重启两台计算机后设置即可生效。在等待关机的时间里，用户还可以执行其他的任务，如关闭程序、打开文件等，但无法关闭该对话框，除非用 shutdown -a 命令来中止关机任务。

11.5　常见问题解答

　　匿名用户的作用是什么？

　　答：Windows 允许匿名用户执行某些操作，比如列举域账户和网络共享名。例如当用户要给一个不需要维护互相信任关系的信任域中的用户进行访问授权时，这是非常方便的。默认情况下，匿名用户具有与授予 Everyone 组中的用户访问特定资源相同的访问权限。

11.6　认证试题

一、选择题

1. 若在 Windows "运行"窗口中输入（　　）命令，则可运行 Microsoft 管理控制台。
　　A. cmd　　　　　　　　B. mmc　　　　　　　C. autoexe　　　　D. tty
2. 利用组策略设置账户锁定，可以防止（　　）。
　　A. 木马　　　　　　　　　　　　　　　B. 暴力攻击
　　C. IP 欺骗　　　　　　　　　　　　　　D. 缓冲区溢出攻击
3. Windows Server 2012 系统的安全日志通过（　　）设置。
　　A. 事件查看器　　　B. 服务管理器　　　C. 本地安全策略　　　D. 网络适配器
4. 用户匿名登录主机时，用户名为（　　）。
　　A. Guest　　　　　　B. Administrator　　　C. Admin　　　　　D. Anonymous
5. 为保护计算机信息安全，通常只允许用户在输入正确的（　　）时进入系统。

A. 用户名　　　　　　B. 命令　　　　　　C. 密码　　　　　　D. 密钥

6. 在保护密码安全中,采取措施不正确的是(　　　)。

A. 不用生日或电话号码做密码　　　　B. 不使用位数过少的密码

C. 不使用纯字母或纯数字做密码　　　　D. 不使用声音或指纹做密码

二、操作题

1. 如何利用组策略设置"不允许 SAM 账户匿名枚举"?

2. 如何利用组策略设置用户权限?

数据加密技术的使用

12.1　用户需求与分析

在实际工作中,企业人员经常要利用互联网将一些重要文档传送给自己的客户或企业总部,但是互联网上存在很多不安全因素,如何对重要文档进行机密性保护是重点要考虑的因素。TCP/IP 协议是目前使用最为广泛的网络互联协议,但 TCP/IP 协议本身存在很多安全性问题,如何利用不安全的 TCP/IP 协议实现对数据的安全传输呢,最有效的方法就是对要传输的数据进行加密后再传输。因此,作为网络安全管理与维护人员,要掌握数据的加密技术与方法,并能运用主流的加密与防护技术为企业的商业机密数据提供保护。

12.2　预备知识

加密是对数据进行编码,使其成为一种按常规不可理解的形式,即密文。解密是加密的逆过程,即将密文还原成可以理解的形式。数据加密技术的关键是加密算法和密钥。加密算法是一组指令或一个数学公式,密钥则是算法中的可变参数。同一明文使用不同的加密算法,或使用相同的加密算法,但不同的密钥,都会得出不同的密文。衡量一个加密算法的可靠性,主要取决于解密的难度,而这与密钥长度有关。目前广泛应用的加密技术有两种,对称密钥加密算法和非对称密钥加密算法,也称为私钥加密算法和公钥加密算法。

12.2.1　对称加密算法及其应用

对称加密也称为私钥加密体制。对称密钥加密技术使用相同的密钥对数据进行加密和解密,发送者和接收者使用相同密钥。现在对称加密算法已经有很多,通过特殊的数学算法实现强度增加,包括 DES 算法、IDEA 算法、3DES 算法、AES 算法、AED 算法、RC2 算法、RC4 算法、RC5 算法、Skipjack 算法和 Blowfish 算法等。下面从古典对称加密算法开始介绍对称加密算法。

1. 古典对称加密算法

古典对称加密算法分为替代密码和换位密码两种。替代密码是把明文中每一个字符替换成密文中的另外一个字符。换位密码的字符没有被替换而只是交换位置。

1）恺撒密码

恺撒南征北战，几乎统一了欧洲，奠定了罗马帝国。恺撒较早将此加密算法用于战争通信，用来保护重要军情，因此这种加密方法被称为恺撒密码。恺撒密码的思想是将字母按顺序推后3位从而起到加密作用，产生的明密对照表如表12-1所示。

表 12-1　恺撒密码本

明文	A	B	C	D	E	F	G	H	I	J	K	L	M	N	O	P	Q	R	S	T	U	V	W	X	Y	Z
密文	D	E	F	G	H	I	J	K	L	M	N	O	P	Q	R	S	T	U	V	W	X	Y	Z	A	B	C

例如，信息"START WAR"用恺撒密码加密后就变成了"VWDUW ZDU"，这样加密后的信息即使被敌方截获，也不会泄密。这种按字母顺序后移的加密算法，3是加密的密钥。如果改变加密密钥，明密对照表也会发生改变，比如把加密密钥改成5，则明文"STOP"转换成密文就是"XYTU"。显然，这种密码的加密强度是很低的，只需要简单统计字母频率就可以破译。

2）费杰尔密码

费杰尔密码使用多表替换技术，加密时以明文字母指行，以密钥字母指列，行列交叉的就是密文字母，解密时，以密钥字母选择列，从该列中找到密文字母，那么该密文字母所在行的行字母就是明文字母，如表12-2所示。

表 12-2　费杰尔密码本

A	B	C	D	E	F	G	H	I	J	K	L	M	N	O	P	Q	R	S	T	U	V	W	X	Y	Z
B	C	D	E	F	G	H	I	J	K	L	M	N	O	P	Q	R	S	T	U	V	W	X	Y	Z	A
C	D	E	F	G	H	I	J	K	L	M	N	O	P	Q	R	S	T	U	V	W	X	Y	Z	A	B
D	E	F	G	H	I	J	K	L	M	N	O	P	Q	R	S	T	U	V	W	X	Y	Z	A	B	C
E	F	G	H	I	J	K	L	M	N	O	P	Q	R	S	T	U	V	W	X	Y	Z	A	B	C	D
F	G	H	I	J	K	L	M	N	O	P	Q	R	S	T	U	V	W	X	Y	Z	A	B	C	D	E
G	H	I	J	K	L	M	N	O	P	Q	R	S	T	U	V	W	X	Y	Z	A	B	C	D	E	F
H	I	J	K	L	M	N	O	P	Q	R	S	T	U	V	W	X	Y	Z	A	B	C	D	E	F	G
I	J	K	L	M	N	O	P	Q	R	S	T	U	V	W	X	Y	Z	A	B	C	D	E	F	G	H
J	K	L	M	N	O	P	Q	R	S	T	U	V	W	X	Y	Z	A	B	C	D	E	F	G	H	I
K	L	M	N	O	P	Q	R	S	T	U	V	W	X	Y	Z	A	B	C	D	E	F	G	H	I	J
L	M	N	O	P	Q	R	S	T	U	V	W	X	Y	Z	A	B	C	D	E	F	G	H	I	J	K
M	N	O	P	Q	R	S	T	U	V	W	X	Y	Z	A	B	C	D	E	F	G	H	I	J	K	L

续表

N	O	P	Q	R	S	T	U	V	W	X	Y	Z	A	B	C	D	E	F	G	H	I	J	K	L	M
O	P	Q	R	S	T	U	V	W	X	Y	Z	A	B	C	D	E	F	G	H	I	J	K	L	M	N
P	Q	R	S	T	U	V	W	X	Y	Z	A	B	C	D	E	F	G	H	I	J	K	L	M	N	O
Q	R	S	T	U	V	W	X	Y	Z	A	B	C	D	E	F	G	H	I	J	K	L	M	N	O	P
R	S	T	U	V	W	X	Y	Z	A	B	C	D	E	F	G	H	I	J	K	L	M	N	O	P	Q
S	T	U	V	W	X	Y	Z	A	B	C	D	E	F	G	H	I	J	K	L	M	N	O	P	Q	R
T	U	V	W	X	Y	Z	A	B	C	D	E	F	G	H	I	J	K	L	M	N	O	P	Q	R	S
U	V	W	X	Y	Z	A	B	C	D	E	F	G	H	I	J	K	L	M	N	O	P	Q	R	S	T
V	W	X	Y	Z	A	B	C	D	E	F	G	H	I	J	K	L	M	N	O	P	Q	R	S	T	U
W	X	Y	Z	A	B	C	D	E	F	G	H	I	J	K	L	M	N	O	P	Q	R	S	T	U	V
X	Y	Z	A	B	C	D	E	F	G	H	I	J	K	L	M	N	O	P	Q	R	S	T	U	V	W
Y	Z	A	B	C	D	E	F	G	H	I	J	K	L	M	N	O	P	Q	R	S	T	U	V	W	X
Z	A	B	C	D	E	F	G	H	I	J	K	L	M	N	O	P	Q	R	S	T	U	V	W	X	Y

例 12-1　明文是"SHUNDE"、密钥是"NET"的密文是什么呢？

解：该题目是已知明文、密钥求密文。加密时以明文字母指行，以密钥字母指列，行列交叉的就是密文字母。

明文：S H U N D E

密钥：N E T N E T

密文：F L N A H X

因为，密钥的位数与明文保持一致，位数不够时重复密钥字母。通过查看费杰尔密码本发现，第"S"行、第"N"列对应的字母是"F"字母，因此第一个密文就是"F"，第"H"行、第"E"列对应的字母是"L"字母，因此第二个密文就是"L"，同理可以看出第三个密文字母是"N"，第四、五、六个密文字母分别是"A""H""X"。因此，明文是"SHUNDE"、密钥是"NET"的密文是"FLNAHX"。

例 12-2　写出密钥是"NET"的密文"YSOR"的明文。

解：该题目是已知密文、密钥求明文。解密时，以密钥字母选择列，从该列中找到密文字母，那么该密文字母所在行的行字母就是明文字母。

密钥：N E T N

密文：Y S O R

明文：L O V E

因为，密钥的位数与明文保持一致，位数不够时重复密钥字母。通过查看费杰尔密码本发现，第"N"列中的"Y"字母对应的行字母是"L"，因此第一个明文字母就是"L"；第"E"列中的"S"字母对应的行字母是"O"，因此第二个明文字母就是"O"；第"T"列中的"O"字母对应的行字母是"V"，因此第三个明文字母就是"V"；第"N"列中的"R"字母对应的行字母是"E"。因此第四个明文字母就是"E"。因此密钥是"NET"的"YSOR"密文的含义是"LOVE"。

3）换位密码技术

将明文按行排列在一个矩阵中，如果最后一行不全，可以用 A、B、C……（或 a、b、

c……)填充,然后按照密钥各个字母大小的顺序排出列号,以列的顺序将矩阵中的字母读出,就构成密文。

例 12-3 明文是"can you understand"、密钥是"able"的密文是什么?

解:密钥:a b l e

顺序:1 2 4 3

填充:c a n y

   o u u n

   d e r s

   t a n d

按照1、2、3、4的顺序排序得到的密文内容是"codt auea ynsd nurn"。

2. 现代对称加密算法

1)对称密钥加密技术的典型算法 DES

DES(Data Encryption Standard,数据加密标准)是一种对称密钥加密算法,它是由 IBM 公司在20世纪70年代发明的,于1977年被美国国家技术标准局(NIST)批准作为非机要部分使用的数据加密标准。在国内,DES 算法在 POS、ATM、磁卡及智能卡(IC卡)、加油站、高速公路收费站等领域被广泛应用,实现关键数据的保密。

DES 的加密算法是公开的,保密性取决于对密钥的保密。DES 是一个分组加密算法,分组长度为64位,密钥长度为56位,密钥是任意的56位数。就目前计算机的计算能力而言,DES 不能抵抗对密钥的穷举搜索攻击,56位的密钥穷举数量是72亿次。

2)对称密钥加密技术的典型算法 3DES

三重 DES(3DES)是 DES 的增强型,能有效运行168位密码。

3)对称密钥加密技术的典型算法 IDEA

IDEA(International Data Encryption Algorithm,国际数据加密算法)是一个迭代分组密码,分组长度是64位,密钥长度为128位。

4)对称密钥加密技术的典型算法 AES

为了替换安全性逐渐减弱的 DES 算法,2001年11月 NIST 公布 Rijndael 数据加密算法作为高级加密标准 AES,AES 的密钥长度可变,可以为128位、192位或256位,数据分组长度也可以指定为这3种。AES 的强度至少和3DES 一样,但比3DES 更快。

3. 对称加密算法的特点

对称加密算法的优点是加密处理简单,加密解密速度快,硬件加密实现较容易,成本也较低。例如思科 VPN 集中器高端产品采用的是硬件加密,低端产品采用的是软件加密。对称加密算法的缺点是密钥管理困难,无法实施身份源认证。比如有 n 个用户想实现两两加密通信,每一方至少要保管 $n-1$ 个密钥,当用户量增多时,需要保管的密钥数更多。

12.2.2 非对称加密算法及其应用

非对称加密算法又称为公钥和私钥算法,其特点是加密和解密使用不同的密钥。发送端用接收端的公钥加密后发给接收端，接收端用自己的私钥解密。也就是说用公钥加密的信息只能用与该公钥配对的私钥才能解密，用私钥加密的信息只能用与给私钥配对的公钥才能解密，实现了对源的身份认证。因此，非对称加密算法的用途有两个：一是发送保密信息，不知道接收者私钥则无法窃取信息；二是确认发送者的身份，别人不知道发送者的私钥，无法发出能用其公钥解密的信息，因此发送者无法抵赖。目前主要的非对称密钥算法（公钥算法）包括：RSA 算法、DSA 算法、PKCS 算法和 PGP 算法等。

1. 常见的非对称加密技术的典型算法

1) 非对称加密技术的典型算法 RSA

RSA 算法是以其发明者 Ron Rivest、Adi Shamir 和 Leonard Adleman 的名字首字母命名的，该算法基于欧拉定理，经常应用于数字签名、密钥管理和身份认证等方面，适用于数字签名和密钥交换。

2) 非对称加密技术的典型算法 DSA

DSA(Digital Signature Algorithm)算法仅适用于数字签名，路由器配置 VPN 中常用的非对称加密算法主要是 RSA 和 DEA。这两种算法主要用于数字签名，即进行源认证，根本原理是私钥加密签名，对应的公钥进行验证。

2. 非对称加密算法的特点

非对称加密算法的优点是解决了密钥管理问题，通过特有的密钥分发算法，使当前用户数大幅度增加时，密钥数增加也不会很离谱。由于密钥事先已经分配，不需要在通信过程中传输，其安全性大大提高。它还具有很高的加密强度。

非对称加密算法的缺点是加密算法复杂，加密、解密的速度很慢。

3. 非对称加密算法工具软件 PGP

PGP(Pretty Good Privacy)是信息安全传输领域的加密软件，技术上采用了非对称的公钥和私钥加密算法。软件的主要对象为具有一定商业机密的企业、政府机构、信息安全工作室。PGP 最初的设计主要是用于邮件加密，如今已经发展到可以加密文件、文件夹、分区、硬盘，甚至对聊天信息进行实时加密，只要双方都安装了 PGP，就可以在聊天的同时进行加密或解密，以保证聊天信息不被窃取或监视。

12.2.3　对称加密和非对称加密算法的对比

对称加密算法具有加密速度快、运行时占用资源少等特点；非对称加密算法可以用于密钥交换，密钥管理安全。通常并不直接使用非对称加密技术，因为非对称加密算法的处理速度慢很多，当有大量数据要进行加密处理时会降低数据的传输速率，但用非对称加密算法加密一个对称密钥还是很快的。

常见的密钥分发技术有 CA(Certificate Authority)技术和 KDC(Key Distribution Center)技术。CA 技术用于公钥和对称密钥的分发，KDC 技术用于对称密钥的分发。

EFS(Encrypting File System)加密文件系统是 Windows 系统特有的实用功能，对于

NTFS 卷上的文件和数据，都可以直接加密保存。EFS 使用扩展的数据加密标准（DESX）56 位加密算法。加密的方法是右击 NTFS 分区中的一个文件，选择"属性"命令，在出现的对话框中单击"常规"选项卡，然后单击"高级"按钮，在出现的对话框中选择"加密内存以便保护数据"选项，单击"确定"按钮。

也可使用 cipher 命令，显示或更改 NTFS 分区上的文件的加密。例如，如果想加密 C 盘下的 GL 文件夹，就输入：cipher /e C:\GL。解密时则输入：cipher /d C:\GL。

EFS 基于非对称公钥算法和对称公钥算法的混合算法保护文件。文件使用对称算法加密，文件的加密密钥使用用户证书的公钥加密，并与加密的文件一起存储。用户的私钥可解密出文件的加密密钥，然后解密文件。

为了保证数据的安全，最好能在加密文件之后立即将自己的密钥备份出来，特别是在系统重装之前一定要进行如下操作。在 Windows 7 中，按 Win＋R 组合键，弹出"运行"对话框，输入 certmgr.msc，按 Enter 键后，在出现的"证书"对话框中展开"证书"→"当前用户"→"个人"→"证书"节点，可以看到一个以当前的用户名为名称的证书。右击该证书，选择"所有任务"→"导出"命令，并选择"导出私钥"，导出的证书将是一个以.pfx 为扩展名的文件。当用户的密钥丢失后，如重装了操作系统，或者无意中删除了某个账号，只要找到之前导出的.pfx 文件，右击，并选择"安装 Pfx"命令，之后弹出导入向导，按照导入向导的指示完成操作，之前加密的数据可以全部正确打开。注意，如果之前在导出证书时选择了用密码保护证书，在导入这个证书时就需要提供正确的密码，否则将不能继续。

目前已经出现了 EFS 加密的破解软件 Advanced EFS Data Recovery（AEDR），破解率很高。但这对于重装 C 盘系统后的情况不适用，因为它破解的前提是私钥在当前主机系统的硬盘中存在，或者有备份。需要注意的是，因为 EFS 的高安全性，如果用户操作不当则很可能导致数据丢失。

12.2.4 验证技术

验证是为了防止恶意者的主动攻击，包括检验信息的真伪及防止信息在通信过程中被篡改、删除、插入、伪装、延迟和重放等。验证主要包括 3 个方面：消息验证、数字签名和身份验证。消息验证是指验证所收到的消息确实是来自真正的发送方并且是未被修改过的，也可以验证消息的顺序和及时性。消息验证不一定是实时的，如存储系统和电子邮件系统。身份验证用于鉴别用户的身份是否是合法用户。常用方法包括：密码验证、持证验证和生物识别。国际电信联盟（ITU）和 IETF 制定了验证中心的标准 ITU X.509。

账户名/密码验证方式是被广泛研究和使用的一种身份验证方法，也是验证系统所依赖的一种最实用的机制，常用于操作系统登录、Telnet 等。常用的身份验证协议主要有一次一密机制、X.509 验证协议、Kerberos 验证协议等。Kerberos 是为 TCP/IP 网络设计的可信第三方鉴别协议。Kerberos 基于对称密钥机制，一般采用 DES 算法，但也可以采用其他算法。在 Kerberos 模型中，实体是位于网络上的客户机和服务器。客户机可以是用户，也可以是处理事务所需的独立的软件程序。Kerberos 有一个存有所有用户秘密密钥的数据库。对于每个用户而言，秘密密钥是一个加密以后的用户密码。Kerberos 能提供会话密钥，只供一台客户机和一台服务器（或两台客户机之间）使用。会话密钥用来加密双方间的通信信息,通信完毕应立即销毁。常见的散列函数有 MD5 和 SHA-1。MD5 算法通过填充、附加、初始化累加器、进行主循环 4 步处理得到 128 位消息摘要。安全散列算法(SHA-1)用于产生一个 160 位的消息摘要。

12.2.5　数字证书技术

数字证书封装了用户自身的公钥等信息,例如 X.509 数字证书包含了证书版本、证书序列号、签名算法标识、证书有效期、证书发行商名字、证书主体名、证书公钥信息和数字签名等元素。使用某个数字证书对数据进行加密就是使用该数字证书中的公钥对数据进行加密。

数字签名是笔迹签名的模拟,包括了消息认证函数,具有的性质有:必须能证实作者签名和签名的日期和事件、在签名时必须能对内容进行鉴别、签名必须能被第三方证实以解决争端。基于公钥密码体制和基于私钥密码体制都可以获得数字签名,目前主要是基于公钥密码体制的数字签名。利用公钥密码体制,数字签名是一个加密的消息摘要,附加在消息的后面。基于公钥密码体制的数字签名是指以用户的私钥作为加密密钥,以公钥作为解密密钥,从而实现由一个用户加密的消息能够被多个用户解读,且发送方无法否认自己所发送的信息。

广泛使用的安全电子邮件技术包括 PGP 和 S/MIME(安全/通用 Internet 邮件扩充)。摘要函数是安全电子邮件实现技术之一。一个好的摘要函数具有如下特点:根据输入报文获取其输出摘要的时间非常短;根据输入数据无法还原出输入数据;不同长度的输入报文计算出的摘要长度相同。

12.3　方案设计

方案设计如表 12-3 所示。

表 12-3　方案设计

任务名称	数据加密技术的使用
任务分解	1. 在 Windows 7 上安装 PGP 系统 (1) 软件安装 (2) 密钥对的生成和查看 (3) 软件汉化 (4) 导出并发布自己的公钥 (5) 导入并设置其他人的公钥 2. 使用 PGP 系统加密数据文件 (1) 加密和解密 (2) 签名和验证 (3) 加密、签名和解密、校验

续表

任务分解	3. 使用 PGP 系统加密邮件 (1) 加密和签名 (2) 解密和验证签名 4. 使用 PGP 系统加密本地硬盘 (1) 创建加密磁盘 (2) 加载加密磁盘 (3) 卸载加密磁盘
能力目标	1. 能安装 PGP 系统 2. 能生成和查看公钥和私钥 3. 能重新创建密钥对 4. 能导出并发布自己的公钥 5. 能导入其他人的公钥,并设置公钥属性来获得信任关系 6. 能使用 PGP 系统加密和解密文件 7. 能对文件进行签名和签名验证 8. 能使用 PGP 系统加密和签名邮件 9. 能使用 PGP 系统解密和验证签名邮件 10. 能使用 PGP 系统创建加密磁盘、加载加密磁盘和卸载加密磁盘
知识目标	1. 掌握密码学的有关概念 2. 了解常见的古典密码加密技术 3. 理解对称加密算法和非对称加密算法的基本思想以及两者的区别 4. 了解对称密钥加密技术的典型算法 DES、3DES、IDEA 和 AES 5. 熟悉对称加密算法的特点和优缺点 6. 了解非对称加密技术的典型算法 RSA 7. 熟悉非对称加密算法的特点和优缺点 8. 了解非对称加密算法攻击软件 PGP 加密系统的工作原理、密钥的生产和管理方法以及各种典型的应用 9. 理解 PGP 加密系统中密钥信任关系的传递特性 10. 了解非对称密钥算法和对称密钥算法的混合算法 EFS 的工作原理 11. 熟悉 EFS 加密文件系统的使用方法
素质目标	1. 树立较强的安全意识 2. 掌握网络安全行业的基本情况 3. 培养良好的职业道德 4. 培养职业兴趣,能爱岗敬业、热情主动的工作态度 5. 具有可持续发展能力

12.4　项目实施

12.4.1　任务1：在 Windows 7 上安装 PGP 系统

1. 任务目标

安装 PGP 系统。

2．工作任务

（1）软件安装。

（2）密钥对的生成和查看。

（3）软件汉化。

（4）导出并发布自己的公钥。

（5）导入并设置其他人的公钥。

3．工作环境

（1）两台预装 Windows 7 系统的主机，通过网络相连。

（2）软件工具：PGP 加密软件。

4．实施过程

（1）软件安装。

软件的安装很简单，具体操作步骤如下。

① 双击安装程序，进入安装界面，选择安装语言，默认为 English，单击 OK 按钮，如图 12-1 所示。

② 在弹出的许可协议窗口中，阅读后选择 I accept the license agreement 单选按钮，如图 12-2 所示。单击 Next 按钮，弹出是否跳转到 Release Notes 页面，默认选择 Do not display the Release Notes，不跳转，然后继续单击 Next 按钮，开始安装。

图 12-1　选择语言

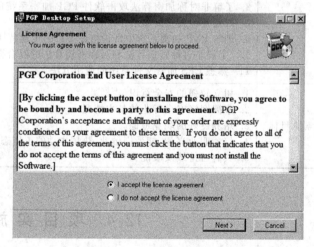

图 12-2　阅读并接受协议

③ 弹出安装提示 You must restart your system，如图 12-3 所示，单击 Yes 按钮，重启计算机。

④ 重新启动系统后，会出现 PGP Setup Assistant 对话框，默认选择 Yes，然后单击"下一步"按钮，出现注册窗口。输入注册信息后，单击"下一步"按钮，如图 12-4 所示。

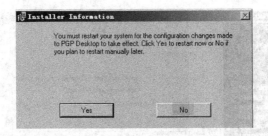

图 12-3　暂不重启计算机

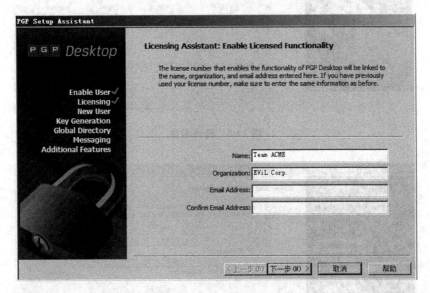

图 12-4　输入用户注册信息

⑤ 在弹出对话框中输入软件的序列号进行认证,单击"下一步"按钮。弹出注册成功对话框,所有的产品均被勾选中,单击"下一步"按钮,如图 12-5 所示。

(2) 密钥对的生成和查看。

① 弹出 User Type(用户类型)对话框,选择 I am a new user(我是一个新用户),单击"下一步"按钮。

② 弹出 PGP KEY Generation Assistant(PGP 密钥对生成向导)对话框,单击"下一步"按钮。

③ 弹出账户和邮箱设置对话框,输入密钥账号名称和邮箱地址,最好不使用默认的 Administrator,单击"下一步"按钮,如图 12-6 所示。注意,如果实验中需要安装两个 PGP 系统则两个账户名和密码需要有区别。

④ 弹出的对话框要求输入用于保护私钥的密码,此密码长度建议 8 位以上,并要求确认,即再次重复一遍。在 Enter Passphrase 处输入需要的密码,在 Re-enter Passphrase 处重复一遍刚才输入的密码。若对话框右上角的 Show Keystrokes 被选中,则输入的密码会显示出来,下面的百分比表示密码的质量,越高安全性越好,如图 12-7 所示。

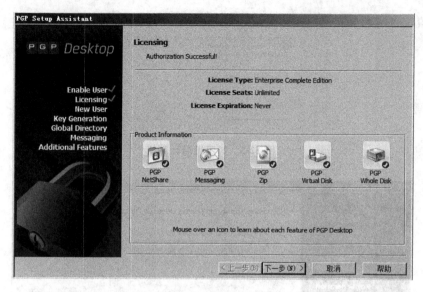

图 12-5　选择组件

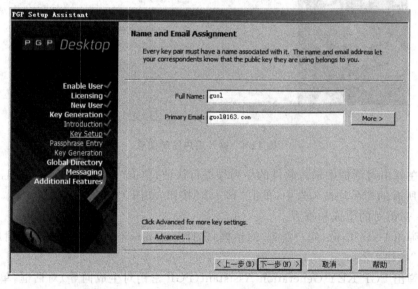

图 12-6　个人信息填写

（3）软件汉化。

① 关闭 PGP 软件。

② 把 PGP 中文语言包解压，把 28 个解压文件复制到 C：\Program Files(x86)\Common Files\PGP Corporation\Strings 目录下。

③ 执行"开始"→"所有程序"→PGP→PGP Desktop 命令打开 PGP 主界面，选择 Tools→Options 命令，选择 General 选项卡，在最下方 Product Language 下拉列表框中选择 Deutsch，单击"确定"按钮，弹出警告窗口，继续单击"确定"按钮。

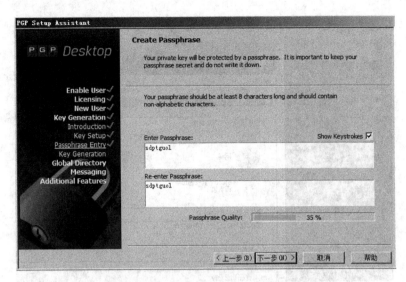

图 12-7 输入保护公钥和私钥的密码

④ 关闭 PGP 软件,重新打开,发现 PGP 已经被汉化。

(4) 导出并发布自己的公钥。通过 PGP 程序窗口中的"文件"→"导出"命令可以导出当前选中的密钥对中的公钥。需要注意的是,一个用户对应的密钥以"密钥对"的形式存在,其中包含了一个公钥和一个私钥。公钥可以分发给任何人,其他人可以用此密钥对要发给此密钥拥有者的文件或邮件进行加密。私钥只有此密钥的拥有者一人所有,不可公开分发,此密钥用来解密所有用此密钥拥有者的公钥加密的文件或邮件。因此,如果在导出到文件的窗口下面选中 Include Pravate Key 则导出了公钥和私钥,一般情况下,不需要导出私钥。

导出公钥的具体操作步骤如下。

① 右击窗口中的密钥对,在弹出的快捷菜单中选择"导出"命令。

② 在弹出的"导出密钥到文件"对话框中,选择一个目录作为导出公钥存放的目录,单击"保存"按钮,如图 12-8 所示。

公钥文件的扩展名是.asc。导出公钥后就可以将此公钥发布出去,发给通信的对方。当有重要的文件或邮件时,对方通过 PGP 使用此公钥进行加密后发回来,这样能防止隐私或商业机密被窃取,即便被截获也很难解密。

(5) 导入并设置其他人的公钥。导入公钥的方法如下。

① 直接双击对方发来的扩展名为.asc 的公钥,出现选择公钥的窗口,在此能看到该公钥的基本信息,包括有效性、创建时间、信任度等,便于了解是否应该导入此公钥。

② 选好后,单击 Import(导入)按钮,即可把公钥导入到 PGP 中。

导入其他人的公钥后,"已校验"处显示为灰色,这表示新导入的公钥还没有得到用户的认可。如果确信这个公钥是正确的,即没有被第三方伪装或篡改,可以通过设置公钥的属性来使之获得信任关系。

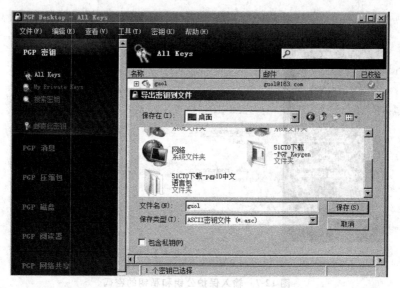

图 12-8　导出公钥

设置公钥属性的方法如下。

① 打开 PGPkeys，在密钥列表中看到刚刚导入的密钥。选择后右击，选择"密钥属性"命令，这里能看到该密钥的全部信息。

② 单击"信任度"后面的小三角，选择"可信"命令，但"已校验"仍然为"否"，如图 12-9 所示。

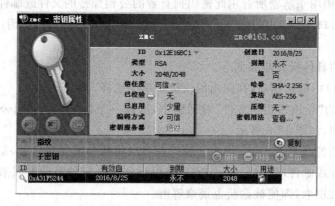

图 12-9　公钥的信任度设置

③ 关闭此对话框，然后右击该密钥，选择"签名"命令，打开"PGP 签名密钥"对话框，如图 12-10 所示。

④ 单击"确定"按钮，弹出"PGP 为选择密钥输入密码"对话框。选择要签名的公钥，然后单击"确定"按钮。注意，如果当前选择密钥的密码已经被缓存，则不需要输入密码，如图 12-11 所示。

⑤ 若密码没有被缓存，则需要输入密码，单击"确定"按钮，如图 12-12 所示。

⑥ 此时，在 PGP Keys 对话框中，该公钥变成"有效的"，即在"已校验"栏出现绿色标

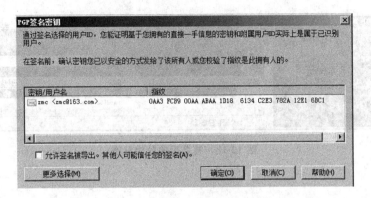

图 12-10 "PGP 签名密钥"对话框

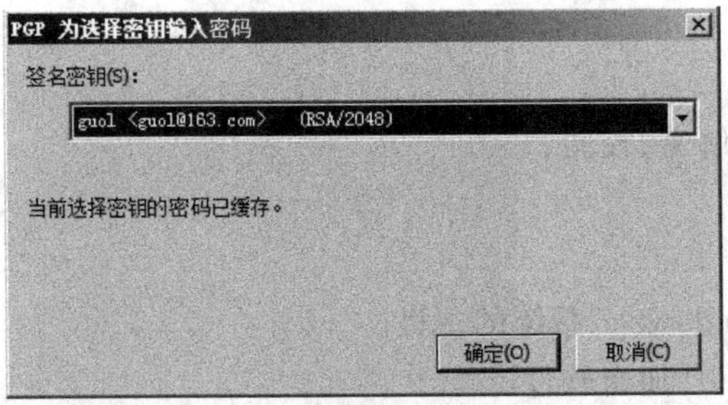

图 12-11 对新导入的公钥进行签名

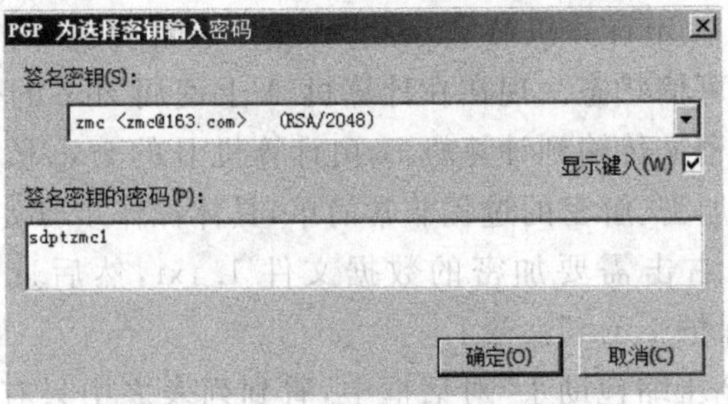

图 12-12 输入签名密钥的密码

志,但公钥 zmc 呈现"斜体"效果,如图 12-13 所示。

⑦ 右击公钥 zmc,选择"启用"命令,公钥 zmc 立刻"直立"了起来,公钥导入操作完成。

12.4.2 任务 2:使用 PGP 系统加密数据文件

1. 任务目标

使用 PGP 对数据文件进行加密、签名的操作原理是选择对方的公钥进行加密而使用自己的私钥进行签名,对方收到后使用自己的私钥进行解密,而使用对方的公钥进行签名

图 12-13　签名后的公钥状态

验证。

2．工作任务

（1）加密和解密。

（2）签名和验证。

（3）加密、签名和解密、校验。

3．工作环境

（1）两台预装 Windows 7 系统的主机。

（2）软件工具：PGP 加密软件

4．实施过程

（1）加密和解密。假定计算机 A 的密钥对是 guol，计算机 B 的密钥对是 zmc，已经互相导入公钥，并设置为可信状态。现在在计算机 A 上使用 zmc 的公钥对文件 1. txt 进行加密，然后把加密后的密文传输到计算机 B，由计算机 B 的 zmc 私钥进行文件解密。

使用 PGP 对文件加密、解密的过程非常简单，具体操作步骤如下。

① 在计算机 A 上右击需要加密的数据文件 1. txt，然后选择快捷菜单中的 PGP Desktop→"使用密钥保护 1. txt"命令。

② 在弹出的"PGP 压缩包助手"对话框中，看到列表之中只有 guol 密钥。选中 guol 密钥，单击"移除"按钮。再单击"添加"按钮，弹出"收件人选择"对话框，选择 zmc，然后单击"添加"按钮，把 zmc 公钥添加到右侧窗口中，如图 12-14 所示。单击"确定"按钮。

③ 返回"PGP 压缩包助手"对话框，看到列表中只有 zmc 密钥，如图 12-15 所示。

④ 弹出"签名并保存"对话框，如果只是加密而不签名的话，在"签名密钥"下拉列表中选择"无"选项，加密后的密文默认保存在桌面上，如果想更改存放的地方可以单击"浏览"按钮，然后单击"下一步"按钮。

⑤ 桌面上产生一个扩展名为.pgp 的文件加密文件。

⑥ 对方收到加密后扩展名为.pgp 的文件后，双击该文件，或右击该文件并选择快捷菜单中的"解密 & 校验(D)1. txt. pgp"命令，在对话框中输入密码即可，即使用私钥解密。如果密钥已被缓存，则不必输入密码即可得到解密后的明文 1. txt。

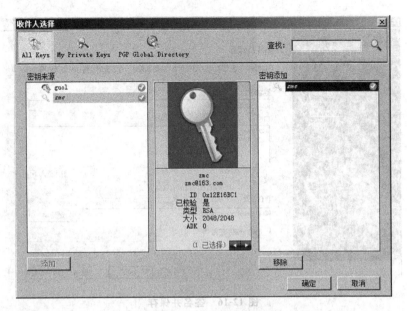

图 12-14　选择密钥

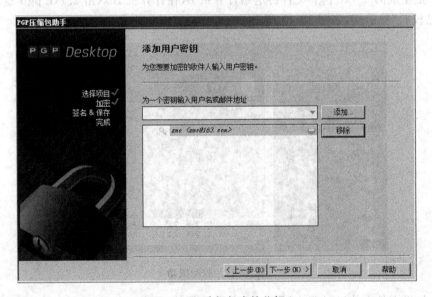

图 12-15　选择加密的公钥

（2）签名和验证。假定计算机 A 的密钥对是 guol，计算机 B 的密钥对是 zmc，已经互相导入公钥，并设置为可信状态。现在在计算机 A 上使用 guol 的私钥对文件 2.txt 进行签名，然后把签名后的文传输到计算机 B，由计算机 B 的 guol 公钥进行签名验证。

① 右击需要签名的文件 2.txt，选择 PGP Desktop→"签名为"命令。弹出"签名并保存"对话框，输入私钥 guol 的密码 sdptguol，选择"显示键入"复选框，能看到输入的私钥密码，清除"保存分离的签名"复选框，单击"下一步"按钮，如图 12-16 所示。

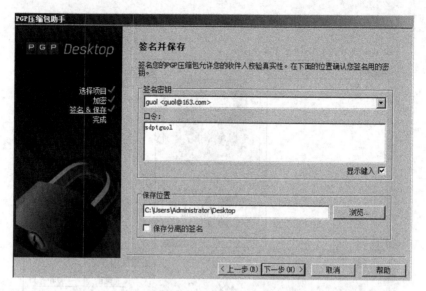

图 12-16 签名并保存

② 把生成的 2.txt.pgp 文件传送给计算机 B,在计算机 B 双击 2.txt.pgp 签名文件,弹出"已校验"提示框,如图 12-17 所示。

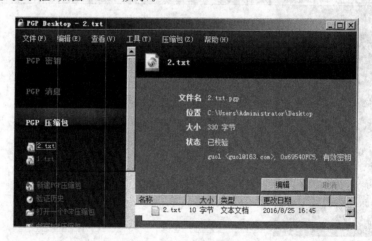

图 12-17 校验成功

③ 如果文件在传送过程中被第三方伪装或篡改,签名验证将不成功,且显示出错。

(3) 加密、签名和解密、校验。假定计算机 A 的密钥对是 guol,计算机 B 的密钥对是 zmc,已经互相导入公钥,并设置为可信状态。现在在计算机 A 上使用 zmc 的公钥对文件 3.txt 进行加密,使用 guol 的私钥对文件 3.txt 进行签名,然后把加密、签名后的文件传送到计算机 B,由计算机 B 的 guol 公钥进行签名验证,用 zmc 的私钥进行解密。

① 在计算机 A 上右键需要加密的数据文件 3.txt,然后选择快捷菜单中 PGP Desktop→"使用密钥保护 3.txt"命令。

②　在弹出的"PGP 压缩包助手"对话框中，看到列表中只有 guol 密钥。选择 guol 密钥，单击"移除"按钮，再单击"添加"按钮，弹出"收件人选择"对话框，选择 zmc 命令，然后单击"添加"按钮，把 zmc 公钥添加到右侧窗口中，然后单击"确定"按钮。

③　返回"PGP 压缩包助手"对话框，看到列表中只有 zmc 密钥。

④　弹出"签名并保存"对话框，在"签名密钥"下拉列表中选择 guol，如果密钥口令已缓存，则不需要输入，如果未缓存则需要输入 guol 的私钥密码，加密后的密文默认保存在桌面上，如果想更改存放的地方可以单击"浏览"按钮，然后单击"下一步"按钮，如图 12-18 所示。

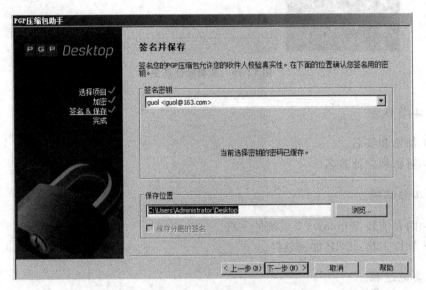

图 12-18　"签名并保存"对话框

⑤　桌面上产生一个扩展名为.pgp 的文件加密文件 3.txt.pgp，把该文件传输到计算机 B。对方收到加密后扩展名为.pgp 的文件后，双击该文件，或右击该文件并选择快捷菜单中的"解密 & 校验(D)3.txt.pgp"命令，在对话框中输入密码即可，即使用私钥解密。如果密钥已被缓存，则不必输入密码即可得到解密后的明文 3.txt。

⑥　计算机 B 的桌面上生成解密成功的 3.txt，弹出"PGP Desktop-验证历史"对话框，确认 3.txt.pgp 的确由 guol 签名，如图 12-19 所示。

12.4.3　任务 3：使用 PGP 系统加密邮件

1.　任务目标

使用 PGP 对邮件内容进行加密、签名的操作原理和对文件的加密、签名是一样的，都是选择对方的公钥进行加密而使用自己的私钥进行签名，对方收到后使用自己的私钥进行解密，而使用对方的公钥进行签名验证。

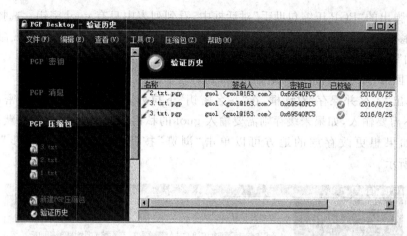

图 12-19　查看验证历史

2．工作任务

（1）加密和签名。

（2）解密和验证签名。

3．工作环境

（1）两台预装 Windows 7 系统的主机。

（2）软件工具：PGP 加密软件。

4．实施过程

（1）加密和签名。

① 将需要加密、签名的邮件内容复制到剪贴板上，然后单击操作系统桌面右下角系统托盘中的 PGP 图标，选择"剪贴板"→"加密 & 签名"命令。

② 在弹出的"密钥选择"对话框中选择对方的密钥，双击收件人列表中的 guol 使其加到上方列表中，双击上方列表中的 zmc 使其添加到下方"收件人"框中，即使用 zmc 的公钥加密，然后单击"确定"按钮，如图 12-20 所示。

③ 在弹出的"输入密码"对话框中输入 guol 私钥的密码，进行签名，勾选"显示键入"可以显示输入的密码，如图 12-21 所示。

④ PGP 会将加密和签名的结果自动更新到剪贴板中。

⑤ 回到邮件编辑状态，只须将剪贴板的内容粘贴到 5.txt，就会得到加密和签名后的邮件，如图 12-22 所示。

（2）解密和验证签名。

① 对方收到加密和签名后的邮件后，先将邮件内容 5.txt 中的内容复制到剪贴板中，然后单击操作系统桌面右下角系统托盘中的 PGP 图标，选择"剪贴板"→"解密 & 校验"菜单项，弹出输入 zmc 私钥密码的提示框，如图 12-23 所示。

② 输入私钥密码进行解密和导入公钥验证签名完成后，PGP 会自动出现"文本阅读

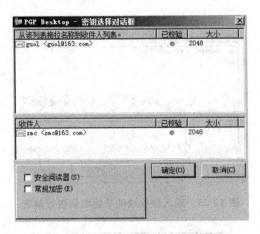

图 12-20 剪贴板的加密签名操作

图 12-21 使用私钥的密码加密

图 12-22 加密和签名后的邮件内容

器"窗口显示结果,如图 12-24 所示。

③ 通过"复制到剪贴板"按钮将结果复制到剪贴板中然后再粘贴到需要的地方。

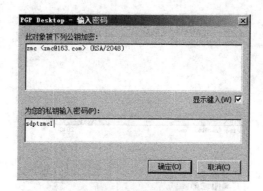

图 12-23　输入接收端的私钥密码进行解密

图 12-24　解密后的文本内容

12.4.4　任务 4：使用 PGP 系统加密本地硬盘

1. 任务目标

PGP 加密系统不仅可以对文件、邮件加密，还可以对磁盘加密，将需要保密的数据放在 PGP 加密磁盘中。即使数据硬盘被偷走，对 PGP 加密磁盘文件的解密也存在很大的难度，从而保证了数据的机密性。下面介绍使用 PGP 系统加密本地硬盘的方法。

2. 工作任务

（1）创建加密磁盘。

（2）加载加密磁盘。

（3）卸载加密磁盘。

3. 工作环境

（1）一台预装 Windows 7 系统的主机。

（2）软件工具：PGP 加密软件

4. 实施过程

（1）创建加密磁盘。

① 选择"开始"→"所有程序"→PGP Desktop，打开 PGP 主界面，单击左侧的"PGP

磁盘",再单击右侧的"创建"按钮,启动 PGP 加密磁盘创建向导,如图 12-25 所示。

图 12-25 使用 PGP 构建加密磁盘

② 确定加密磁盘生成的路径和名称以及加密磁盘的大小。

③ 选择加密磁盘的方法,使用公钥或者密码加密,这里选择密码加密。

④ 最后单击"创建"按钮,弹出"为密钥输入密码"对话框,输入密码单击"确定"按钮,完成磁盘的创建。

(2) 加载加密磁盘。

① 创建好加密磁盘后,可以在"我的电脑"中看到加密磁盘"新建 PGP 磁盘 1(E:)",如图 12-26 所示。

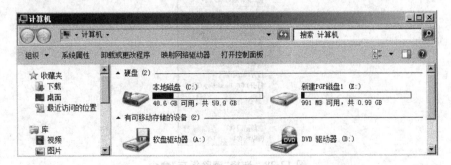

图 12-26 生成的加密磁盘

② 如果加密的磁盘被卸载了，看不到了，可打开 PGP 主界面，单击左侧的"PGP 磁盘"，再单击右侧的"装载"按钮加载磁盘。

③ 加载时需要输入私钥的密码，如图 12-27 所示。

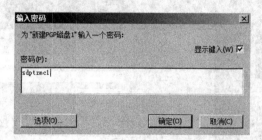

图 12-27　输入私钥的密码

④ 直接双击加密磁盘，打开加密磁盘，以后用户就可以把需要保密的数据放在该此磁盘中，操作方法与普通磁盘的操作一样。

（3）卸载加密磁盘。如果暂时不需要对加密磁盘中的数据进行操作，可以对加密磁盘进行卸载操作。具体步骤如下。

① 打开 PGP 主界面，单击左侧的"PGP 磁盘"，再单击右侧的"卸载"按钮。

② 默认情况下，如果超过 1 分钟没有对加密磁盘进行操作，PGP 系统将自动将加密磁盘进行卸载。

12.5　常见问题解答

1. PGP 系统会自动记录密钥的私钥密码，这给 PGP 带来了很大的安全隐患，该如何处理？

答：可以通过设置"清除缓存"的方法删除口令缓存，提高系统的安全性。单击操作系统桌面右下角系统托盘中的 PGP 图标，在弹出的菜单中选择"清除缓存"命令，如图 12-28 所示。

图 12-28　选择"清除缓存"命令

2. 系统托盘中的 PGP 图标不见了该如何处理？

答：如果不小心退出 PGP 服务导致系统托盘中的 PGP 图标不见了，可以选择"开始"→"所有程序"→PGP Desktop 命令，打开 PGP 主界面，再选择"工具"→"选项"命令，弹出"PGP 选项"对话框。选中"显示 PGP 图标在 Windows 系统托盘"复选框，单击"确定"按钮，如图 12-29 所示。

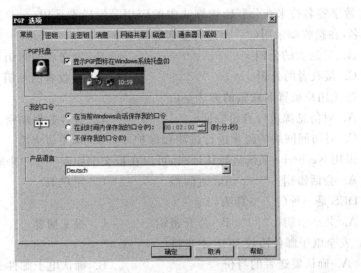

图 12-29　PGP 选项设置

12.6　认 证 试 题

一、选择题

1. 加密算法按照密钥的类型可以分为（　　　）。
   A. 非对称密码加密算法和对称密钥加密算法
   B. 公开密钥加密算法和分组密码算法
   C. 序列密码算法和分组密码算法
   D. 序列密码算法和公开密钥加密算法
2. 数据的加密和解密是对数据进行的某种变换，加密和解密的过程都是在（　　　）的控制下进行的。
   A. 明文　　　　　　　　B. 密文　　　　　　　　C. 信息　　　　　　　　D. 密钥
3. 下面说法正确的是（　　　）。
   A. 信息隐蔽是加密的一种方法
   B. 没有密钥，只要知道加密程序的细节就可以对信息进行解密
   C. 密钥的位数越多，信息的安全性越高
   D. 加密包括对称加密和非对称加密
4. 公开密钥算法中加密密钥即（　　　）。

　　A. 解密密钥　　　　B. 私密密钥　　　　C. 公开密钥　　　　D. 私有密钥

　　5. 为了防止冒名发送数据信息或发送后不承认的情况出现，可以采取的方法是（　　　）。

　　　　A. 数字水印　　　　　　　　　　　　B. 数字签名
　　　　C. 访问控制　　　　　　　　　　　　D. 发电子邮件确认

　　6. 数字签名技术在公开密钥算法中的应用是发送端采用（　　　）对发送的信息进行数字签名，在接收端采用（　　　）进行签名验证。

　　　　A. 发送者的公钥　　　　　　　　　　B. 发送者的私钥
　　　　C. 接收者的公钥　　　　　　　　　　D. 接收者的私钥

　　7. 防止用户被冒名欺骗的方法是（　　　）。

　　　　A. 对信息源进行身份验证　　　　　　B. 进行数据加密
　　　　C. 对访问网络的流量进行过滤和保护　D. 采用防火墙

　　8. 采用 Kerberos 系统进行认证时，可以在报文中加入（　　　）来防止重放攻击。

　　　　A. 会话密钥　　　　B. 时间戳　　　　C. 用户 ID　　　　D. 私有密钥

　　9. DES 是一种（　　　）算法。

　　　　A. 共享密钥　　　　B. 公开密钥　　　　C. 报文摘要　　　　D. 访问控制

　　10. 安全电子邮件协议 PGP 不支持（　　　）。

　　　　A. 确认发送者的身份　　　　　　　　B. 确认电子邮件未被修改
　　　　C. 防止非授权者阅读电子邮件　　　　D. 压缩电子邮件大小

　　11. 传输安全电子邮件的协议 PGP 属于（　　　）。

　　　　A. 物理层　　　　B. 传输层　　　　C. 网络层　　　　D. 应用层

二、填空题

　　1. 现实中通常将对称加密算法和非对称加密算法混合起来使用，使用_____算法对要发送的数据进行加密，其密钥则使用_____算法进行加密，这样可以综合发挥这两种加密算法的优点。

　　2. PGP 加密系统不仅可以对文件数据进行加密，还可以对_____、_____等进行加密。

三、简答题

　　1. 简述 DES 算法的基本思想。

　　2. 使用 PGP 加密系统对文件进行签名后，将签名后的 .sig 文件发送给对方的同时，为什么还要发送原始文件给对方？

四、操作题

　　1. 如何利用 PGP 加密系统加密邮件？

　　2. 如何利用 PGP 加密系统进行签名和验证操作？

Internet 信息服务的安全设置

13.1 用户需求与分析

Internet 信息服务(IIS)是一个用于配置应用程序池或网站、FTP 站点、SMTP 或 NNTP 站点的工具。利用 IIS 管理器,网络安全管理员可以配置 IIS 安全、性能和可靠性功能,可添加或删除站点,启动、停止和暂停站点,备份和还原服务器配置,创建虚拟目录以改善内容管理等。正是因为 IIS 具有如此强大的功能,其安全问题也更加受到人们的重视,并需要设置 IIS 的安全来保护系统中的数据。

13.2 预 备 知 识

13.2.1 Web 的安全问题

Web 服务是常用的网络服务之一,通过 IIS 可以搭建信息发布、信息查询、电子商务、电子政务等各种用途的 Web 网站。Web 站点的基本配置及其含义如表 13-1 所示。

表 13-1　Web 站点的基本配置及其含义

选 项 组	配 置 项	说　明
Web 站点标识	说明	显示在 IIS 控制台的名称,以区别各个站点
	IP 地址	Web 服务器对外的 IP 地址
	TCP 端口	Web 服务器服务的 TCP 端口号,默认为 80。若更改则访问时必须在 URL 中指出
	SSL 端口号	使用安全套接字访问(用 https://)的端口号,默认为 443
	"高级"按钮	除修改 IP 地址、端口号外,还可修改站点的主机头
连接	无限	对同时连接站点的用户数不做限制
	限制到	根据实际情况限制同时连接站点的用户数量
	连接超时	如果用户在规定的时间内没有和 Web 服务器进行信息交换,则自动中断此用户的连接
	启用保持 HTTP 激活	允许客户端保持与服务器的开放连接
日志	启用日志记录	日志用来记录服务器的访问、错误等信息,需要设置日志格式、日志记录内容和记录方法等

另外，许多基于 Web 管理界面的其他网络服务，同样需要用到 Web 服务器的安全，如邮件服务器、流媒体服务器等。因此，Web 服务器的安全性将影响到本地系统甚至整个网络的安全性，必须通过相应的安全机制，控制用户的访问。

可以通过验证 Web 站点的 CA 数字证书来判别该站点的真伪。Web 流量安全在网络级的常用解决方法是使用 IPSec；在传输级的常用解决方法是使用安全套接层（SSL）或传输层安全（TLS）；在应用级的常用解决方法之一是使用安全的电子交易（SET）。Web 站点的四级访问控制是 IP 地址限制、用户验证、Web 权限、NTFS 权限。IE 的 4 个区域分别是 Internet 区域、本地 Intranet 区域、可信站点区域和受限站点区域等。

安全套接层（SSL）位于 HTTP 层和 TCP 层之间，建立客户机与服务器之间的加密通信，以确保 HTTP、FTP、SMTP、POP3、Telnet 等服务信息传递的安全性。SSL 协议包括 SSL 记录协议和 SSL 握手协议等两个子协议。其中，记录协议位于握手协议之下，主要为 SSL 连接提供机密性和报文完整性服务。SSL 握手协议被封装在 SSL 记录协议中，它允许服务器与客户机在应用程序传输和接收数据之前互相认证、协商加密算法（RSA、DH 等）和密钥。密钥协商使用非对称（公钥）密钥体制进行。

在 IIS 6.0 中，Web 服务器管理员必须首先安装 Web 站点数字证书，然后 Web 服务器才能支持 SSL 会话，数字证书的格式遵循 ITU-T X.509 标准。通常情况下，数字证书需要由证书认证机构（CA）颁发。

13.2.2　FTP 的安全问题

FTP 服务主要用于实现在 FTP 服务器和 FTP 客户端之间传送文件。通过 FTP 服务，可以实现软件的下载、文件的交换与共享以及 Web 站点的维护。很多网络管理员或安全工程师在维护服务器时所使用的 FTP 系统在工作中非常重要，但是一般都不公开或者很少公开，所以安全性往往得不到足够的重视，成为很多攻击者喜欢攻击的目标。

13.3　方 案 设 计

方案设计如表 13-2 所示。

表 13-2　方案设计

任务名称	Internet 信息服务的安全设置
任务分解	1. Windows Server 2012 Web 服务器的安全设置 （1）禁用匿名身份验证 （2）限制访问 Web 网站的客户端数量 （3）使用"限制带宽使用"限制客户端访问 Web 网站 （4）使用"IPv4 地址限制"限制客户端计算机访问 Web 网站 2. Windows Server 2012 上构建高安全性的 FTP 服务器 （1）设置 IP 地址和端口 （2）其他配置

能力目标	1. 能设置 Web 服务器的"用户身份验证"访问方式 2. 能通过带宽限制进行 Web 服务器的身份验证 3. 能通过 IP 地址限制进行 Web 服务器的身份验证 4. 能限制访问 Web 服务器的客户端数量 5. 能修改 FTP 的 IP 地址和默认端口
知识目标	1. 了解 Web 服务器的安全问题 2. 了解 FTP 服务器的安全问题
素质目标	1. 树立较强的安全意识 2. 掌握网络安全行业的基本情况 3. 培养职业兴趣,能爱岗敬业、热情主动的工作态度 4. 培养良好的职业道德 5. 具有可持续发展能力

13.4 项目实施

13.4.1 任务 1: Windows Server 2012 Web 服务器的安全设置

1. 任务目标

Web 服务已经成为众多网络的必备服务,被用来提供信息发布、邮件查询、电子商务、网络办公等网络平台,但是,一般用户都是在对 Web 安全了解甚少的情况下使用的。Web 服务的安全直接决定多种网络服务的安全,涉及整个网络的安全,因此本任务通过对 Web 服务器的简单配置,获得安全可靠的网络平台。

2. 工作任务

(1) 禁用匿名身份验证。

(2) 限制访问 Web 网站的客户端数量。

(3) 使用"限制带宽使用"限制客户端访问 Web 网站。

(4) 使用"IPv4 地址限制"限制客户端计算机访问 Web 网站。

3. 工作环境

(1) 一台预装 Web 服务器的 Windows Server 2012 主机。

(2) 两台预装 Windows 7 系统主机。

4. 实施过程

(1) 禁用匿名身份验证。设置 Web 服务器安全,使所有用户不能匿名访问 Web 服务器,而只能以 Windows 身份验证访问,具体的操作步骤如下。

① 启动 IIS，展开左侧的"网站"目录树，单击网站 test web，在"功能视图"界面中找到"身份验证"，并双击打开，可以看到 Web 网站默认启用"匿名身份验证"，也就是说，任何人都能访问 Web 服务器，如图 13-1 所示。

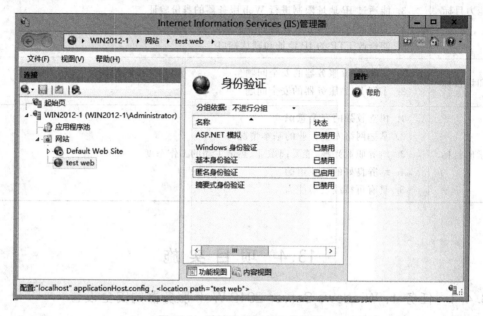

图 13-1　默认启用匿名身份验证

② 选择"匿名身份验证"选项，然后单击"操作"界面中的"禁用"按钮，即可禁用 Web 服务器的匿名访问，此时在客户端访问 Web 服务器，会出现拒绝访问提示，如图 13-2 所示。

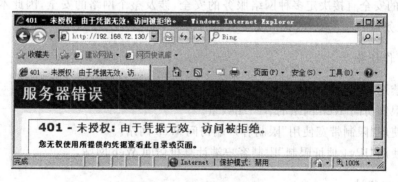

图 13-2　拒绝访问提示信息

③ 在如图 13-3 所示的"身份验证"窗口中，选择"Windows 身份验证"选项，然后单击"操作"界面中的"启用"按钮，即可启用该身份验证方法。

④ 在客户端计算机上，打开浏览器，输入网址访问 Web 服务器，弹出如图 13-4 所示"Windows 安全"对话框，输入能被 Web 服务器进行身份验证的用户账户名和密码进行访问，然后单击"确定"按钮，即可访问 Web 服务器，如图 13-5 所示。

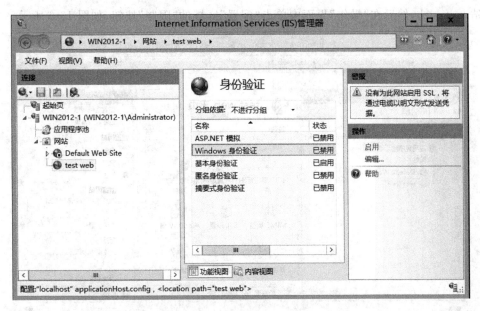

图 13-3 启用 Windwos 身份验证

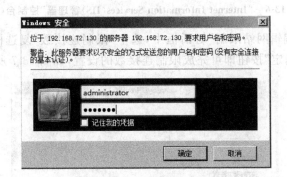

图 13-4 "Windows 安全"对话框

图 13-5 客户端正常访问 Web 服务器窗口

⑤ 在 Web 服务器端设置目录属性,设置特定用户拥有读取、列文件目录和运行的权限。

(2)限制访问 Web 网站的客户端数量。设置"限制连接数"限制访问 Web 服务器的用户数量为1,具体操作步骤如下。

① 打开"Internet Information Services(IIS)管理器"控制台,展开"网站"节点,单击

网站 test web，然后在"操作"界面中单击"配置"区域的"限制"按钮，如图 13-6 所示。

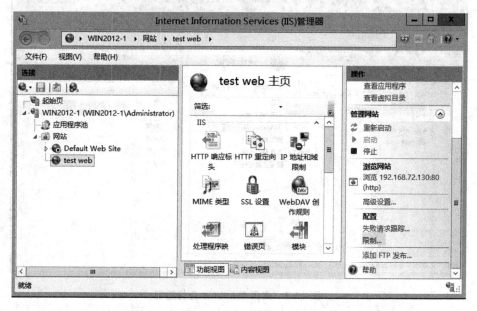

图 13-6 "Internet Information Services(IIS)管理器"控制台(1)

② 在打开的"编辑网站限制"对话框中，选中"限制连接数"复选框，并设置要限制的连接数为 1，单击"确定"按钮即可完成限制连接数的设置，如图 13-7 所示。

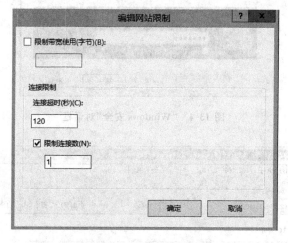

图 13-7 设置"限制连接数"

③ 在 Web 客户端计算机上测试限制连接数，在客户端计算机 1 上，打开浏览器，输入网址访问 Web 服务器，访问正常。在客户端计算机 2 上，打开浏览器，输入网址访问 Web 服务器，显示如图 13-8 所示界面，表示超过网站限制连接数。

（3）使用"限制带宽使用"限制客户端访问 Web 网站。设置要限制的带宽为 1024 字节，具体的操作步骤如下。

① 打开"Internet 信息服务（IIS）管理器"控制台，展开"网站"节点，单击网站 test

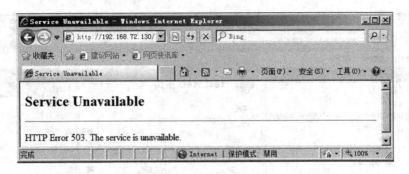

图 13-8　访问 Web 服务器时超过网站限制连接数

web，然后在"操作"界面中单击"配置"区域的"限制"按钮，如图 13-6 所示。

② 在打开的"编辑网站限制"对话框中，选中"限制带宽使用（字节）"复选框，并设置要限制的带宽为 1024 字节，单击"确定"按钮即可完成限制带宽使用的设置，如图 13-9 所示。

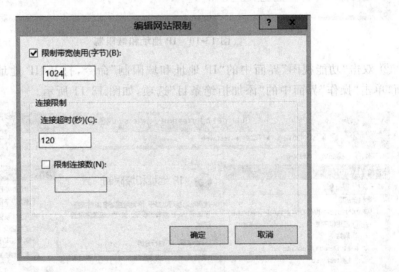

图 13-9　设置"限制带宽使用"

③ 在 Web 客户端计算机 1 上，打开浏览器，输入网址访问 Web 服务器，发现网速非常慢，这是因为设置了带宽限制的原因。

（4）使用"IPv4 地址限制"限制客户端计算机访问 Web 网站。使用用户验证的方式，每次访问该 Web 站点都需要输入用户名和密码，对于授权用户而言比较麻烦。由于 IIS 会检查每个来访者的 IP 地址，因此可以通过限制 IP 地址的访问，防止或运行某些特定的计算机、计算机组、域甚至整个网络访问 Web 服务器。使用"IPv4 地址限制"限制 IP 地址范围为 192.168.10.0/24 的客户端计算机访问 Web 服务器，具体的操作步骤如下。

① 在 Web 服务器上打开"Internet Information Services（IIS）管理器"控制台，展开"网站"节点，然后在"功能视图"界面中找到"IP 地址和域限制"，如图 13-10 所示。

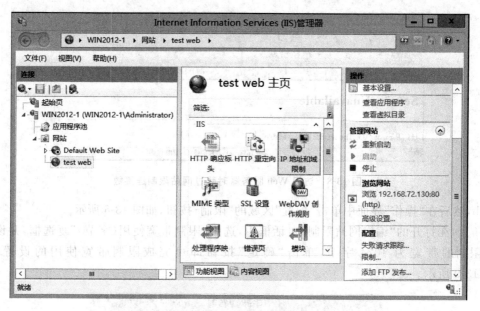

图 13-10　IP 地址和域限制

②　双击"功能视图"界面中的"IP 地址和域限制"命令，打开"IP 地址和域限制"设置界面，单击"操作"界面中的"添加拒绝条目"选项，如图 13-11 所示。

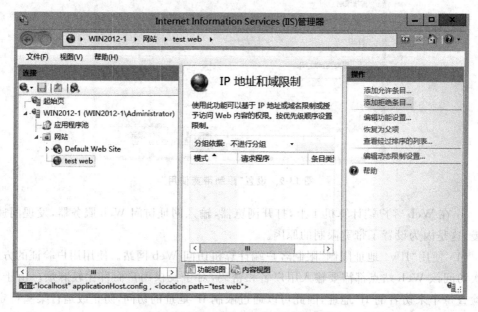

图 13-11　"IP 地址和域限制"设置界面

③　在打开的"添加拒绝限制规则"对话框中，单击"特定 IP 地址"单选按钮，并设置要拒绝的 IP 地址范围为 192.168.10.0，掩码为 255.255.255.0，如图 13-12 所示，最后单击"确定"按钮，完成 IP 地址的限制。

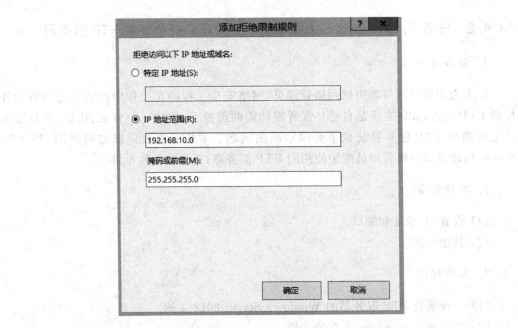

图 13-12　添加拒绝限制规则

④ 在客户端计算机 1 上，打开浏览器，输入网址访问 Web 服务器，显示错误号为"403-禁止访问：访问被拒绝"，说明客户端计算机的 IP 地址在被拒绝访问 Web 服务器的范围内，如图 13-13 所示。

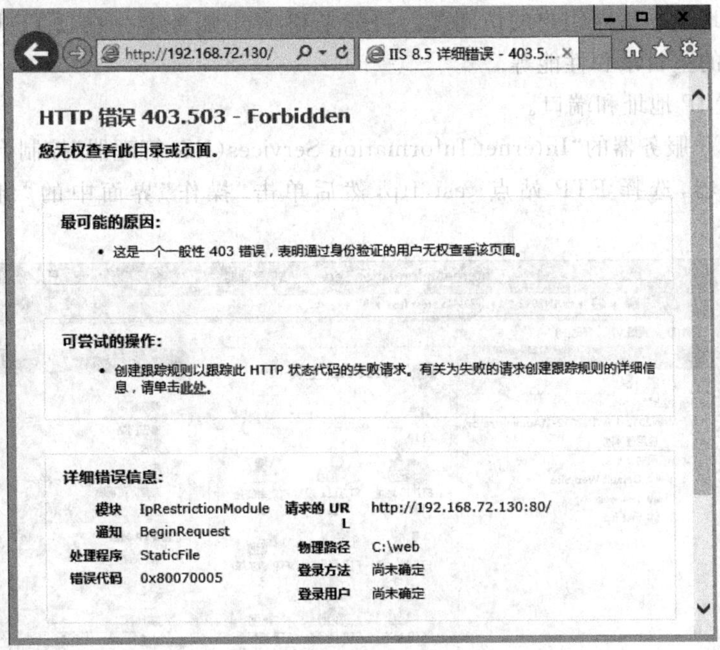

图 13-13　访问被限制

13.4.2　任务 2：Windows Server 2012 上构建高安全性的 FTP 服务器

1．任务目标

广大直面各种网络攻击的网络管理员、网络安全工程师在工作中必然会遇到各种各样的 FTP 攻击，如何在满足自己日常所需功能的前提下，构建一个方便、快捷、并且安全性足够强的 FTP 服务器就成了必须解决的问题。本任务主要完成如何使用 IIS FTP Server 构建足够网络管理员维护使用的 FTP 服务器，而且安全性足够高。

2．工作任务

（1）设置 IP 地址和端口。
（2）其他配置。

3．工作环境

（1）一台预装 FTP 服务器的 Windows Server 2012 主机。
（2）两台预装 Windows 7 系统主机。

4．实施过程

FTP 服务器的配置和 Web 服务器相比要简单得多，主要是站点的安全性设置，包括指定不同的授权用户，如允许不同权限的用户访问，允许来自不同 IP 地址的用户访问，或限制不同 IP 地址的不同用户的访问等。再就是和 Web 服务器一样，FTP 服务器也要设置 FTP 站点的主目录和性能等。

（1）设置 IP 地址和端口。

① 在 FTP 服务器的"Internet Information Services(IIS)管理器"控制台树中，依次展开 FTP 服务器，选择 FTP 站点 test ftp，然后单击"操作"界面中的"绑定"按钮，如图 13-14 所示。

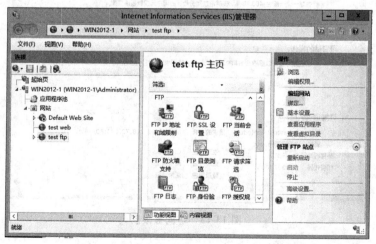

图 13-14　"Internet Information Services(IIS)管理器"控制台（2）

② 弹出"网站绑定"对话框,如图13-15所示。

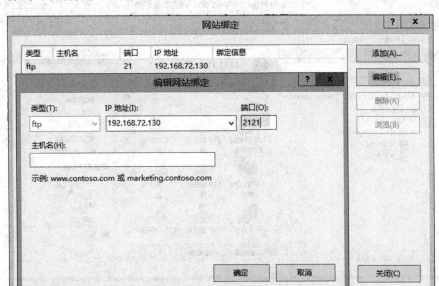

图 13-15 "网站绑定"对话框

③ 选择 ftp,单击"编辑"按钮,完成 IP 地址和端口号的更改,比如改为 2121,如图 13-15 所示。

④ 测试 FTP 站点。用户在客户端计算机上打开浏览器或资源管理,输入 ftp://192.168.72.130:2121,即可访问刚才建立的 FTP 服务器,如图 13-16 所示。

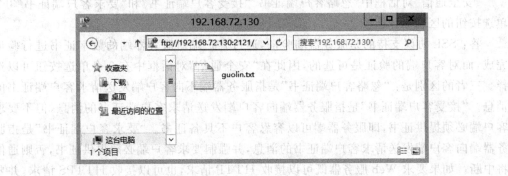

图 13-16 使用 2121 端口访问 FTP 服务器

⑤ 为了后面的实验继续完成,测试完毕,请再将端口号改为默认值,即 21。

(2)其他配置。

① 在"Internet 信息服务(IIS)管理器"控制台中,展开"网站"节点,选择 FTP 站点 test ftp,然后分别进行"FTP SSL 设置""FTP 当前会话""FTP 防火墙支持""FTP 目录浏览""FTP 请求筛选""FTP 日志""FTP 身份验证""FTP 授权规则""FTP 消息""FTP 用户隔离"等内容的设置或浏览,如图 13-17 所示。

② 在"操作"界面中,可以进行"浏览""编辑权限""绑定""基本设置""查看应用程序"

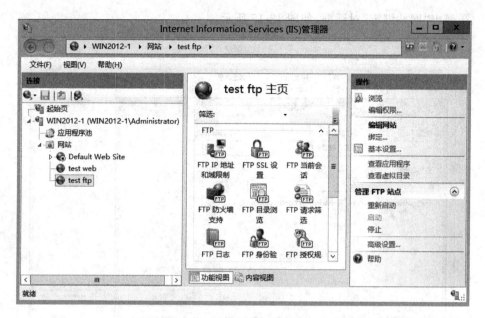

图 13-17　"test ftp 主页"窗口

"查看虚拟目录""重新启动 FTP 站点""启动或停止 FTP 站点"和"高级设置"等操作。

13.5　常见问题解答

"安全通信"对话框中"忽略客户端证书""接受客户端证书"和"要求客户端证书"3 个单选按钮的区别是什么？

答：SSL 协议支持的是服务器端验证，通过客户端对服务器端的数字证书进行验证完成，而对客户端的验证是可选的，因此在"安全通信"对话框中有 3 个单选按钮可以选择。三者的区别是："忽略客户端证书"是指服务器端不向客户端发送请求客户端证书的消息。"接受客户端证书"是指服务器端向客户端发送请求客户端证书的消息，但不要求客户端必须提供证书，即服务器端可以容忍客户不具备证书。"要求客户端证书"是指服务器端向客户端发送请求客户端证书的消息，并强制要求客户端必须提供证书，否则通信将中断。如果要求 Web 服务器既可以接收 HTTP 请求，也可以接收 HTTPS 请求，并要求客户端提供数字证书，则需要选择"接受客户端证书"单选按钮，注意不要选中"要求安全通道（SSL）"复选框。如果 Web 服务器管理员希望 Web 服务器只接收 HTTPS 请求，并要求客户 IE 和 Web 服务器之间实现 128 位加密，并且不要求客户端提供数字证书，则需要选中"要求安全通道（SSL）"复选框和"要求 128 位加密"复选框，并选择"忽略客户端证书"单选按钮。如果选中"要求安全通道（SSL）"复选框，并选择"要求客户端证书"单选按钮，那么 Web 服务器将对客户端证书进行强制验证。

13.6 认 证 试 题

一、选择题

1. 以下用于在网络应用层和传输层之间提供加密方案的协议是( )。
   A. PGP   B. SSL   C. IPSec   D. DES

2. 某Web网站向CA申请了数字证书。用户登录该网站时,通过验证( ),可确认该数字证书的有效性,从而( )。
   (1) A. CA的签名   B. 网站的签名
       C. 会话密钥   D. DES密码
   (2) A. 向网站确认自己的身份   B. 获取访问网站的权限
       C. 和网站进行双向认证   D. 验证该网站的真伪

3. ( )不属于PKI CA(认证中心)的功能。
   A. 接受并验证最终用户数字证书的申请
   B. 向申请者颁发或拒绝颁发数字证书
   C. 产生和发布证书废止列表(CRL),验证证书状态
   D. 业务受理点LRA的全面管理

4. 为保障Web服务器的安全运行,对用户要进行身份验证。关于Windows Server 2003中的"集成Windows身份验证",下列说法中错误的是( )。
   A. 在这种身份验证方式中,用户名和密码在发送前要经过加密处理,所以是一种安全的身份验证方案
   B. 这种身份验证方案结合了Windows NT质询/响应身份验证和Kerberos v5身份验证两种方式
   C. 如果用户系统在域控制器中安装了活动目录服务,而且浏览器支持Kerberos v5身份验证协议,则使用Kerberos v5身份验证
   D. 客户机通过代理服务器建立连接时,可采用集成Windows身份验证方案进行验证

5. 实现保密通信的SSL协议工作在HTTP层和( )层之间。SSL加密通道的建立过程如下:首先客户端与服务器建立连接,服务器把它的( )发送给客户端;客户端随机生成( ),并用从服务器得到的公钥对它进行加密,通过网络传送给服务器;服务器使用( )解密得到会话密钥,这样客户端和服务器端就建立了安全通道。
   A. TCP   B. IP   C. UDP   D. 公钥
   E. 私钥   F. 对称密钥   G. 会话密钥
   H. 数字证书   I. 证书服务

6. 在安装SSL时,在"身份验证方法"对话框中应选用的登录验证方式是( )。
   A. 匿名身份验证   B. 基本身份验证
   C. 集成Windows身份验证   D. 摘要式身份验证

7. 若FTP服务器开启了匿名访问功能,匿名登录时需要输入的用户名是(　　)。

    A. root　　　　　　　B. user　　　　　　　C. guest　　　　　　　D. anonymous

8. (　　)协议主要用于加密机制。

    A. HTTP　　　　　　B. FTP　　　　　　　C. Telnet　　　　　　D. SSL

二、填空题

SSL协议使用_____密钥体制进行密钥协商。在IIS 6.0中,Web服务器管理员必须先安装Web站点证书,然后Web服务器才能支持SSL会话。通常,数字证书由_____颁发,其格式遵循ITU-T_____标准。

三、简答题

IIS安全设置的项目都有哪些?

Linux 系统加固

14.1 用户需求与分析

Linux 系统已成为全球流行的 Web 服务器平台,针对 Linux 系统进行攻击的黑客也越来越多。每个网络管理员都将 Linux 安全措施作为优先考虑事项,因此 Linux 系统加固也成为保护系统安全的重要组成部分。

14.2 预 备 知 识

14.2.1 常见的 Linux 操作系统简介

1. Red Hat 简介

Red Hat 是 Linux 非常出名的一大分支,是公共环境中表现较出色的服务器。它拥有自己的公司,能向用户提供一套完整的服务,这使得它特别适合在公共网络中使用。这个版本的 Linux 也使用新的内核,还拥有大多数人都需要使用的主体软件包。它的图形安装过程提供简易设置服务器的全部信息。磁盘分区过程可以自动完成,还可以选择 GUI 工具完成,即使对于 Linux 新手来说这些都非常简单。

2. CentOS 简介

CentOS(Community Enterprise Operating System,社区企业操作系统)是 Linux 发行版之一,它来自 Red Hat Enterprise Linux 依照开源代码规定发行的源代码编译而成,因此有些要求高度稳定性的服务器以 CentOS 代替商业版的 Red Hat Enterprise Linux 使用。

3. Fedora 简介

Fedora 是众多 Linux 发行版之一。它是一套从 Red Hat Linux 发展出来的免费 Linux 系统。Fedora Core 的前身就是 Red Hat Linux。它允许任何人自由地使用、修改和重发布，无论现在还是将来。

4. Debian 简介

Debian 诞生于 1993 年 8 月 13 日，它的目标是提供一个稳定容错的 Linux 版本。支持 Debian 的不是某家公司，而是许多在其改进过程中投入了大量时间的开发人员，这种改进吸取了早期 Linux 的经验。Debian 以其稳定性著称，虽然它的早期版本 Slink 有一些问题，但是它的现有版本 Potato 已经相当稳定。

5. Ubuntu 简介

Ubuntu 是一个以桌面应用为主的 Linux 操作系统，基于 Debian 发行版和 Unity 桌面环境，与 Debian 的不同在于它每 6 个月会发布一个新版本。Ubuntu 的目标是为一般用户提供一个相当稳定的主要由自由软件构建而成的操作系统。Ubuntu 具有庞大的社区力量，用户可以方便地从社区获得帮助。随着云计算的流行，Ubuntu 推出了一个云计算环境搭建的解决方案，可以在其官方网站找到相关信息。

14.2.2　系统加固的作用

安全加固是指根据专业安全评估结果制定相应的系统加固方案，针对不同目标系统通过修改安全配置，增加安全机制等方法，合理进行安全性加强，其主要目的是消除与降低安全隐患、评估与加固工作相结合，尽可能避免安全风险的发生。

网络安全成为影响系统的关键问题，任何系统如果配置不符合安全需求、安全漏洞没有及时修补、应用服务和应用程序滥用、开放不必要的端口和服务，都会遭受黑客的攻击或控制，导致重要资料被窃取、用户数据被篡改、隐私泄露或财产损失。

面对这样的安全隐患该如何处理呢，系统加固就是一个好的解决方案。

具体说来，安全加固主要包括以下几个内容。

（1）系统安全评估：利用大量安全行业的经验和漏洞扫描技术与工具，对系统进行全面评估，确定系统存在的安全隐患。

（2）制定安全加固方案：根据前期系统安全评估结果制定系统安全加固实施方案。

（3）安全加固实施：根据制定的加固方案，对系统进行安全加固，并对加固后的系统进行全面测试，确保对系统业务无影响，并达到了安全提升的目的。

系统加固涉及的操作非常广泛，比如正确安装软硬件、安装最新的操作系统和应用软件的安全补丁、操作系统和应用软件的安全配置、系统安全风险防范、系统安全风险测试、系统账户密码加固、关闭多余服务和端口等。

在系统加固的过程中，如果加固失败，则根据具体情况，要么重建系统，要么添加新的策略进行加固。

14.3 方案设计

方案设计如表 14-1 所示。

表 14-1 方案设计

任务名称	Linux 系统加固
任务分解	1. 账户安全设置 （1）检查系统中的自建账号 （2）锁定系统中多余的自建账号 （3）解锁需要恢复的账户 （4）禁用 root 之外的超级用户 （5）设置账户锁定次数和锁定时间 （6）修改账户 TMOUT 值，设置自动注销时间 （7）设置系统密码的策略 2. 防火墙设置 （1）开启、关闭和重启防火墙 （2）永久关闭防火墙和永久关闭后启用防火墙 （3）查看防火墙状态 （4）添加防火墙策略 3. 查看和关闭系统开放的端口 （1）查看所有建立的 TCP 连接 （2）查看端口被哪个进程使用 （3）查看进程的详细信息 （4）杀死进程
能力目标	1. 能设置 Linux 的密码策略 2. 能设置 Linux 的账户锁定策略 3. 能简单设置 Linux 的防火墙 4. 能查看和关闭 Linux 系统开放的服务和端口
知识目标	1. 了解 Linux 系统的常见版本 2. 了解系统加固的作用
素质目标	1. 树立较强的安全意识 2. 掌握网络安全行业的基本情况 3. 培养职业兴趣，能爱岗敬业、热情主动的工作态度 4. 培养良好的职业道德 5. 具有可持续发展能力

14.4 项目实施

14.4.1 任务 1：账户安全设置

1. 任务目标

设置 Linux 系统中的账户安全。

2. 工作任务

（1）检查系统中的自建账号。
（2）锁定系统中多余的自建账号。
（3）解锁需要恢复的账户。
（4）禁用 root 之外的超级用户。
（5）设置账户锁定次数和锁定时间。
（6）修改账户 TMOUT 值，设置自动注销时间。
（7）设置系统密码的策略。

3. 工作环境

一台预装 CentOS 的主机。

4. 实施过程

（1）使用下列命令检查系统中的自建账户。

```
[root@localhost ~]# cat /etc/passwd
[root@localhost~]# cat /etc/shadow
```

（2）使用下列命令锁定系统中多余的自建账户。

```
[root@localhost ~]# passwd -l guolin
锁定用户 guolin 的密码。
passwd: 操作成功
```

（3）使用下列命令解锁需要恢复的账户。

```
[root@localhost ~]# passwd -u guolin
解锁用户 guolin 的密码。
passwd: 操作成功
```

（4）禁用 root 之外的超级用户。
① 使用下列命令查看口令文件。

```
[root@localhost ~]# cat /etc/passwd
```

② 使用下列命令对口令文件进行备份。

```
[root@localhost ~]# cp -p /etc/passwd /etc/passwd.bak
```

③ 使用下列命令锁定不必要的超级账户。

```
[root@localhost ~]# passwd -l guolin
锁定用户 guolin 的密码。
passwd: 操作成功
```

④ 使用下列命令解锁需要恢复的超级账户。

```
[root@localhost ~]# passwd -u guolin
解锁用户 guolin 的密码。
passwd: 操作成功
```

（5）设置账户锁定次数和锁定时间。

① 使用下列命令查看账户锁定策略文件。

```
[root@localhost ~]# cat /etc/pam.d/system-auth
```

② 使用下列命令对账户锁定策略文件进行备份。

```
[root@localhost ~]# cp -p /etc/pam.d/system-auth /etc/pam.d/system-auth.bak
```

③ 使用下列命令对账户锁定策略文件进行修改。

```
[root@localhost ~]# vi /etc/pam.d/system-auth
```

④ 设置为密码连续输错 5 次锁定，锁定时间为 300 秒，如图 14-1 所示。

```
# This file is auto-generated.
# User changes will be destroyed the next time authconfig is run.
auth        required     pam_env.so
auth        sufficient   pam_fprintd.so
auth        sufficient   pam_unix.so nullok try_first_pass
auth        requisite    pam_succeed_if.so uid >= 1000 quiet_success
auth        required     pam_deny.so
auth        required     pam_tally.so onerr=fail deny=5 unlock_time=300
account     required     pam_unix.so
account     sufficient   pam_localuser.so
account     sufficient   pam_succeed_if.so uid < 1000 quiet
account     required     pam_permit.so
```

图 14-1　设置密码输错次数及锁定时间

⑤ 使用下列命令恢复账户锁定策略。

```
[root@localhost ~]# cp -p /etc/pam.d/system-auth.bak /etc/pam.d/system-auth
cp: 是否覆盖 "/etc/pam.d/system-auth"? y
```

⑥ 使用 faillog -u（用户名）-r 命令对用户解锁。

（6）修改账户 TMOUT 值，设置自动注销时间。

① 使用下列命令有无 TMOUT 设置。

```
[root@localhost ~]# cat /etc/profile
```

② 使用下列命令进行备份。

```
[root@localhost ~]# cp -p /etc/profile /etc/profile.bak
```

③ 使用下列命令对文件进行修改。

```
[root@localhost ~]# vi /etc/profile
```

④ 设置"无操作 600 秒后自动退出"的命令，如图 14-2 所示。

```
# /etc/profile

# System wide environment and startup programs, for login setup
# Functions and aliases go in /etc/bashrc

# It's NOT a good idea to change this file unless you know what you
# are doing. It's much better to create a custom.sh shell script in
# /etc/profile.d/ to make custom changes to your environment, as this
# will prevent the need for merging in future updates.
TMOUT=600
```

图 14-2　设置无操作自动退出时间

⑤ 使用下列命令恢复账户锁定策略。

```
[root@localhost ~]# cp - p  /etc/profile.bak /etc/profile
cp: 是否覆盖 "/etc/profile"?  y
```

(7) 设置系统的密码策略。

① 查看系统设置的密码策略，如图 14-3 所示。

```
[root@localhost ~]# cat /etc/login.defs | grep PASS
#       PASS_MAX_DAYS   Maximum number of days a password may be used.
#       PASS_MIN_DAYS   Minimum number of days allowed between password changes.
#       PASS_MIN_LEN    Minimum acceptable password length.
#       PASS_WARN_AGE   Number of days warning given before a password expires.
PASS_MAX_DAYS   99999
PASS_MIN_DAYS   0
PASS_MIN_LEN    5
PASS_WARN_AGE   7
```

图 14-3　查看系统设置的密码策略

② 使用下列命令进行策略备份。

```
[root@localhost ~]# cp - p  /etc/login.defs  /etc/login.defs.bak
```

③ 使用 vi 命令修改配置文件。

```
[root@localhost ~]# vi /etc/login.defs
```

④ 设置新建用户的密码最长使用天数是 90，新建用户的密码最短使用天数是 0，新建用户的密码到期提前提醒天数是 7，最小密码长度是 9，如图 14-4 所示。

```
# Password aging controls:
#
#       PASS_MAX_DAYS   Maximum number of days a password may be used.
#       PASS_MIN_DAYS   Minimum number of days allowed between password changes.
#       PASS_MIN_LEN    Minimum acceptable password length.
#       PASS_WARN_AGE   Number of days warning given before a password expires.
#
PASS_MAX_DAYS   90
PASS_MIN_DAYS   0
PASS_MIN_LEN    7
PASS_WARN_AGE   9
```

图 14-4　设置用户密码使用期限及长度限制

⑤ 使用下列命令恢复系统密码策略。

```
[root@localhost ~]# cp -p /etc/login.defs.bak /etc/login.defs
cp: 是否覆盖 "/etc/login.defs"?  y
```

14.4.2 任务2：防火墙设置

1. 任务目标

设置 Linux 系统的防火墙安全。

2. 工作任务

(1) 开启、关闭和重启防火墙。
(2) 永久关闭防火墙和永久关闭后启用防火墙。
(3) 查看防火墙状态。
(4) 添加防火墙策略。

3. 工作环境

一台预装 CentOS 的主机。

4. 实施过程

(1) 开启、关闭和重启防火墙。
① 使用下列命令开启防火墙。

```
[root@localhost ~]# service iptables start
Redirecting to /bin/systemctl start iptables.service
```

② 使用下列命令关闭防火墙。

```
[root@localhost ~]# service iptables stop
Redirecting to /bin/systemctl stop iptables.service
```

③ 使用下列命令重启防火墙。

```
[root@localhost ~]# service iptables restart
Redirecting to /bin/systemctl restart iptables.service
```

(2) 永久关闭防火墙和永久关闭后启用防火墙。
① 使用下列命令永久关闭防火墙。

```
[root@localhost ~]# chkconfig iptables off
```

注意：正在将请求转发到"systemctl disable iptables.service"。
② 使用下列命令永久关闭后启用防火墙。

```
[root@localhost ~]# chkconfig iptables on
```

注意：正在将请求转发到"systemctl enable iptables. service"。

（3）查看防火墙状态，如图 14-5 所示。

```
[root@localhost ~]# service iptables status
Redirecting to /bin/systemctl status  iptables.service
iptables.service - IPv4 firewall with iptables
   Loaded: loaded (/usr/lib/systemd/system/iptables.service; disabled)
   Active: active (exited) since 一 2017-04-17 16:20:03 CST; 2min 37s ago
  Process: 8351 ExecStop=/usr/libexec/iptables/iptables.init stop (code=exited,
status=0/SUCCESS)
  Process: 8431 ExecStart=/usr/libexec/iptables/iptables.init start (code=exited
, status=0/SUCCESS)
 Main PID: 8431 (code=exited, status=0/SUCCESS)
```

图 14-5　查看防火墙状态

（4）添加防火墙策略。

① 使用 vi 命令编辑/etc/sysconfig/iptables 文件。

[root@localhost ～]# vi /etc/sysconfig/iptables

② 在文件中添加策略，以添加 8080 端口和 9990 端口，如图 14-6 所示。

```
root@localhost:~
文件(F)  编辑(E)  查看(V)  搜索(S)  终端(T)  帮助(H)
# sample configuration for iptables service
# you can edit this manually or use system- config- firewall
# please do not ask us to add additional ports/services to this default
configuration
*filter
: INPUT ACCEPT [0:0]
: FORWARD ACCEPT [0:0]
: OUTPUT ACCEPT [0:0]
- A INPUT - m state -- state RELATED, ESTABLISHED - j ACCEPT
- A INPUT - p icmp - j ACCEPT
- A INPUT - i lo - j ACCEPT
- A INPUT - m state -- state NEW - m tcp - p tcp -- dport 8080 - j ACCEPT
- A INPUT - m state -- state NEW - m tcp - p tcp -- dport 9990 - j ACCEPT
- A INPUT - p tcp - m state -- state NEW - m tcp -- dport 22 - j ACCEPT
- A INPUT - j REJECT -- reject- with icmp- host- prohibited
- A FORWARD - j REJECT -- reject- with icmp- host- prohibited
COMMIT
```

图 14-6　添加端口 8080 和 9990

③ 保存/etc/sysconfig/iptables 文件，并使用下列命令重启防火墙。

[root@localhost ～]# service iptables restart
Redirecting to /bin/systemctl restart iptables.service

④ 重新查看防火墙状态，如图 14-7 所示。

```
[root@localhost ~]# service iptables status
Redirecting to /bin/systemctl status  iptables.service
iptables.service - IPv4 firewall with iptables
   Loaded: loaded (/usr/lib/systemd/system/iptables.service; enabled)
   Active: active (exited) since 一 2017-04-17 16:45:04 CST; 54s ago
  Process: 8923 ExecStop=/usr/libexec/iptables/iptables.init stop (code=
exited, status=0/SUCCESS)
  Process: 8931 ExecStart=/usr/libexec/iptables/iptables.init start (cod
e=exited, status=0/SUCCESS)
 Main PID: 8931 (code=exited, status=0/SUCCESS)
```

图 14-7　重新查看防火墙状态

14.4.3 任务3：查看和关闭系统开放的端口

1. 任务目标

查看和关闭系统开放的端口。

2. 工作任务

(1) 查看所有建立的 TCP 连接。
(2) 查看端口被哪个进程使用。
(3) 查看进程的详细信息。
(4) 杀死进程。

3. 工作环境

一台预装 CentOS 的主机。

4. 实施过程

(1) 查看所有建立的 TCP 连接，如图 14-8 所示。

```
[root@localhost ~]# netstat -antp
Active Internet connections (servers and established)
Proto Recv-Q Send-Q Local Address          Foreign Address         State       PID/Program name
tcp        0      0 127.0.0.1:25           0.0.0.0:*               LISTEN      1594/master
tcp        0      0 0.0.0.0:32936          0.0.0.0:*               LISTEN      1489/rpc.statd
tcp        0      0 0.0.0.0:111            0.0.0.0:*               LISTEN      1481/rpcbind
tcp        0      0 0.0.0.0:22             0.0.0.0:*               LISTEN      1480/sshd
tcp        0      0 127.0.0.1:631          0.0.0.0:*               LISTEN      2145/cupsd
tcp6       0      0 ::1:25                 :::*                    LISTEN      1594/master
tcp6       0      0 :::33540               :::*                    LISTEN      1489/rpc.statd
tcp6       0      0 :::111                 :::*                    LISTEN      1481/rpcbind
tcp6       0      0 :::22                  :::*                    LISTEN      1480/sshd
tcp6       0      0 ::1:631                :::*                    LISTEN      2145/cupsd
```

图 14-8 查看所有建立的 TCP 连接

(2) 使用下列命令查看 88 端口正在被哪个进程使用，如图 14-9 所示。

```
[root@localhost ~]# netstat -lnp |grep 88
unix  2      [ ACC ]     STREAM     LISTENING     24380    1885/dbus-daemon     @/tmp/dbus-3cvBhHKduK
unix  2      [ ACC ]     STREAM     LISTENING     21288    1594/master          private/bounce
unix  2      [ ACC ]     STREAM     LISTENING     36882    3311/ssh-agent       /tmp/ssh-8Gx25keBXtDr/agent.3148
```

图 14-9 查看使用 88 端口的进程

(3) 查看进程 1594 的详细信息，如图 14-10 所示。
(4) 杀死进程。

```
[root@localhost ~]# ps 1594
  PID TTY      STAT   TIME COMMAND
 1594 ?        Ss     0:00 /usr/libexec/postfix/master -w
```

图 14-10　查看进程 1594 的详细信息

① 使用下列命令杀死进程。

```
[root@localhost ~]# kill -9 1594
```

② 再使用命令查看该端口是否开放，发现随着进程被杀死，对应的端口也关闭了，如图 14-11 所示。

```
[root@localhost ~]# netstat -lnp |grep 88
unix  2      [ ACC ]     STREAM     LISTENING     24380    1885/dbus-daemon      @/tmp/dbus-3cvBhHKduK
unix  2      [ ACC ]     STREAM     LISTENING     36882    3311/ssh-agent        /tmp/ssh-8Gx25keBXtDr/agent.3148
```

图 14-11　进程被杀死后，对应的端口也关闭了

14.5　常见问题解答

本项目实施使用的是哪个 Linux 发行版本？为什么使用这个版本？

答：CentOS。原因如下：国内多数企业使用 RHEL 搭建服务器；目前使用 CentOS 的企业越来越多；CentOS 和 RHEL 几乎一样，而且 CentOS 有免费的 yum 工具可以使用；CentOS 目前已经加入 Red Hat 公司，且依然免费。

14.6　认证试题

简答题

1. Linux 系统有哪些较为知名的版本。
2. 简述系统加固的作用。

学习情境三

企业网中主要网络设备的安全设置

本学习情境主要介绍企业网中主要网络设备的安全配置以及主流网络安全设备配置和管理，包括交换机、路由器、网络防火墙、入侵检测系统IDS、VPN服务器等产品的基本配置、基本界面和功能配置。通过6个项目的训练，掌握最常用网络设备交换机和路由器的安全配置；掌握AAA配置、熟悉防火墙的部署与配置以及利用入侵检测系统IDS进行事件查询和报表查看的方法；能正确配置VPN服务器，并采用正确的方法对VPN连接结果进行检查。

通过本学习情境所有项目的实践，可以学会如何对企业网网络设备进行安全部署，解决网络安全设备配置中遇到的问题。

本学习情境需要完成的项目有：

项目15　企业网中二层网络设备的安全设置
项目16　企业网中三层网络设备的安全设置
项目17　AAA部署与配置
项目18　防火墙的配置与应用
项目19　入侵检测系统的部署与配置
项目20　VPN服务器的配置与管理

企业网中二层网络设备的安全设置

15.1　用户需求与分析

在局域网安全架构中,二层网络设备交换机安全是非常重要的,在整个内网安全体系中起决定性的作用。交换机的主要功能是提供网络数据包优化和转发,存在被攻击或入侵的危险。一旦入侵者得到交换机的控制权限,所有通过该交换机转发的数据包都将受到威胁。通常情况下,网络安全管理员可以通过配置端口传输控制、端口验证、ARP 检测、创建 VLAN 等措施加强交换机的安全性。

当端口收到大量的广播、单播或多播包时,就会发生广播风暴,转发这些包将导致网络速度变慢或超时。借助对端口传输控制的配置,既可以有效杜绝广播风暴对整个网络的冲击,有效避免硬件损坏或链路故障而导致的网络瘫痪,从而保证网络的正常通信。默认情况下,广播、多播和单播风暴控制被禁用,需要时可将其开启。流控制只适用于1000BASE-T、1000BASE-SX、10GBASE-FX 和 GBIC 端口。在千兆端口启用流控制后,可以在拥塞期间暂停其他终端的连接。当本地设备发现任何终端发生拥塞时,将发送一个暂停帧,以通知其连接伙伴或远端拥塞设备。当收到暂停帧后,远程设备将停止发送任何数据包,以防止在拥塞期内丢失任何数据包。当端口处于拥塞状态,无法接收到数据流时,将通知其他端口暂停发送,直到恢复正常状态。目前大多数局域网中都配有三层交换机,安全功能非常丰富,通过合理配置,即可与网络防火墙协同工作,成为网络安全的又一道屏障。拒绝未被授权的计算机接入网络,或者限制某个端口接入计算机的数量,从而保证网络的接入安全,避免网络被个别用户滥用。

15.2　预　备　知　识

15.2.1　保护交换机设备本地登录安全

交换机在企业内网中占有重要地位,通常是整个网络的核心所在。在一个交换网络中,如何过滤办公网内部的用户通信,保障安全有效的数据转发? 如何阻挡非法用户,保障网络安全应用? 如何进行安全网管,及时发现网络非法用户、非法行为及远程网管信息的安全性? 这些都是构建网络需要首先考虑的问题。

交换机是企业网中直接连接终端设备的重要网络互联设备,在网络中承担终端设备的接入功能。交换机的控制台在默认情况下没有密码,如果网络中有非法用户连接到交换机的控制端口,就可以像管理员一样任意篡改交换机的配置,从而给计算机带来网络安全隐患。从保护网络安全的角度考虑,所有交换机的控制台都应当根据用户不同的管理权限,配置不同的特权访问权限。

为保护网络安全,需要给交换机配置管理密码,以禁止非授权用户的访问。只需要一根配置线缆一端连接到交换机的配置端口(Console 口),另一端连接到配置计算机的串口(COM 口)或者 USB 接口(需要一条 COM 转 USB 线,并安装相应的驱动即可)。

通过如下命令,将登录交换机控制台的特权密码设置为 cisco。

```
Switch>enable
Switch#configure terminal
Switch(config)#enable secret level 15 0 cisco   //15 表示密码使用特权级别,0 表示输入明文
                                                //形式密码,1 表示输入密文形式密码
```

注意:在配置模式下,使用 no enable secret 命令可以清除以上设置的密码。

15.2.2　保护交换机设备远程登录安全

除了通过 Console 端口与设备串口相连管理设备外,还可以通过 Telnet 程序使用交换机的 RJ-45 端口远程登录交换机管理设备。配置交换机远程登录密码的操作步骤如下。

1. 配置交换机远程登录地址

交换机的管理 IP 地址一般是加载到交换机的管理中心 VLAN 1 上,如果管理的计算机在其他 VLAN 中,可以给其他 VLAN 配置合适的管理地址。

```
Switch>enable
Switch#configure terminal
Switch(config)#interface vlan 1
Switch(config-if)#no shutdown
Switch(config-if)#ip address 192.168.1.1 255.255.255.0 //配置远程登录交换机的管理地址
```

2. 配置交换机的登录密码

```
Switch#configure terminal
Switch(config)#enable secret level 1 0 ****    //配置远程登录密码
Switch(config)#enable secret level 15 0 ****
//配置进入特权模式的密码,其中 level 1 表示密码所使用的特权级别,0 表示输入的是明文形式密码
```

3. 启动交换机的远程登录线程密码

```
Switch#config terminal
Switch(config)#enable password ****   //设置进入特权模式的密码
Switch(config-line)#password ****   //设置通过 Cosole 端口连接设备及 Telnet 远程登录时
                                    //所需的密码
```

```
Switch(config)#line console 0
Switch(config-line)#password ****     //设置通过 Cosole 端口连接设备的密码
Switch(config-line)#login
Switch(config)#line vty 0 4           //启动线程
Switch(config-if)#password cisco      //配置 Telnet 远程登录的密码
Switch(config-if)#login               //激活线程
```

注意：在配置模式下，使用 no enable secret 或 no enable password 命令可以清除以上设置的控制台登录密码和进入特权模式密码。

15.2.3　交换机端口安全概述

利用交换机端口安全的特性，可以实现网络接入的安全性，具体可以通过限制允许访问交换机上某个端口的 MAC 地址以及 IP 地址来实现严格控制对该端口的输入。当为安全端口配置了安全地址后，除了源地址为这些安全地址转发数据包外，这个端口将不转发其他任何包。此外还可以限制一个端口上能包含的安全地址的最大数目。如果将最大数目设置为 1，并且为该端口配置一个安全地址，则连接到这个端口的计算机将独享该端口的全部带宽。

为了增强安全性，可以将 MAC 地址和 IP 地址绑定起来作为安全地址，也可以只限定 MAC 地址而不绑定 IP 地址。在交换机端口上绑定 MAC 地址的方法有以下两种。

（1）手动配置安全 MAC 地址。在交换机的端口的配置模式下使用命令 switchport port-security mac-address mac-address[ip-address ip-address]来手工配置交换机端口的安全地址。

（2）黏滞安全 MAC 地址。让交换机端口自动学习 MAC 地址，选择交换机端口连接的任意一台主机 Ping 交换机其他端口连接主机的 IP 地址，然后在交换机的特权模式下使用命令 show mac-address-table 查看交换机端口学习到 MAC 地址，此时学习类型为 DYNAMIC。如果在交换机的端口启用安全模式并执行命令 switchport port-security mac-address sticky 后，在该端口连接的任意一台主机上 Ping 交换机其他端口连接的主机（IP 地址）。然后在交换机的特权模式下使用命令 show mac-address-table 查看交换机端口学习到 MAC 地址，此时学习类型为 STATIC，交换机将所有端口自动学习到的 MAC 地址固定下来，成为安全地址。

如果交换机的一个端口被配置为安全端口，且其安全地址的数目已经达到允许最大个数后，当该端口收到一个源地址不属于端口上的安全地址的数据包时，将会产生一个安全违例，违例的处理模式有以下几种。

（1）Protect：保护端口，当安全地址个数满后，安全端口将丢弃未知名地址（不是该端口安全地址的任何一个）的数据包。

（2）Restrict：当违例产生时，将发送一个 Trap 通知。

（3）Shutdown：当违例产生时，将关闭端口并发送一个 Trap 通知。当端口因为违例而被关闭后，可以在全局配置模式下使用命令 errdisable recovery 来将接口从错误状态中恢复过来。

15.2.4　交换机端口安全配置

1. 默认配置值

交换机端口安全的默认设置有 4 项：①交换机所有端口默认关闭端口安全功能；②交换机端口默认的最大安全地址个数为 128；③交换机端口默认没有安全地址；④交换机端口默认的违例处理方法是保护。

2. 查看交换机端口安全信息

在特权模式开始时，可以通过下列命令来查看。

（1）show port-security interface [interface-id]：查看端口的安全配置信息。

（2）show port-security address：查看安全地址信息。

（3）show port-security [interface-id] address：显示某个端口上的安全地址信息。

（4）show port-security：显示所有安全端口的统计信息，包括最大安全地址数，当前安全地址数及违例处理方式等。

（5）show mac-address-table：查看交换机所有端口的 MAC 地址信息。

3. 安全端口设置和违例处理

从特权模式开始，按照以下步骤来配置一个安全端口和违例处理方式。

（1）configure terminal：进入全局配置模式。

（2）interface interface-id：进入接口配置模式。

（3）switchport mode access：设置接口为 access 模式。

（4）switchport port-security：打开端口安全功能。

（5）switchport port-security maximum value：设置端口上安全地址的最大个数，范围为 1～128，默认 128。

（6）switchport port-security violation {protect|restrict|shutdown}：设置违例的处理方式。

（7）end：回到特权模式。

（8）show mac-address-table：验证配置。

（9）copy running-config startup-config：保持配置。

注意：在交换机端口配置模式下，可以使用命令 no switchport port-security 来关闭一个接口的端口安全功能。使用命令 no switchport port-security maximum 来恢复安全地址的默认值。使用命令 no switchport port-security violation 来将违例处理设置为默认模式保护。

例如，在交换机端口 F 0/2 上配置端口安全功能，设置最大地址个数为 4，违例处理方式为 protect。

```
Switch>enable                      //进入特权模式
Switch#configure terminal          //进入全局配置模式
```

```
Switch(config)＃interface fastethernet 0/2        //打开交换机 F 0/2 端口
Switch(config－if)＃switchport mode access
//设置交换机端口为 access 模式,即只能连接计算机,若需连接交换机则将交换机端口设
//置为 trunk 模式
Switch(config－if)＃switchport port－security        //端口开启安全模式
Switch(config－if)＃switchport port－security maximum4
//设置交换机端口的最大连接数为 4,即该端口最多只能接入 4 台计算机
Switch(config－if)＃switchport port－security violation protect
//将违例处理设置为 protect 模式
Switch(config－if)＃end                    //回到特权模式
Switch＃show port－security interface fastethernet 0/2
//查看 F 0/2 端口的安全配置信息,包括违例处理的模式和可以绑定的最大地址个数
```

4. IP 地址及 MAC 地址绑定

从特权模式开始,按照以下步骤来配置一个安全端口上的安全地址。

(1) configure terminal：进入全局配置模式。

(2) interface interface-id：进入端口配置模式。

(3) switchport port-security mac-address mac-address [ip-address ip-address]：手工配置端口安全地址。

(4) end：回到特权模式。

(5) show port-security address：验证配置。

(6) copy running-config startup-config：保持配置。

注意：在交换机端口配置模式下,可以使用命令 no switchport port-security mac-address mac-address 来删除该端口的安全地址。

例如,在交换机端口 F 0/3 上配置端口安全功能,绑定 MAC 地址 0090.0CCC.84AD。

```
Switch＞enable                       //进入特权模式
Switch＃configure terminal                //进入全局配置模式
Switch(config)＃interface fastethernet 0/3      //打开交换机 F 0/3 端口
Switch(config－if)＃switchport mode access       //设置交换机端口为 access 模式
Switch(config－if)＃switchport port－security      //端口 F 0/3 开启安全模式
Switch(config－if)＃switchport port－security mac－address 0090.0CCC.84AD
                           //配置交换机端口地址的绑定
Switch(config－if)＃end                   //回到特权模式
Switch＃show port－security address          //查看地址安全绑定
```

5. 交换机风暴控制

当交换机 VLAN 中存在过量的广播、多播或未知单播数据包时,就会导致网络变慢和报文传输超时。可以针对广播风暴数据流进行风暴控制。协议栈的执行错误或者对网络的错误配置都有可能导致风暴产生。可以分别对广播、多播和未知单播数据流进行风暴控制。当端口接收到的广播、多播或未知单播数据包的速率超过所设定的阈值时,设备

将只允许传输不超过所设定阈值带宽的报文,超出阈值的报文将被丢弃,直到数据流恢复正常,从而避免过量的洪泛报文进入 VLAN 中形成风暴。默认情况下,针对广播、多播、未名单播的风暴控制功能均被关闭。当按一定的百分比为一个端口限制带宽后,所有端口都必须按这个百分比带宽设置,否则设置失败。

从特权模式开始,按照以下步骤来配置交换机一个端口上的风暴控制。

（1）configure terminal：进入全局配置模式。

（2）interface interface-id：指定欲配置的端口,进入端口配置模式。

（3）storm-control {broadcast | multicast | unicast} {level percent | pps packets | rate-bps}：配置广播、广播或单播风暴控制。默认状态下,风暴控制被禁用,通常情况下,应当启用广播风暴控制。其中,broadcast 为打开对广播风暴的控制功能;multicast 为打开对多播风暴的控制功能;unicast 为打开对未知单播风暴的控制功能;level percent 为带宽的百分比;packets 为 pps 单位;rate-bps 为允许通过的速率。

（4）end：回到特权模式。

注意：在端口配置模式下,使用命令 no storm-control broadcast、no storm-control multicast、no storm-control unicast 来关闭相应端口的风暴控制功能。

例如,打开交换机 G 0/2 端口上的风暴控制功能,设置阻塞阈值为流量的 50%。

```
Switch > enable                                    //进入特权模式
Switch # configure terminal                        //进入全局配置模式
Switch(config) # interface gigabitethernet 0/2     //打开交换机 G 0/2 端口
Switch(config - if) # Storm - control broadcast level 50
//打开交换机 G 0/2 端口的广播控制功能,并设置阻塞阈值为流量的 50%
Switch(config - if) # end                          //回到特权模式
Switch # show storm - control broadcast            //查看风暴控制状态,可以看到设置效果
```

6. 流控制

从特权模式开始,按照以下步骤来配置一个端口上的流控制。

（1）configure terminal：进入全局配置模式。

（2）interface interface-id：进入接口配置模式。

（3）flowcontrol {receive | send} {on | off | desired}：设置端口的流控制。

（4）end：返回特权配置模式。

（5）show interfaces interface-id switchport：显示端口状态。

（6）copy running-config startup-config：保持配置。

注意：Packet Tracer 不支持流控制的设置,需要在真实的交换机上进行配置。

7. 交换机端口保护

在某些应用环境下,要求同一交换机上的指定端口之间不能进行通信。在这种环境下,可以通过将这些指定端口设置为保护端口来实现。保护端口之间无法通信,保护端口不向其他保护端口转发任何传输。不论是广播帧、多播帧或是单播帧,都只有通过三层设备转发才能通信。保护端口与非保护端口间的传输不受任何影响,可以正常通信。配置

保护端口可以使用如下命令。

```
Switch(config - if)#switchport protected
```

注意：可以使用命令 no switchport protected 将一个端口重新设置为非保护端口。例如，可将交换机 G 0/2 端口设置为保护端口。

```
Switch>enable                                      //进入特权模式
Switch#configure terminal                          //进入全局配置模式
Switch(config)#interface gigabitethernet 0/2       //打开交换机 G 0/2 端口
Switch(config - if)#switchport protected           //将端口设置为保护端口
Switch(config - if)#end                            //回到特权模式
Switch#show interface switchport                    //显示保护端口
```

注意：Packet Tracer 不支持老化时间的设置，需要在真实的交换机上进行配置。

8. 端口阻塞

从特权模式开始，按照以下步骤来配置端口阻塞。

(1) configure terminal：进入全局配置模式。

(2) interface interface-id：进入端口配置模式。

(3) Switchport block multicast：禁止未知多播从该端口向外传输。

(4) Switchport block unicast：禁止未知单播从该端口向外传输。

(5) end：返回特权配置模式。

(6) show interfaces interface-id switchport：显示端口状态。

(7) copy running-config startup-config：保持配置。

注意：Packet Tracer 不支持端口阻塞的设置，需要在真实的交换机上进行配置。

9. 安全地址的老化时间设置

可以为一个端口上所有安全地址配置老化时间，static 表示时间将同时应用于手工配置的安全地址和学习的地址，否则只应用于自动学习的地址。time 表示这个端口上安全地址的老化时间，范围是 0～1440min。如果设置为 0，则相当于老化功能被关闭。老化时间按照绝对的方式计时，也就是一个地址成为一个端口的安全地址后，经过 time 指定的时间后，这个地址就被自动删除，time 的默认值为 0。安全地址老化时间的具体步骤如下。

(1) configure terminal：进入全局配置模式。

(2) interface interface-id：进入端口配置模式。

(3) switchport port-security aging {static|time time}：设置老化时间。

(4) switchport port-security violation {protect|restrict|shutdown}：设置违例的处理方式。

(5) end：回到特权模式。

(6) show port-security interface [interface-id]：验证配置。

(7) copy running-config startup-config：保持配置。

注意：可以在交换机端口配置模式下使用命令 no switchport port-security aging

time 来关闭一个端口的安全地址老化功能（老化时间为 0）。使用命令 no switchport port-security aging static 来使老化时间仅应用于动态学习到的安全地址。

例如，在交换机端口 F 0/2 配置端口安全的老化时间，老化时间为 10min，老化时间应用于静态配置的安全地址。

```
Switch > enable                                     //进入特权模式
Switch#configure terminal                           //进入全局配置模式
Switch(config)#interface fastethernet0/2            //打开交换机 F 0/3 端口
Switch(config-if)#switchport port-security aging time 10
                                                    //配置交换机端口 F 0/2 的老化时间为 10min
Switch(config-if)#switchport port-security static
                                                    //将老化时间应用于静态配置的安全地址
Switch(config-if)#end                               //回到特权模式
```

注意：Packet Tracer 不支持老化时间的设置，需要在真实的交换机上进行配置。

15.2.5 交换机镜像安全技术

交换机的镜像技术（Port Mirroring）是将交换机某个端口的数据流量，复制到另一端口（镜像端口）进行监测。大多数交换机都支持镜像技术，可以对交换机进行方便的故障诊断，称为 Mirroring 或 Spanning。默认情况下，交换机的这种功能是被屏蔽的。

通过配置交换机端口镜像，允许管理人员设置监视管理端口，监视端口的数据流量。可以通过计算机上安全的网络分析软件查看监视到的数据，通过对捕获到的数据进行分析，可以实时查看被监视端口的情况。交换机镜像端口既可以实现一个 VLAN 中若干各源端口向一个监控端口镜像数据，有可以从若干个 VLAN 向一个监控端口镜像数据。例如，将交换机 5 号端口上所有数据流镜像至交换机上 10 号监控端口，并通过该监控端口接收所有来自 5 号端口的数据流。值得注意的是，源端口和镜像端口最好位于同一台交换机上。交换机的镜像端口并不会影响端口的数据交换，它只是将源端口发送或接收的数据包副本发送到监控端口。在交换机上配置交换机的端口镜像，命令如下。

```
Switch(config)#monitor session 1 source interface fastethernet 0/1 both   //被监控端口
Switch(config)#monitor session 1 destination interface fastethernet 0/2   //镜像端口
```

15.3 方 案 设 计

方案设计如表 15-1 所示。

表 15-1 方案设计

任务名称	企业网中二层网络设备的安全设置
任务分解	1. 利用 Packet Tracer 设置交换机的 Telnet 远程登录
	2. 利用 Packet Tracer 手动绑定 MAC 地址实现交换机的端口安全
	3. 利用 Packet Tracer 黏滞安全 MAC 地址配置交换机的端口安全

续表

能力目标	1. 掌握实现交换机远程登录安全的方法 2. 掌握配置交换机远程登录密码的方法 3. 掌握保护交换机端口安全的方法 4. 掌握开启交换机安全端口功能的方法 5. 掌握配置交换机最大连接数的方法 6. 掌握配置安全违例的处理方式 7. 掌握配置交换机端口捆绑安全地址 8. 掌握在交换机端口配置风暴控制功能 9. 掌握设置阻塞阈值的方法 10. 掌握查看风暴控制状态的方法 11. 熟悉配置交换机端口镜像技术
知识目标	1. 了解交换机网络安全基础 2. 熟悉交换机远程登录技术 3. 熟悉交换机端口保护技术 4. 熟悉交换机端口安全违例的处理方式 5. 了解交换机端口的默认设置 6. 了解交换机产生广播风暴的原因 7. 熟悉配置交换机端口镜像技术
素质目标	1. 树立较强的安全意识 2. 培养吃苦耐劳、实事求是、一丝不苟的工作态度 3. 培养分析能力和应变能力 4. 具有可持续发展能力 5. 了解网络安全行业的基本情况

15.4 项目实施

15.4.1 任务1：利用 Packet Tracer 设置交换机的 Telnet 远程登录

1. 任务目标

（1）掌握交换机登录密码的安全作用。

（2）掌握交换机远程登录的配置方法。

2. 案例导入

为保护企业网络安全，需要给接入交换机设备配置远程登录管理密码，该接入交换机负责企业楼层中各个办公室计算机的接口。一方面禁止非授权用户的访问；另一方面方便网络管理员通过远程方式管理办公网交换机。

3．工作环境

（1）一台预装 Windows 7 系统的主机。

（2）主机中预装 Packet Tracer 软件。

4．实施过程

本任务中，计算机可以先用一条配置线，一端连接到交换机的配置端口（Console），一端连接到计算机的串口；再使用一根直通网线，一端连接到交换机的以太网口（FastEthernet），另一端连接到计算机的 RJ-45 网卡端口；为计算机和交换机配置同网络的 IP 地址使其实现网络连通；在网络连通情况下，实现交换机的远程登录管理，如图 15-1 所示。

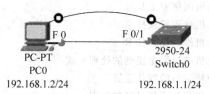

F 0　　　　　　　F 0/1

PC-PT　　　　　　　2950-24
PC0　　　　　　　Switch0
192.168.1.2/24　　　　192.168.1.1/24

图 15-1　交换机的远程登录管理

（1）将计算机与交换机通过一根直通网线连接并安装好配置线。

（2）配置主机 IP 的地址和子网掩码。

（3）配置交换机 Switch0，命令如下。

```
Switch0 > enable                          //进入特权模式
Switch0 # configure terminal              //进入全局配置模式
Switch0(config) # interface vlan 1        //默认情况下交换机所有端口都处于 vlan 1 中
Switch0(config - if) # ip address 192.168.1.1 255.255.255.0  //配置交换机的管理 IP 地址
Switch0(config - if) # no shutdown        //开启 vlan 1 端口
Switch0(config - if) # exit
Switch0(config) # enable password 123     //设置进入特权模式的密码为 123
Switch0(config) # line console 0
Switch0(config - line) # password cisco   //设置通过 Console 端口连接设备的密码为 cisco
Switch0(config - line) # login
Switch0(config - line) # exit
Switch0(config) # line vty 0 4            //启动线程
Switch0(config - line) # password cisco123  //设置 Telnet 远程登录密码为 cisco123
Switch0(config - line) # login            //激活线程
Switch0(config - line) # end              //回到特权模式
```

（4）验证通过 Console 端口连接设备的密码：在计算机的"远程终端"窗口中单击 OK 按钮，在 Password 后输入通过 Console 端口连接设备的密码"cisco"，成功登录到交换机上，命令如下。

```
Press RETURN to get started.
```

```
User Access Verification
Password:                //这里输入 Console 端口连接设备的密码"cisco"
Switch>
```

（5）验证进入特权模式的密码：在 Password 后输入进入特权模式的密码"123"，成功进入交换机的特权模式，命令如下。

```
Switch>enable        //进入特权模式
Password:            //这里输入进入特权模式密码"123"
Switch#
```

（6）验证 Telnet 远程登录密码：在计算机的"命令提示符"窗口中，首先使用 ping 命令测试与交换机的连通性，能正常连通后，使用命令 telnet 192.168.1.1 进行验证。在 Password 后输入 Telnet 远程登录密码"cisco123"，成功登录到交换机上，命令如下。

```
C:\> telnet 192.168.1.1
Trying 192.168.1.1 ...Open
User Access Verification
Password:                //这里输入 Telnet 远程登录密码"cisco123"
Switch>
```

15.4.2　任务 2：利用 Packet Tracer 手动绑定 MAC 地址实现交换机端口安全

1. 任务目标

（1）掌握交换机端口的安全作用。

（2）掌握交换机端口的 MAC 地址绑定方法。

2. 案例导入

公司要求对网络进行严格控制，为了防止公司内部用户的 IP 地址冲突，防止公司内部的网络攻击和破坏行为，可为每一位用户分配固定的 IP 地址，并且只允许公司员工主机可以使用网络，不得随意连接其他主机。例如，某员工分配的 IP 地址是 192.168.1.10，主机的 MAC 地址是 0030.A30A.6612。

3. 工作环境

（1）一台预装 Windows 7 系统的主机。

（2）主机中预装 Packet Tracer 软件。

4. 实施过程

本任务中，公司网络接入交换机的所有端口配置最大连接数为 1，并对公司内部每台计算机连接的交换机端口进行 MAC 地址绑定。本任务的网络拓扑图如图 15-2 所示，IP 地址信息如表 15-2 所示。

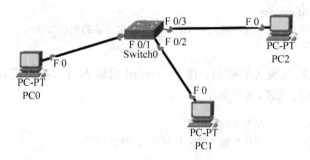

图 15-2　任务 2 网络拓扑图

表 15-2　任务 2 IP 地址信息表

主机名称	PC0	PC1	PC2
IP 地址	192.168.1.10	192.168.1.20	192.168.1.30
子网掩码	255.255.255.0	255.255.255.0	255.255.255.0

（1）将 3 台主机与交换机通过直通线连接。

（2）按照 IP 地址信息表配置 3 台主机 IP 地址和子网掩码，在主机 PC2 上使用 ping 命令，确认与主机 PC0 和 PC1 的网络连通性。

（3）配置交换机 Switch0 端口的最大连接数限制。

```
Switch > enable                                    //进入特权模式
Switch # configure terminal                        //进入全局配置模式
Switch(config) # interface range fastethernet 0/1 - 24  //打开交换机 1~24 端口
Switch(config - if - range) # switchport mode access
//设置交换机的 24 个端口为 access 模式,即只能连接计算机,若需连接交换机则将交换机端口设
//置为 trunk 模式
Switch(config - if - range) # switchport port - security  //端口开启安全模式
Switch(config - if - range) # switchport port - security maximum 1
//配置交换机端口的最大连接数限制为 1,即每个端口最多只能接入 1 台计算机
```

（4）配置交换机 Switch0 端口的安全违例处理方式。

```
Switch(config - if - range) # switchport port - security violation shutdown
//设置交换机的端口违例处理方式为 shutdown
Switch(config - if - range) # end                  //返回特权配置模式
Switch # show port - security                      //验证测试,查看交换机的端口安全配置
```

（5）配置交换机 Switch0 端口的地址绑定，查看主机 PC0 的 IP 地址和 MAC 地址信息，得到 PC0 的 IP 地址为 192.168.1.10，MAC 地址为 0030.A30A.6612。

```
Switch > enable                                    //进入特权模式
Switch # configure terminal                        //进入全局配置模式
Switch(config) # interface fastethernet 0/1        //打开交换机 F 0/1 端口
Switch(config - if) # switchport port - security    //端口开启安全模式
Switch(config - if) # switchport port - security mac - address 0030.A30A.6612
                                                   //配置交换机端口 MAC 地址绑定
```

```
Switch(config-if)#end                        //回到特权模式
```

（6）查看地址绑定配置。

```
Switch#show port-securtiy address            //查看地址绑定配置信息
```

（7）此时可以进行效果验证：此时 PC2 可以正常 Ping 通 PC0，但如果换成另外一台 PC3 接入交换机的 F 0/1 端口，不仅导致 PC1 主机 Ping 不通 PC4，而且还会发现交换机的 F 0/1 端口因为违例被 shutdown 了，如果想自此开启 F 0/1 端口，使用 no shutdown 命令是不管用的，只能使用 errdisable recovery 命令来恢复，但该命令不能在 Packet Tracer 中使用。

15.4.3 任务 3：利用 Packet Tracer 黏滞安全 MAC 地址配置交换机端口安全

1. 任务目标

（1）掌握交换机端口安全的作用。

（2）掌握交换机端口的黏滞安全 MAC 地址方法。

2. 案例导入

公司要求网络管理员对企业网络进行严格控制，为防止公司内部用户的网络攻击和破坏行为，为每个员工分配固定的 IP 地址，并且只允许公司内部员工主机可以使用网络，不得随意连接其他主机。

3. 工作环境

（1）一台预装 Windows 7 系统的主机。

（2）主机中预装 Packet Tracer 软件。

4. 实施过程

根据公司的网络拓扑图（见图 15-3），将公司网络接入交换机的所有端口配置最大连接数为 2，并对公司内部每台计算机连接的交换机端口进行 MAC 地址绑定。网络 IP 地址信息如表 15-3 所示。

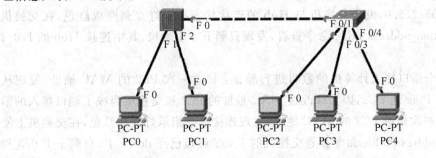

图 15-3 任务 3 网络拓扑图

表 15-3　任务 3 IP 地址信息表

主机名称	PC0	PC1	PC2	PC3	PC4
IP 地址	192.168.0.2	192.168.0.3	192.168.0.4	192.168.0.5	192.168.0.6
子网掩码	255.255.255.0	255.255.255.0	255.255.255.0	255.255.255.0	255.255.255.0

（1）将 3 台主机与交换机通过直通线连接，两台主机通过 Hub 与交换机相连。

（2）按照 IP 地址信息表配置 5 台主机 IP 地址和子网掩码，在 PC4 上使用 ping 命令，确认与另外 4 台主机的网络连通性。

（3）配置交换机 Switch0。

```
Switch > enable                          //进入特权模式
Switch # show mac – address – table      //可以看到交换机的 5 个端口动态学习到不同的 MAC 地址,
                                         //即 type 为 DYNAMIC
Switch # configure terminal                        //进入全局配置模式
Switch(config) # interface range fastethernet 0/1 – 24   //打开交换机 1~24 端口
Switch(config – if – range) # switchport mode access
//设置交换机的 24 个端口为 access 模式,即只能连接计算机,若需连接交换机则将交换机端口设
//置为 trunk 模式
Switch(config – if – range) # switchport port – security    //端口开启安全模式
Switch(config – if – range) # switchport port – security maximum 2
//配置交换机端口的最大连接数限制为 2,即每个端口最多只能接入 2 台计算机
Switch(config – if – range) # switchport port – security mac – address sticky
//设置交换机的端口将自动学习到的 MAC 地址固定下来
Switch(config – if – range) # end                  //回到特权模式
```

（4）在 PC4 上使用 ping 命令再次与另外 4 台主机确认一下网络连通性，然后查看交换机 5 个端口的 MAC 地址学习情况。

```
Switch # show mac – address – table    //可以看到交换机的 5 个端口静态学习到不同的 MAC 地址,
                                       //即 type 为 STATIC
```

（5）进行效果验证：在 Hub 上添加计算机 PC5，并配置 IP 地址为 192.168.0.7，子网掩码为 255.255.255.0，发现交换机与 Hub 的连接状态指示灯立刻变成红色，在交换机上使用 show mac-address-table 命令查看，发现只剩下 3 个端口，其中连接 Hub 的 F 0/1 已经 down 了。

（6）对每个端口接入计算机的数目进行验证：修改一次 PC2 的 MAC 地址，发现从 PC4 仍然可以 Ping 通 PC2，因为修改过 MAC 地址的 PC2 被交换机当成了端口接入的第二台计算机。再次修改 PC2 的 MAC 地址，发现连接状态指示灯变成红色，在交换机上使用 show mac-address-table 命令查看交换机的 F 0/2 端口已经 down 了，只剩下 F 0/3 和 F 0/4 的 MAC 地址。

15.5 常见问题解答

1. 交换机密码设置命令 enable password 和 enable secret 的区别是什么？

答：enable secret 命令用于设置加密的密码，enable password 命令用于设置明文密码。主要区别就是当使用 show running-config 查看配置信息的时候，如果用的是 enable password 命令，那么就可以看到密码是什么；如果用的是 enable secret 命令，那么只能看到加密的字符串，看不懂密码是什么。

2. 交换机因为违例被 shutdown 的端口如何重新开启？

答：使用 no shutdown 命令是不行的，只能使用 errdisable recovery 命令。

15.6 认证试题

一、选择题

1. 网络隔离技术的目标是确保把有害的攻击隔离，在保证可信网络内部信息部不外泄的前提下，完成网络间数据的安全交换。下列隔离技术中，安全性最好的是（   ）。
   A. 多重安全网关　　B. 防火墙　　　　　C. VLAN 隔离　　D. 物理隔离

2. 通过交换机连接的一组工作站（   ）。
   A. 组成一个冲突域，但不是一个广播域
   B. 组成一个广播域，但不是一个冲突域
   C. 既是一个冲突域，又是一个广播域
   D. 既不是冲突域，也不是广播域

3. 公司网管员在交换机上创建了 3 个 VLAN，分别是 vlan 1、vlan 10 和 vlan 100，并将各端口分配到相应 VLAN 中。他把自己的计算机分配到 vlan 100 中，为了方便以后可以不插配置线管理交换机，他在交换机上配置了 IP 地址，下列配置正确的是（   ）。
   A. switch(config)♯int vlan 1
       switch(config-if)♯ip address 192.168.1.1 255.255.255.0
   B. switch(config)♯int vlan 1
       switch(config-if)♯ip address 192.168.1.1 255.255.255.0
       switch(config-if)♯no shutdown
   C. switch(config)♯int vlan 10
       switch(config-if)♯ip address 192.168.1.1 255.255.255.0
       switch(config-if)♯no shutdown
   D. switch(config)♯int vlan 100
       switch(config-if)♯ip address 192.168.1.1 255.255.255.0
       switch(config-if)♯no shutdown

4. 公司网管员在查看设备以前配置时，发现交换机配置了 vlan 10 的 IP 地址，该地址的作用是（　　）。

    A. 为了使 vlan 10 能够和其他内网的主机互相通信

    B. 管理 IP 地址

    C. 交换机上创建的每个 VLAN 必须配置 IP 地址

    D. 该地址没什么作用，可以将其删除

5. 在交换机上配置 enable secret level 1 0 cisco，且激活 vlan 1 的 IP 地址，下面说法正确的是（　　）。

    A. 可以对交换机进行远程管理　　　　B. 只能进入交换机的用户模式

    C. 不能判断 vlan 1 是否处于 up 状态　　D. 可以对交换机进行远程登录

6. 公司网管员在以 Telnet 方式登录交换机时提示"password required，but none set"，原因是（　　）。

    A. 远程登录密码未设置

    B. 网管员的主机与交换机不在同一网段

    C. 远程登录密码未作加密处理

    D. 硬件问题

7. 设置交换机的远程登录密码，正确的命令是（　　）。

    A. enable password cisco　　　　　　B. enable secret level 15 0 cisco

    C. enable secret level 1 0 cisco　　　　D. enable password level 15 0 cisco

8. 网管员为了能够以 Telnet 方式登录到交换机上进行远程管理，配置交换机的地址，但是进行登录时却显示失败，通过 show ip interface 命令查看 IP 地址时，发现端口 vlan 1 的状态为 down，造成这种情况的可能原因是（　　）。

    A. 该交换机不支持 Telnet

    B. vlan 1 端口未使用 no shutdown 命令

    C. 未创建 vlan 1

    D. IP 地址应该配置在物理端口上

9. 要在交换机上配置端口安全的原因是（　　）。

    A. 为了防止非法的用户 Telnet 到交换机端口

    B. 为了限制二层的广播帧传输到交换机的端口上

    C. 为了防止非法的用户访问 LAN

    D. 为了保护交换机的 IP 地址和 MAC 地址

10. 配置交换机的端口安全存在的限制是（　　）。

    A. 安全端口必须是 access 端口，而非 trunk 端口

    B. 安全端口不能是聚合端口（aggregate port）

    C. 安全端口不能是 span 的目的端口

    D. 只能在 VLAN 端口上配置端口安全

11. 查看端口 F 0/1 安全的命令是（　　）。

    A. switch # show security-port interface f 0/1

    B. switch # show interface f 0/1 security-port

C. switch♯show port-security interface f 0/1

D. switch♯show port-security fastethernet 0/1

12. 以下对交换机安全端口描述正确的是( )。

    A. 交换机安全端口的模式可以是 trunk

    B. 交换机安全端口违例处理方式有两种

    C. 交换机安全端口模式是默认打开的

    D. 交换机安全端口的模式必须是 access

13. 下列不属于交换机端口安全中安全违例处理模式的是( )。

    A. protect   B. restrict   C. shutdown   D. no shutdown

14. 交换机端口安全的默认配置有( )。

    A. 关闭端口安全   B. 最大安全地址个数是 128

    C. 没有安全地址   D. 违例处理模式是 protect

15. 当端口由于违规操作而进入 err-disable 状态后,使用下列( )命令可以手动将其恢复为 up 状态。

    A. errdisable recovery   B. no shutdown

    C. recovery errdisable   D. recovery

16. 交换机端口安全的老化地址时间最大是( )分钟。

    A. 10   B. 256   C. 720   D. 1440

17. 在交换机上配置端口安全,如果违例则丢弃数据包并发送 Trap 通知,应采用( )违例处理方式。

    A. protect   B. restrict   C. shutdown   D. no shutdown

18. 交换机安全端口接入的安全地址最大数是( )。

    A. 32   B. 64   C. 128   D. 256

19. 如果交换机的一个端口被配置为安全端口,并开启了最大连接数限制和安全地址绑定,下列不会产生安全违例提示的操作端口是( )。

    A. 用户受到网关欺骗的攻击

    B. 当其安全地址的数目已经达到允许的最大个数

    C. 如果该端口接收到一个源地址不属于端口安全地址的数据包

    D. 用户修改了自己的 IP 地址

二、操作题

1. 写出将交换机接口开启为安全模式的命令。

2. 写出配置交换机端口的最大连接数限制为 1 的命令。

3. 写出配置交换机端口的违例处理模式为 shutdown 的命令。

4. 写出手动绑定安全 MAC 地址的交换机端口安全配置的命令。

5. 写出黏滞安全 MAC 地址的交换机端口安全配置的命令。

6. 写出查看交换机端口的安全配置的命令。

7. 写出查看交换机端口 MAC 地址表的命令。

8. 写出重新开启交换机因为违例被 shutdown 端口的命令。

企业网中三层网络设备的安全设置

16.1 用户需求与分析

能利用企业现有路由器配置访问控制列表(Access Control List,ACL)和网络地址转换(Network Address Translation,NAT)等功能,在尽可能最小的经济投入下实现对企业网络的基本防护,这是多数企业所采取的基本保护方式。访问控制是网络安全防护和保护的主要策略,它的主要任务是保障网络资源不被非法使用和访问,它是保障网络安全最重要的核心策略之一。访问控制涉及的技术非常广泛,包括入网访问控制、网络权限控制、目录级控制以及属性控制等多种手段。访问控制列表是应用在路由器接口的指令列表。这些指令列表用来告诉路由器哪些数据包可以接收、哪些数据包需要拒绝。至于数据包是被接收还是拒绝,可以由类似于源地址、目的地址、端口号等特定的条件来决定。访问控制列表不仅可以起到控制网络流量、流向的作用,而且在很高程度上起到保护网络设备、服务器的关键作用。作为外网进入企业内网的第一道关卡,路由器上的访问控制列表成为保护内网安全的有效手段。此外,在路由器的许多其他配置任务中都需要使用访问控制列表,如网络地址转换、按需拨号路由(Dial-on-Demand Routing,DDR)、路由重分布(Routing Redistribution)、策略路由(Policy-Based Routing,PBR)等很多场合都需要访问控制列表。网络地址转换属于接入广域网技术,最初应用主要是把私有地址转换为公有地址以解决互联网上 IPv4 地址空间的匮乏的问题,它被广泛应用于各种类型 Internet 接入方式和各种类型的网络中。通过 NAT 后,内部的私有 IP 主机系统的地址被转换为公有 IP 来使用互联网上的全局路由网络。在进行地址转换的同时,NAT 可以保护内部网络,由于内部网络使用私有 IP 地址,对互联网来说是非路由网络地址范围。这就使得公网无法发起对内部私有 IP 地址主机的连接,但内部私有 IP 地址主机可以发起与公网的连接,NAT 技术对内部网络起到了隐藏保护作用,从而降低了内部网络受到攻击的风险。虽然 NAT 可以借助于某些代理服务器来实现,但是考虑到运算成本和网络性能,很多时候都是在路由器上来实现的。NAT 的实现方式主要有 3 种,即静态 NAT(Static NAT)、动态 NAT(Dynamic NAT)和端口多路复用 NAT(Overload NAT)。

16.2 预 备 知 识

16.2.1 访问控制列表

1. 访问控制列表概述

访问控制列表是在三层交换机和路由器上经常采用的一种防火墙技术,它可以根据一定的规则对经过网络设备的数据包进行过滤。当需要在路由器上对进出企业内部网络的协议数据进行过滤和控制时,可以采用路由器中的访问控制列表技术来配置过滤规则。它具有以下作用:在内网部署安全策略,保证内网安全权限的资源访问;内网访问外网时,进行安全的数据过滤;防止常见病毒、木马、攻击对用户系统的破坏。所以说,掌握ACL 技术对于网络管理员非常重要。其实,ACL 的配置就和普通的规则一样,需要两个步骤:①定义规则;②将规则应用于端口。在应用于端口时,需要注意是入栈应用还是出栈应用。从安全的角度看,ACL 可以基于源地址、目标地址或服务类型允许或拒绝为特定的用户提供资源,有可能只允许 FTP 流量提供给特定的一台主机,或者只允许HTTP 流量进入 Web 服务器而不是 E-mail 服务器。IP 访问控制列表可以在路由器上配置,也可以在三层交换机上配置,在路由器上配置的访问控制列表是由编号来命名的,也叫编号访问控制列表;在三层交换机上配置的访问控制列表是由字符串来命名的,也叫命名访问控制列表。访问控制列表在思科路由器上常用的有两类:标准 IP 访问控制列表和扩展 IP 访问控制列表。

2. 标准 IP 访问控制列表

1) 标准 IP 访问控制列表介绍

标准 IP 访问控制列表是在路由器上建立的访问控制列表,其编号取值为 0~99。标准 IP 访问控制列表只根据源 IP 地址过滤流量,这个 IP 地址可以是一台主机、整个网络,或者特定网络上的特定主机。工作过程为:当路由器收到一个数据包时,根据该数据包的源 IP 地址从访问控制列表上面第一条语句开始逐条检查各条语句。如果检查到匹配语句,根据语句中是允许还是拒绝流量通过来处理该数据包;如果检查到最后语句还没有匹配,则丢弃该数据包。

注意:在标准 IP 访问控制列表或扩展 IP 访问控制列表的末尾,总有一个隐含的deny all 语句。这意味着如果数据包源地址与任何允许语句不匹配,则隐含的 deny all 语句将会拒绝该数据包通过。

2) 定义标准 IP 访问控制列表

所有标准访问 IP 控制列表都是在全局配置模式下设置的,建立标准 IP 访问控制列表的格式如下。

```
Router(config)#access-list listnumber {permit|deny} source-address [source-mask]
```

其中,listnumber 是标准 IP 访问控制列表的序号,范围是 0~99。permit|deny 表示

标准 IP 访问控制列表是允许还是拒绝满足条件的数据包通过。source-address 是被过滤的源数据包地址。source-mask 是通配屏蔽码,1 表示不检查,0 表示必须匹配位。其他可以提供的选项参数是 any 和 host,它们可以用于 permit 和 deny 之后来说明任何主机或一台特定主机。any 等同于通配屏蔽码 255.255.255.255, host 等同于屏蔽码 0.0.0.0。

此格式表示允许或拒绝来自指定网络的数据包,该网络由源 IP 地址（source-address）和通配屏蔽码（source-mask）指定。在思科路由器中访问控制列表仅对源地址进行检查。标准 IP 访问列表的例子如下。

例 16-1　定义标准 IP 访问控制列表 10,允许来自网络 192.168.1.0 的流量通过。

```
Router(config)#access-list 10 permit 192.168.1.0 0.0.0.255
```

例 16-2　定义标准 IP 访问控制列表 20,拒绝来自网络 192.168.31.0 的流量通过。

```
Router(config)#access-list 20 deny 192.168.31.0 0.0.0.255
```

例 16-3　定义标准 IP 访问控制列表 30,允许来自主机 192.168.2.3 的流量通过。

```
Router(config)#access-list 30 permit host 192.168.2.3
```

例 16-4　定义标准 IP 访问控制列表 40,拒绝来自主机 192.168.32.3 的流量通过。

```
Router(config)#access-list 40 deny host 192.168.32.3
```

例 16-5　定义标准访问控制列表 50,拒绝从 192.168.0.0 到 192.168.255.255 的流量通过,但允许从 192.167.0.0 到 192.168.167.255.255 的流量通过。

```
Router(config)#access-list 50 deny 192.168.0.0 0.0.255.255
Router(config)#access-list 50 permit 192.167.0.0 0.0.255.255
```

3）应用标准 IP 访问控制列表

一旦建立了标准 IP 访问控制列表,需要将它们应用到路由器的一个端口上。应用到一个端口上可以选择入栈或者出栈两个方向。对于某一个端口,当要从设备外的数据经过端口流入设备内时做访问控制,就是入栈应用;当要从设备内的数据经过端口流出设备时做访问控制,就是出栈应用。路由器一个端口只能应用一个标准 IP 访问控制列表。

例如,以下命令将访问控制列表 10 应用到路由器的端口 F 0/1 的入栈方向上。

```
Router(config)#interface fastethernet 0/1
Router(config-if)#ip access-group 10 in
Router(config-if)#end
```

4）查看标准 IP 访问控制列表

配置完标准 IP 访问控制列表后,可以使用下列命令来检验。

```
Router#show access-lists
```

3. 命名的 IP 访问控制列表

在三层交换机上配置命名的 IP 访问控制列表,也是采用定义 ACL、在端口上应用

ACL、查看 ACL 等步骤进行。

在三层交换机特权模式下，可以通过以下步骤来创建一个命名的 IP 访问控制列表。

(1) Switch#configure terminal：进入全局配置模式。

(2) Switch(config)#ip access-list standard {name}。

(3) Switch(config-std-nac)#deny {source source-mask|host source|any}或 permit {source source-mask|host source|any}：permit 表示可以通过，deny 表示不可以通过，source 是要被过滤的数据包源地址，source-mask 是通配屏蔽码，指出哪些位进行匹配，1 表示允许这些位不同，0 表示这些位必须匹配。host source 表示一台源主机，其 source-mask 为 0.0.0.0，any 表示任意主机，即 source 为 0.0.0.0，source-mask 为 255.255.255.255。

(4) Switch(config-std-nac)#exit。

(5) Switch(config)#interface vlan *n*：*n* 是指 vlan *n*，以实现进入 SVI 模式。

(6) Switch(config-if)#ip access-group {name} [out|in]：应用访问控制列表，name 为访问控制列表的名称，in 或 out 是控制端口流量方向。

例如，在三层交换机上配置访问控制列表，实现禁止 192.168.2.0 网段上主机发出的数据，而允许其他任意主机。

```
Switch#configure terminal                     //进入全局配置模式
Switch(config)#ip access-list standard deny_2.0
Switch(config-std-nac)#deny 192.168.2.0 0.0.0.255
Switch(config-std-nac)#permit any
Switch(config-std-nac)#exit
Switch(config)#interface vlan 2
Switch(config-if)#ip access-group deny_2.0 in
Switch(config-if)#end
Switch#show access-lists                       //查看标准访问控制列表
```

4. 扩展 IP 访问控制列表

1) 扩展 IP 访问控制列表

扩展 IP 访问控制列表与标准 IP 访问控制列表一样，也是在路由器上创建的，其编号范围是 100～199。扩展 IP 访问控制列表可以基于数据包源 IP 地址、目的 IP 地址、协议及端口号等信息来过滤流量。当路由器收到一个数据包时，路由器根据数据包的源地址、目的 IP 地址、协议及端口号等信息从访问控制列表中自上而下检查控制语句。如果查到与一条 permit 语句匹配，则允许该数据包通过；如果与一条 deny 语句匹配，则该数据包丢弃；如果检查到最后也没有一条匹配，则该数据包也被丢弃。一旦控制列表允许数据包通过，路由器将数据包的目的地址与路由器上的路由表相比较，就可以把数据包路由到它的目的地。

2) 配置扩展 IP 访问控制列表

和标准 IP 访问控制列表一样，扩展 IP 访问控制列表也在全局模式下输入，格式如下。

Router(config)＃access－list listnumber {permit|deny} protocol source source－wildcard－
mask destination destination－wildcard－mask [operator operand]

其中,listnumber 为规则序号,扩展 IP 访问控制列表的规则序号范围为 100～199。
permit 和 deny 表示允许或禁止满足该规则的数据包通过。protocol 为 0～255 的任意协议号,对于常见协议(如 IP、TCP、UDP 等),可以直观地指定协议名,若指定为 IP,则该规则对所有 IP 数据包都起作用。operator operand 用于指定端口范围,默认为全部端口号 0～65535,只有 TCP、UDP 协议需要指定端口范围。在指定端口号 portnumer 时,对于常见的端口号,可以用相应的助记符来代替实际数字。

3) 应用扩展 IP 访问控制列表

在路由器端口上应用扩展 IP 访问控制列表的命令格式如下。

Router(config)＃ip access－group listnumber in   //在指定端口上过滤接收报文规则
Router(config)＃no ip access－group listnumber in //取消端口上过滤接收报文规则
Router(config)＃ip access－group listnumber out   //在指定端口上过滤发送报文规则
Router(config)＃no ip access－group listnumber out //取消端口上过滤发送报文规则

注意:参数 in 和 out 表示是入栈还是出栈,如果想让访问列表对两个方向都有用,则两个参数都要加上。对于每个协议的每个端口的每个方向,只能应用一个访问列表。

例如,在路由器 F 0/0 端口上配置访问控制列表 100,实现只允许从 192.168.0.0 网段的主机向 202.36.161.0 网段的主机发送 WWW 报文,禁止其他报文通过。

Router(config)＃access－list 100 permit tcp 192.168.0.0 0.0.255.255 202.36.161.0
0.0.0.255 eq www
Router(config)＃interface fastethernet 0/0
Router(config－if)＃ip access－group 100 in
Router(config－if)＃exit

5. 命名的扩展 IP 访问控制列表

创建命名的扩展 IP 访问控制列表,在三层交换机特权模式下,通过以下步骤来实现。

(1) Switch＃configure terminal:进入全局配置模式。

(2) Switch(config)＃ip access-list extended {name}:用名字定义一个命名扩展访问列表。

(3) Switch(config-ext-nacl)＃{deny|permit} protocol {source source-wildcard|host source|any} [operator port] {destination-wildcard|host destination|any} [operator port]:定义扩展访问控制列表条件,其中 deny 为禁止通过,permit 为允许通过;protocol 为协议类型,tcp 为 TCP 数据流,udp 为 UDP 数据流,ip 为任务 IP 数据流;source 为源数据包地址,source-wildcard 为源 IP 地址通配符,host source 代表一台源主机,其 source-wildcard 为 0.0.0.0,any 代表任意主机;operator 为操作符,只能为 eq,port 为十进制端口号,范围是 0～65535。

Switch(config－ext－nacl)＃exit
Switch(config)＃interface vlan n

```
Switch(config-if)# ip access-group [name] [in|out]    //应用访问控制列表
Switch(config-if)# end
```

例如,以下命令在三层交换机上配置命名的扩展 IP 访问控制列表,实现只允许 192.
168.2.0 网段上的主机访问 IP 地址为 172.16.1.100 上的 Web 服务器,禁止其他任何主
机访问。

```
Switch(config)# ip access-list extended allow_2.0
Switch(config-ext-nacl)# permit tcp 192.168.2.0 0.0.0.255 host 172.16.1.100 eq www
Switch(config-ext-nacl)# exit
Switch(config)# interface vlan 2
Switch(config-if)# ip access-group allow_2.0 in
Switch(config-if)# end
```

6. 基于时间的访问控制列表

基于时间的访问控制列表使管理员可以依据时间来控制用户对网络资源的访问。为了
实现这一功能,必须先创建一个 time-range 端口来指明时间与日期。与其他端口一样,time-
range 端口是通过名称来标志的。然后,将 time-range 端口与对应的 ACL 关联起来。

(1) 校正路由器时钟。为了有效地实现基于时间的访问控制列表,有必要校正路由
器时钟,具体操作如下。

```
Router > enable                                       //进入特权模式
Router# clock set hh:mm:ss date month year or clock set hh:mm:ss month date year   //设置时钟
Router# clock update-calendar                         //更新路由器时钟
Router# end                                           //退出特权模式
```

(2) 创建并定义 time-range 端口。创建时间接口、定义时间范围的操作如下。

```
Router# configure terminal                            //进入全局模式
Router(config)# time-range name                       //创建端口
Router(config-time-range)# absolute [start time date] [end time date] and/or periodic
days-of-the-week hh:mm to [days-of-the-week] hh:mm     //设置时间段
```

(3) 关联 time-range 端口与访问控制列表。只允许扩展访问控制列表关联 time-
range 端口,具体操作如下。

```
Router# configure terminal                            //进入特权模式
Router(config)# access-list {deny|permit} protocol source src-wildcard destination desti-
wildcard [time-range name]                             //并将 time-range 关联到 ACL
Router(config)# exit                                  //退出全局配置模式
```

注意:Packet Tracer 软件不支持 time-range 命令,所以只能在真实路由器上配置。

16.2.2 网络地址转换

1. 网络地址转换(NAT)概述

随着 Internet 技术的发展,越来越多的用户加入到互联网中,无论在办公室、学校还

是家庭，人们都需要接入互联网进行办公、学习和娱乐。然而互联网目前面临的重要问题是 IP 地址需求急剧膨胀，IP 地址空间衰竭。而网络地址转换的使用则缓解了该问题，使一个组织的 IP 网络呈现给外部网络的 IP 与正在使用的内部 IP 完全不同，这样一个组织就可以将本来非全局可路由 IP 地址通过 NAT 后，变为全局可路由 IP 地址，实现了原有网络与互联网的连接，而不需要重新给每台计算机分配 IP 地址。NAT 的应用主要包括以下两个方面。

（1）主机没有全局唯一的可路由 IP 地址，却需要与互联网连接。NAT 使得用非注册 IP 地址构建的私有网络可以与互联网联通，这也是 NAT 重要的应用之一。NAT 在连接内部网络和外部网络的边界路由器上进行配置，当内部网络主机访问外部网络时，将内部网络地址转换为全局唯一的可路由 IP 地址。

（2）当需要做 TCP 流量的均衡又不想购买昂贵的专业设备时，就可以将单个全局 IP 地址对应到多个内部 IP 地址，这样 NAT 就可以通过轮询方式实现 TCP 流量的负载均衡。

应用 NAT 时存在的问题包括以下几方面。

（1）影响网络速度。NAT 的应用可能会使 NAT 设备成为网络瓶颈，随着网络设备的软、硬件发展，该问题会逐步得到解决。

（2）跟某些应用不兼容。如果一些应用在有效载荷中协商下次会话的 IP 地址和端口号，NAT 将无法对内嵌 IP 地址进行转换，造成这些应用不能正常进行。

（3）NAT 不能处理 IP 报头加密的报文。

（4）无法实现对 IP 端到端的路径跟踪，经过 NAT 地址转换后，对数据包的路径跟踪将变得十分困难。

2. NAT 基本概念

（1）内部网络（Inside）：在内部网络每台计算机分配一个内部 IP 地址，但与外部网络通信时，又表现为另外一个地址。每台主机的前一个地址成为内部本地地址，后一个地址成为外部全局地址。

（2）外部网络（Outside）：是指内部网络需要连接的网络，一般指互联网。

（3）内部本地地址（Inside Local Address）：是指分配给内部网络主机的 IP 地址，该地址可能是非法的未向相关机构注册的 IP 地址，也可能是合法的私有网络地址。

（4）内部全局地址（Inside Global Address）：合法的全局可路由地址，在外部网络看来，它代表着一个或多个内部本地地址。

（5）外部本地地址（Outside Local Address）：外部网络的主机在内部网络中表现的 IP 地址，该地址是内部可路由地址，一般不是注册的全局可路由地址。

（6）外部全局地址（Outside Global Address）：外部网络分配给外部主机的 IP 地址，该地址称为全局可路由地址。

3. NAT 的分类

根据实际使用的环境与需求，NAT 主要有以下 3 种类型的应用。

1）一对一的静态 NAT

内部私有地址与给定的公有地址进行一对一的映射转换，并且为双向的转换。这种类型的 NAT 可应用于防火墙 DMZ 端口或内部网中对外提供服务的服务器，如 Web、DNS、FTP 等。例如，Web 服务器内部私有 IP 地址为 192.168.2.100，一对一的静态 NAT 为 200.1.1.3 等。

2）多对多的动态 NAT 地址池转换

在企业网络接入互联网中，一般都可以从 ISP 获取一个连续的公网 IP 地址段，如 200.1.1.0/29。其中，可用的主机公网 IP 地址为 200.1.1.1～200.1.1.6，其中一个为 ISP 的网关地址（如 200.1.1.1），一个配置给企业路由器或防火墙的外网端口的公网 IP 地址（如 200.1.1.2），其余公网 IP 地址如 200.1.1.3～200.1.1.6 可用于对内部的多台主机进行多对多的转换。如 192.168.1.2～192.168.1.10 对应转换为地址池 200.1.1.3～200.1.1.6 中的公网地址。由于企业网络内部的主机数量往往多于地址池，不能保证所有内部主机同时访问公网，所以动态 NAT 地址池转换多与后面的 PAT 进行结合实现对地址池的充分利用。

3）基于端口多路复用的 NAT

这种方式下多个私有地址对应一个公网 IP 地址。多个内部私有地址变换为统一的外部公有地址，为了同时通信，对公有地址动态配置不同的端口号与多个内部私有地址进行映射。这种应用在公有 IP 数少时使用，这也是在路由器上应用最多的 NAT 类型，也称为 PAT。例如，192.168.1.1～192.168.1.254 对应 200.1.1.1:1024～65535 的 PAT 转换。

4. 内部源地址 NAT 配置

当内部网络与外部网络通信时，需要配置 NAT，将内部私有 IP 地址转换成全局唯一 IP 地址。可以配置静态或动态的 NAT 来实现内部网络与外部网络的互联。

在全局配置模式下配置静态 NAT，具体命令格式如下。

```
Router(config) # ip nat inside source static local-address global-address
                                    //定义内部源地址静态转换关系
Router(config) # interface interface-type interface-number    //进入端口配置模式
Router(config-if) # ip nat inside                             //定义该端口连接内部网络
Router(config-if) # exit                                      //退出到全局配置模式
Router(config) # interface interface-type interface-number    //进入端口配置模式
Router(config-if) # ip nat outside                           //定义该端口连接外部网络
```

在全局配置模式下配置动态 NAT 的命令格式如下。

```
Router(config) # ip nat pool address-pool start-address end-address {netmask mask|
prefix-length prefix-length}    //定义全局 IP 地址池
Router(config) # access-list access-list-number permit ip-address wildcard
                 //定义访问控制列表，只有匹配该列表的地址才转换
Router(config) # ip nat inside sourcelist access-list-number pool address-pool
                 //定义内部源地址动态转换关系
Router(config) # interface interface-type interface-number    //进入端口配置模式
```

```
Router(config-if)# ip nat inside                                    //定义该端口连接内部网络
Router(config-if)# exit                                             //退出到全局配置模式
Router(config)# interface interface-type interface-number           //进入端口配置模式
Router(config-if)# ip nat outside                                   //定义该端口连接外部网络
```

5. 内部源地址 NAPT

传统的 NAT 一般指一对一的地址映射,不能同时满足所有的内部网络主机与外部网络通信的需要。使用 NAPT(Network Address Port Translation,网络地址端口转换)可以将多个内部本地地址映射到一个内部全局地址,路由器用内部全局地址和 TCP/UDP 端口号来对应。当进行 NAPT 转换时,路由器需要维护 IP 地址、TCP/UDP 端口号等信息才能将全局地址转换回内部本地地址。NAPT 配置也有静态和动态两种情况,当内部主机需要对外部网络提供服务,而又缺乏全局地址,或者没有申请全局地址时,就可以考虑配置静态 NAPT。静态 NAPT 的内部全局地址可以是路由器外部端口的 IP 地址,也可以是向 CNNIC 申请来的地址。而内部源地址动态 NAPT,允许内部所有主机可以访问外部网络,它的内部全局地址可以是路由器端口的 IP 地址,也可以是向 CNNIC 申请来的地址。配置静态 NAPT 的命令格式如下。

```
Router(config)# ip nat inside source static {UDP|TCP} local-address port
                              //定义内部源地址静态转换关系
Router(config)# interface interface-type interface-number           //进入端口配置模式
Router(config-if)# ip nat inside                                    //定义该端口连接内部网络
Router(config)# interface interface-type interface-number           //进入端口配置模式
Router(config-if)# ip nat outside                                   //定义该端口连接外部网络
```

配置动态 NAPT 的命令格式如下。

```
Router(config)# ip nat address-pool start-address end-address       //定义全局 IP 地址池
Router(config)# access-list access-list-number permit ip-address wildcard
                              //定义访问列表,只有匹配该列表的地址才转换
Router(config)# ip nat inside sourcelist access-list-number {[pool address-pool]|
[interface interface-type interface-number]} overload   //定义内部源地址动态转换关系
Router(config)# interface interface-type interface-number           //进入端口配置模式
Router(config-if)# ip nat inside                                    //定义该端口连接内部网络
Router(config)# interface interface-type interface-number           //进入端口配置模式
Router(config-if)# ip nat outside                                   //定义该端口连接外部网络
```

例如,以下命令在路由器上实现内部地址 192.168.1.1~192.168.1.254 对应 218.62.88.87~218.62.88.89 的 NAPT 转换。

```
Router(config)# ip nat pool guol 218.62.88.87  218.62.88.89 netmask 255.255.255.192
                                                                   //定义全局 IP 地址池
Router(config)# access-list 1 permit 192.168.1.0 0.0.0.255         //定义访问列表
Router(config)# ip nat inside source list 1 pool guol overload     //定义内部源地址的动态
                                                                   //转换关系
Router(config)# interface fastethernet 0/0                         //进入端口配置模式
Router(config-if)# ip nat inside                                   //定义该端口连接内部网络
```

```
Router(config - if) # exit
Router(config) # interface fastethernet 0/1                    //进入端口配置模式
Router(config - if) # ip nat outside                           //定义该端口连接外部网络
```

6. 监视和维护 NAT

当要清除 NAT 的状态以及 NAT 转换记录表时,可在特权配置模式下执行,具体的命令格式如下。

```
Router # clear ip nat statics                    //进入全局配置模式
Router # clear ip nat translation                //清除 NAT 所有转换记录
Router # clear ip nat translation inside global - address local - address    //清除指定的转换记录
Router # clear ip nat translation outside local - address global - address   //清除指定的转换记录
Router # clear ip nat translation {TCP|UDP} inside global - address port local - address port
outside local - address global - address         //清除指定转换记录
```

当要显示 NAT 转换统计状态时,可在特权模式中执行,具体命令格式如下。

```
Router # show ip nat statics                     //显示 NAT 统计
Router # show ip nat translations [verbose]      //显示 NAT 转换记录
```

16.3 方案设计

方案设计如表 16-1 所示。

表 16-1 方案设计

任务名称	企业网中三层网络设备的安全设置
任务分解	1. 利用 Packet Tracer 创建标准 IP 访问控制列表 2. 利用 Packet Tracer 创建命名的 IP 访问控制列表 3. 利用 Packet Tracer 创建扩展 IP 访问控制列表 4. 利用 Packet Tracer 配置路由器的静态网络地址转换 5. 利用 Packet Tracer 配置路由器的动态网络地址转换 6. 利用 Packet Tracer 配置路由器的端口地址转换
能力目标	1. 掌握标准 IP 访问控制列表及扩展 IP 访问控制列表的功能及用途 2. 掌握标准 IP 访问控制列表的配置方法 3. 掌握扩展 IP 访问控制列表的配置方法 4. 掌握路由器静态网络地址转换的配置方法 5. 掌握路由器动态路由地址转换的配置方法 6. 掌握路由器端口映射的配置方法
知识目标	1. 熟悉访问控制列表的种类及使用格式 2. 了解编号 IP 标准访问控制列表与命名 IP 标准访问控制列表区别 3. 了解 NAT 的原理及作用 4. 掌握 NAT 的分类 5. 熟悉路由器上配置 NAT 的步骤

续表

素质目标	1. 树立较强的安全意识 2. 掌握网络安全行业的基本情况 3. 培养吃苦耐劳、实事求是、一丝不苟的工作态度 4. 培养分析能力和应变能力 5. 培养创新能力

16.4　项 目 实 施

16.4.1　任务 1：利用 Packet Tracer 创建标准 IP 访问控制列表

1. 任务目标

（1）理解标准 IP 访问控制列表的原理及功能。

（2）掌握标准 IP 访问控制列表的配置方法。

2. 案例导入

公司的经理室、财务部和销售部属于不同的 3 个网段，三部门之间用路由器进行信息传递。为了安全起见，公司要求销售部不能对财务部进行访问，但经理室可以对财务部进行访问。

3. 工作环境

（1）Windows 7 系统的主机。

（2）主机中预装 Packet Tracer 软件。

4. 任务分析

本任务中，网络拓扑图如图 16-1 所示，PC0 代表经理室的主机，PC1 代表销售部的主机，PC2 代表财务部的主机；IP 地址信息如表 16-2 所示；路由器 IP 地址信息表如表 16-3所示。

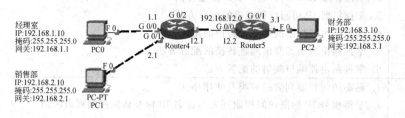

图 16-1　任务 1 网络拓扑图

表 16-2 任务 1 主机 IP 地址信息表

主机名称	PC0	PC1	PC2
IP 地址	192.168.1.10	192.168.2.10	192.168.3.10
子网掩码	255.255.255.0	255.255.255.0	255.255.255.0
网关	192.168.1.1	192.168.2.1	192.168.3.1

表 16-3 任务 1 路由器 IP 地址信息表

设备名称	Router4 端口 G 0/0	Router4 端口 G 0/1	Router4 端口 G 0/2	Router5 端口 G 0/0	Router5 端口 G 0/1
IP 地址	192.168.1.1	192.168.2.1	192.168.12.1	192.168.12.2	192.168.3.1
子网掩码	255.255.255.0	255.255.255.0	255.255.255.0	255.255.255.0	255.255.255.0

5. 实施过程

(1) 将 3 台主机与两台路由器之间均使用交叉线相连。

(2) 按照主机 IP 地址信息表配置 3 台主机的 IP 地址、子网掩码和网关。

(3) 配置路由器 4,命令如下。

```
Router4 > enable
Router4 # configure terminal                               //进入全局配置模式
Router4(config) # interface gigabitethernet 0/0            //打开路由器 G 0/0 端口
Router4(config - if) # ip address 192.168.1.1 255.255.255.0   //配置 IP 地址
Router4(config - if) # no shutdown
Router4(config - if) # interface gigabitethernet 0/1
Router4(config - if) #  ip address 192.168.2.1 255.255.255.0   //配置 IP 地址
Router4(config - if) # no shutdown
Router4(config - if) # interface gigabitethernet 0/2
Router4(config - if) # ip address 192.168.12.1 255.255.255.0   //配置 IP 地址
Router4(config - if) # no shutdown
Router4(config - if) # exit
Router4(config) # ip route 192.168.3.0 255.255.255.0 192.168.12.2   //在路由器 4 上配置静
                                                                     //态路由协议
```

(4) 配置路由器 5,命令如下。

```
Router5 > enable
Router5 # configure terminal                               //进入全局配置模式
Router5(config) # interface gigabitethernet 0/0            //打开路由器 G 0/0 端口
Router5(config - if) #  ip address 192.168.12.2 255.255.255.0   //配置 IP 地址
Router5(config - if)no shutdown
Router5(config - if) # interface gigabitethernet 0/1       //打开路由器 G 0/1 端口
Router5(config - if) #  ip address 192.168.3.1 255.255.255.0   //配置 IP 地址
Router5(config - if) # no shutdown
Router5(config - if) # exit
Router5(config) # ip route 192.168.1.0 255.255.255.0 192.168.12.1
Router5(config) # ip route 192.168.2.0 255.255.255.0 192.168.12.1
```

//在路由器 5 上配置静态路由,让 3 台 PC 能够相互 Ping 通,因为只有在互通的前提下才涉及访问
//控制列表

```
Router5(config)♯end
Router5♯show ip route                                        //查看路由表
```

（5）在主机 2 上使用 ping 命令,确认与主机 0 和主机 1 的网络连通性,3 台主机能够互相 Ping 通。

（6）在路由器 5 上配置编号 IP 标准访问控制,并将标准 IP 访问控制应用到接口上。

```
Router5(config)♯access-list 1 deny 192.168.2.0 0.0.0.255      //拒绝来自 192.168.2.0 网段
                                                             //的数据流量通过
Router5(config)♯access-list 1 permit 192.168.1.0 0.0.0.255    //允许来自 192.168.1.0 网
                                                             //段的数据流量通过
Router5(config)♯end
Router5♯show acess-lists 1                                    //显示 IP 标志访问控制列表
Router5(config)♯interface gigabitethernet 0/1                 //进入路由器 5 的 G 0/1 端口
Router5(config-if)♯ip access-group 1 out
Router5(config)♯end
```

（7）验证主机之间的互通性,在命令提示符下 PC0 能够 Ping 通主机 PC2,PC1 Ping 不通 PC2。

16.4.2　任务 2：利用 Packet Tracer 创建命名的 IP 访问控制列表

1. 任务目标

（1）理解命名的 IP 访问控制列表的原理及功能。
（2）掌握命名的 IP 访问控制列表的配置方法。

2. 案例导入

公司的经理室、财务部和销售部属于不同的 3 个网段,三部门之间用路由器进行信息传递,为了安全起见,公司要求销售部不能对财务部进行访问,但经理室可以对财务部进行访问。

3. 工作环境

（1）Windows 7 系统的主机。
（2）主机中预装 Packet Tracer 软件。

4. 任务分析

本任务中,首先对三层交换机进行基本配置,实现 3 个网段可以互相访问;然后对交换机配置标准 IP 访问控制列表,允许经理室发出的数据包通过,不允许销售部主机发出的数据包通过;最后将这一策略加到三层交换机 vlan 30 的 SVI 端口输出方向。本任务的网络拓扑图如图 16-2 所示,PC0 代表经理室的主机,PC1 代表销售部的主机,PC2 代表财务部的主机;IP 地址信息如表 16-4 所示。

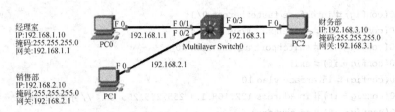

图 16-2 任务 2 网络拓扑图

表 16-4 任务 2 主机 IP 地址信息表

主机名称	PC0	PC1	PC2
IP 地址	192.168.1.10	192.168.2.10	192.168.3.10
子网掩码	255.255.255.0	255.255.255.0	255.255.255.0
网关	192.168.1.1	192.168.2.1	192.168.3.1

5. 实施过程

(1) 3 台主机与三层交换机之间均使用直通线相连。

(2) 按照主机 IP 地址信息表配置 3 台主机 IP 地址、子网掩码和网关,如表 16-5 所示。

表 16-5 三层交换机端口 IP 地址信息表

设备名称	Switch0 端口 F 0/0	Switch0 端口 F 0/2	Switch0 端口 F 0/3
IP 地址	192.168.1.1	192.168.2.1	192.168.3.1
子网掩码	255.255.255.0	255.255.255.0	255.255.255.0

(3) 配置交换机 0,启用三层路由功能,建立 VLAN 并分配端口及 IP 地址,命令如下。

```
Switch0 > enable
Switch0 # configure terminal                        //进入全局配置模式
Switch0(config) # ip routing                        //启用三层交换机路由功能
Switch0(config) # vlan 10                            //建立 VLAN
Switch0(config - vlan) # exit
Switch0(config) # vlan 20
Switch0(config - vlan) # exit
Switch0(config) # vlan 30
Switch0(config - vlan) # exit
Switch0(config) # interface fastethernet 0/1
Switch0(config - if) # switchport mode access
Switch0(config - if) # switchport access vlan 10
Switch0(config - if) # exit
Switch0(config) # interface fastethernet 0/2
Switch0(config - if) # switchport mode access
Switch0(config - if) # switchport access vlan 20
Switch0(config - if) # exit
```

```
Switch0(config)#interface fastethernet 0/3
Switch0(config-if)#switchport mode access
Switch0(config-if)#switchport access vlan 30
Switch0(config-if)#exit
Switch0(config)#interface vlan 10
Switch0(config-if)#ip address 192.168.1.1 255.255.255.0    //分配 IP 地址
Switch0(config-if)#no shutdown
Switch0(config-if)#exit
Switch0(config)#interface vlan 20
Switch0(config-if)#ip address 192.168.2.1 255.255.255.0
Switch0(config-if)#no shutdown
Switch0(config-if)#exit
Switch0(config)#interface vlan 30
Switch0(config-if)#ip address 192.168.3.1 255.255.255.0
Switch0(config-if)#no shutdown
Switch0(config-if)#end
Switch0#show ip route   //查看三层交换机路由表,可以看到 3 条直连路由
```

（4）验证 3 台主机之间的连通性,正常情况下 PC0 和 PC1 均能够 Ping 通主机 PC2。如果 PC0 或 PC1 使用 ipconfig 命令和 ping 命令的结果不正确,则需要重启。如果 PC0 和 PC1 均不能 Ping 通主机 PC2,则一方面检查三层交换机是否开启路由功能,另一方面查看三层交换机的 VLAN 建立是否正确,分配端口及 IP 地址是否正确。

（5）配置交换机 0 的命名的标准 IP 访问控制列表的配置,命令如下。

```
Switch0#configure terminal              //进入的全局配置模式
Switch0(config)#ip access-list standard guol   //命名的标准 IP 访问控制列表的配置
Switch0(config-std-nacl)#permit 192.168.1.0 0.0.0.255
Switch0(config-std-nacl)#exit
Switch0(config)#interface vlan 30
Switch0(config-if)#ip access-group guol out
Switch0(config-if)#end
```

（6）验证主机之间的互通性,正常情况下 PC0 能够 Ping 通主机 PC2,PC1 不能 Ping 通 PC2。

16.4.3　任务 3：利用 Packet Tracer 创建扩展 IP 访问控制列表

1. 任务目标

（1）理解扩展 IP 访问控制列表的原理及功能。

（2）掌握扩展 IP 访问控制列表的配置方法。

2. 案例导入

公司的信息中心分别架设了 FTP 服务器和 Web 服务器,其中 FTP 服务器供经理室专用,销售部不可用,而 Web 服务器经理室和销售部都可以使用,FTP 服务器和 Web 服务器、经理室、销售部属于不同的 3 个网段,三部门之间用路由器进行信息传递,要求对路

由器进行设置实现网络的数据流量控制。

3. 工作环境

(1) Windows 7 系统的主机。

(2) 主机中预装 Packet Tracer 软件。

4. 任务分析

本任务中,首先需要对两个路由器进行基本配置,实现 3 个网段能够互相访问;然后对距离控制源距离较近的路由器配置扩展 IP 访问控制列表,不允许销售部主机发送的 FTP 数据包通过,允许经理室主机发出的数据包通过;最后将这一策略添加到路由器端口,网络拓扑如图 16-3 所示,PC0 代表经理室的主机,PC1 代表销售部的主机,Server0 代表 FTP 服务器,Server1 代表 Web 服务器;IP 地址信息如表 16-6 所示。

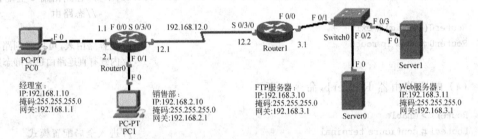

图 16-3　扩展 IP 访问控制列表网络拓扑图

表 16-6　任务 3 主机及服务器 IP 地址信息表

主机名称	PC0	PC1	Server0	Server1
IP 地址	192.168.1.10	192.168.2.10	192.168.3.10	192.168.3.11
子网掩码	255.255.255.0	255.255.255.0	255.255.255.0	255.255.255.0
网关	192.168.1.1	192.168.2.1	192.168.3.1	192.168.3.1

5. 实施过程

(1) 主机 PC0 和 PC1 与路由器之间均使用交叉线相连,服务器 Server0 和 Server1 与交换机之间用直通线相连,路由器与交换机之间用交叉线相连。

(2) 按照主机及服务器 IP 地址信息表配置 2 台主机和 2 台服务器的 IP 地址、子网掩码和网关,如表 16-7 所示。

表 16-7　任务 3 路由器端口 IP 地址信息表

设备名称	Router0 端口 F 0/0	Router0 端口 F 0/1	Router0 端口 S 0/3/0	Router1 端口 S 0/3/0	Router1 端口 F 0/0
IP 地址	192.168.1.1	192.168.2.1	192.168.12.1	192.168.12.2	192.168.3.1
子网掩码	255.255.255.0	255.255.255.0	255.255.255.0	255.255.255.0	255.255.255.0

（3）配置路由器 Router0，命令如下。

```
Router0 > enable
Router0 # configure terminal                                    //进入全局配置模式
Router0(config) # interface fastethernet 0/0                    //打开路由器 F 0/0 端口
Router0(config - if) # ip address 192.168.1.1 255.255.255.0     //配置 IP 地址
Router0(config - if) # no shutdown
Router0(config - if) # interface fastethernet 0/1              //打开路由器 F 0/1 端口
Router0(config - if) #  ip address 192.168.2.1 255.255.255.0   //配置 IP 地址
Router0(config - if) # no shutdown
Router0(config - if) # interface serial 0/3/0
Router0(config - if) # ip address 192.168.12.1 255.255.255.0   //配置 IP 地址
Router0(config - if) # clock rate 64000
Router0(config - if) # no shutdown
Router0(config - if) # exit
Router0(config) # ip route 192.168.3.0 255.255.255.0 192.168.12.2  //在路由器 0 上配置静
                                                                   //态路由
Router0(config) # exit
Router0 # show ip route                                         //检查路由表,可以看到路由表
                                                                //内既有直连路由也有静态路由
```

（4）配置路由器 Router1，命令如下。

```
Router1 > enable
Router1 # configure terminal                                    //进入全局配置模式
Router1(config) # interface fastethernet 0/0                    //打开路由器 F 0/0 端口
Router1(config - if) # ip address 192.168.3.1 255.255.255.0     //配置 IP 地址
Router1(config - if) # no shutdown
Router1(config - if) # interface serial 0/3/0
Router1(config - if) # ip address 192.168.12.2 255.255.255.0    //配置 IP 地址
Router1(config - if) # clock rate 64000
Router1(config - if) # no shutdown
Router1(config - if) # exit
Router1(config) # ip route 192.168.1.0 255.255.255.0 192.168.12.1  //在路由器 1 上配置静
                                                                   //态路由协议
Router1(config) # ip route 192.168.2.0 255.255.255.0 192.168.12.1
Router1(config) # exit
Router1 # show ip route  //检查路由表,可以看到路由表内既有直连路由也有静态路由
```

（5）验证 2 台主机与 2 台服务器之间的网络连通性，PC0 和 PC1 均能够 Ping 通 2 台服务器，可以登录 FTP 服务器，在命令提示符窗口输入 ftp 192.168.3.10，用户名为 cisco，密码为 cisco，显示登录成功。也可以打开 Web 浏览器，输入 http://192.168.3.11 进行验证。

（6）在 Router0 上配置扩展 IP 访问控制列表，并将扩展 IP 访问控制列表应用到端口上，命令如下。

```
Router0 > enable
Router0 # configure terminal                                    //进入全局配置模式
Router0(config) # access - list 101 deny tcp 192.168.2.0 0.0.0.255 192.168.3.0 0.0.0.255 eq
```

```
ftp   //拒绝来自 192.168.2.0 网段去往 192.168.3.0 网段的 FTP 流量经过
Router0(config)# access - list 101 permit ip any any          //允许其他流量经过
Router0(config)# interface fastethernet 0/1
Router0(config - if)# ip access - group 101 in               //应用扩展 IP 访问控制列表
```

(7) 验证配置,在经理室 PC0 的命令提示符下使用 ftp 命令,用户名为 cisco,密码为 cisco,可以登录 FTP 服务器 192.168.3.10。在销售部 PC1 的命令提示符下输入 ftp 192.168.3.10 却登录失败,但在 PC0 和 PC1 均能够进行 Web 浏览(http://192.168.3.11)。

16.4.4 任务 4:利用 Packet Tracer 配置路由器的静态网络地址转换

1. 任务目标

(1) 理解静态网络地址转换的原理及功能。
(2) 掌握静态 NAT 的配置,实现企业服务器能够对外提供服务。

2. 案例导入

公司的出口路由器通过串口连接到电信运营商,电信运营商给企业出口路由器分配的 IP 地址是 201.201.201.1/24,分配给企业用于地址翻译的地址段是 210.210.210.0/24,现在需要做合理配置,使公司的 Web 和 BBS 2 台服务器能够对外提供服务。

3. 工作环境

(1) Windows 7 系统的主机。
(2) 主机中预装 Packet Tracer 软件。

4. 任务分析

根据公司的需要,公司内部的 Web 和 BBS 2 台服务器需要有固定且合法的 IP 地址,才能对外提供服务,所以应该采用静态 NAT 方式,网络拓扑图如图 16-4 所示,PC0 代表外网主机,Server0 代表 Web 服务器,Server1 代表 BBS 服务器,Server2 代表 DNS 服务器,主机与服务器 IP 地址信息如表 16-8 所示,路由器端口 IP 地址信息如表 16-9 所示。公司内部的 Web 服务器和 BBS 服务器为私有 IP 地址,它们是 192.168.1.2/24 和 192.168.1.3/24。从 ISP 分配给公司的用于 NAT 的地址段中拿出 2 个网段 210.210.210.1/24 和 210.210.210.2/24,分别用于 Web 和 BBS 2 台服务器对外服务地址,Web 和 BBS 服务器的域名分别是 www.sdpt.com.cn 和 bbs.sdpt.com.cn。

表 16-8　任务 4 主机与服务器 IP 地址信息表

设备名称	PC0	Server0	Server1	Server2
IP 地址	200.200.200.2	192.168.1.2	192.168.1.3	199.199.199.2
子网掩码	255.255.255.0	255.255.255.0	255.255.255.0	255.255.255.0
网关	200.200.200.1	192.168.1.1	192.168.1.1	199.199.199.1

表 16-9　任务 4 路由器端口 IP 地址信息表

设备名称	Router0 端口 F 0/0	Router0 端口 S 0/0	Router2 端口 S 0/0	Router2 端口 S 0/1
IP 地址	192.168.1.1	201.201.201.1	201.201.201.2	202.202.202.1
子网掩码	255.255.255.0	255.255.255.0	255.255.255.0	255.255.255.0
设备名称	Router2 端口 F 0/0	Router3 端口 S 0/0	Router3 端口 F 0/0	
IP 地址	199.199.199.1	202.202.202.2	200.200.200.1	
子网掩码	255.255.255.0	255.255.255.0	255.255.255.0	

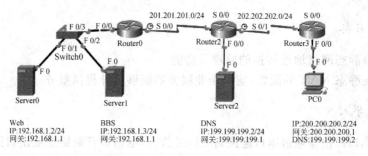

图 16-4　任务 4 网络拓扑图

5. 实施过程

（1）主机与路由器之间使用交叉线相连，Server0 和 Server1 与交换机用直通线相连，Server2 与路由器用交叉线相连，交换机与路由器之间用交叉线相连，路由器与路由器之间用串口线相连。

（2）按照主机与服务器的 IP 地址信息表配置主机和 3 台服务器的 IP 地址、子网掩码和网关。注意主机还需要配置 DNS 服务器，地址为 199.199.199.2，如图 16-5 所示。

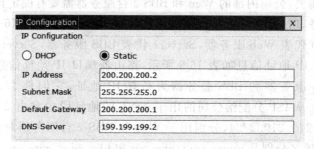

图 16-5　PC0 的 IP 地址配置

（3）配置 Web 服务器和 BBS 服务器的 IP 地址、子网掩码和网关后，还需要修改 Web 和 BBS 页面显示内容，如图 16-6 所示。

（4）配置 DNS 服务器时要关闭 HTTP，减少出错概率，同时添加主机记录，如图 16-7 所示。

（5）配置路由器 0，命令如下。

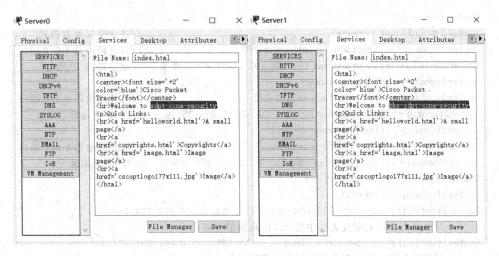

图 16-6 服务器的页面显示内容配置

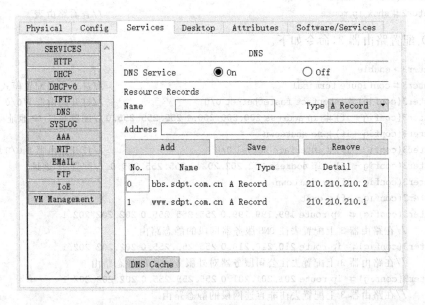

图 16-7 添加 DNS 主机记录

```
Router0 > enable
Router0 # configure terminal                                    //进入全局配置模式
Router0(config) # interface fastethernet 0/0                    //打开路由器 F 0/0 端口
Router0(config - if) # ip address 192.168.1.1 255.255.255.0     //配置端口 IP 地址
Router0(config - if) # no shutdown
Router0(config - if) # interface serial 0/0                     //打开路由器 S 0/0 端口
Router0(config - if) #  ip address 201.201.201.1 255.255.255.0  //配置端口 IP 地址
Router0(config - if) # no shutdown
Router0(config - if) # exit
Router0(config) # ip route 0.0.0.0 0.0.0.0 201.201.201.2        //配置默认路由
```

（6）配置路由器 2，命令如下。

```
Router2 > enable
Router2 # configure terminal                                  //进入全局配置模式
Router2(config) # interface fastethernet 0/0                  //打开路由器 F 0/0 端口
Router2(config - if) # ip address 199.199.199.1 255.255.255.0 //配置端口 IP 地址
Router2(config - if) # no shutdown
Router2(config - if) # interface serial 0/0                   //打开路由器 S 0/0 端口
Router2(config - if) # ip address 201.201.201.2 255.255.255.0 //配置 IP 地址
Router2(config - if)no shutdown
Router2(config - if) # interface serial 0/1                   //打开路由器 S 0/1 端口
Router2(config - if) # ip address 202.202.202.1 255.255.255.0 //配置 IP 地址
Router2(config - if) # no shutdown
Router2(config - if) # exit
Router2(config) # ip route 200.200.200.0 255.255.255.0 202.202.202.2
        //在路由器 2 上配置去往主机 PC0 网段的静态路由
Router2(config) # ip route 210.210.210.0 255.255.255.0 201.201.201.1
        //在路由器 2 上配置去往公司服务器对外服务网段的静态路由
Router2(config) # end
Router2 # show ip route                                       //查看路由表
```

（7）配置路由器 3，命令如下。

```
Router3 > enable
Router3 # configure terminal                                  //进入全局配置模式
Router3(config) # interface fastethernet 0/0                  //打开路由器 F 0/0 端口
Router3(config - if) # ip address 200.200.200.1 255.255.255.0 //配置端口 IP 地址
Router3(config - if) # no shutdown
Router3(config - if) # interface serial 0/0                   //打开路由器 S 0/0 端口
Router3(config - if) # ip address 202.202.202.2 255.255.255.0 //配置 IP 地址
Router3(config - if)no shutdown
Router3(config - if) # exit
Router3(config) # ip route 199.199.199.0 255.255.255.0 202.202.202.1
        //在路由器 3 上配置去往 DNS 服务器网段的静态路由
Router3(config) # ip route 210.210.210.0 255.255.255.0 202.202.202.1
        //在路由器 3 上配置去往公司服务器对外服务网段的静态路由
Router3(config) # ip route 201.201.201.0 255.255.255.0 202.202.202.1
        //在路由器 3 上配置去往非直连网段的静态路由
Router3(config) # end
Router3 # show ip route                                       //查看路由表
```

（8）验证。在路由器 0 上使用 ping 命令，确认与主机 PC0 和 DNS 服务器的网络连通性，能够 Ping 通。由于外部路由器上没有内网的寻址路由，路由器 0 上没有配置 NAT，因此外部计算机无法访问公司内部资源。

（9）在路由器 0 上配置静态 NAT，命令如下。

```
Router0(config) # ip nat inside source static 192.168.1.2 210.210.210.1
        //将内网 Web 服务器地址 192.168.1.2 转换成外网地址 210.210.210.1
Router0(config) # # ip nat inside source static 192.168.1.3 210.210.210.2
        //将内网 BBS 服务器地址 192.168.1.3 转换成外网地址 210.210.210.2
Router0(config) # interface serial 0/0
```

```
Router0(config-if)#ip nat outside
Router0(config-if)#exit
Router0(config)#interface fastethernet 0/0
Router0(config-if)#ip nat inside
Router0(config-if)#end
```

（10）测试，在 PC0 桌面下的 Web 浏览器中输入 www. sdpt. com. cn、bbs. sdpt. com. cn，浏览器能够跳转，打开网页，表明外部主机通过 NAT，可以访问内网资源。

16.4.5 任务 5：利用 Packet Tracer 配置路由器的动态网络地址转换

1. 任务目标

（1）理解动态网络地址转换的原理及功能。

（2）掌握动态 NAT 的配置，实现公司内部的全部主机通过一个合法公网 IP 地址访问远程服务器。

2. 案例导入

公司办公需要接入互联网，公司只向 ISP 申请了一条专线，该专线分配了一个公网 IP 地址，要求通过配置实现内部公司的全部主机通过一个合法的公网 IP 地址访问远程服务器。

3. 工作环境

（1）Windows 7 系统的主机。

（2）主机中预装 Packet Tracer 软件。

4. 任务分析

路由器 Router0 为公司出口路由器，其与 ISP 提供商路由器之间通过 V.35 电缆串口连接，DCE 在路由器 Router1 上，配置其时钟频率为 64000Hz。在各路由器上配置静态路由协议，让 PC1 能和 Web 服务器相互 Ping 通。在 Router0 出口路由器上配置标准或扩展访问控制列表、配置动态 NAPT，将访问控制列表映射到 NAT 地址池中，实现公司内部的全部主机可以通过一个合法的公网 IP 地址访问远程服务器的 IP 地址。它们的 IP 地址信息如表 16-10 所示。网络拓扑图如图 16-8 所示。

表 16-10　任务 5 主机与服务器 IP 地址信息表

设备名称	PC0	PC1	Web 服务器
IP 地址	192.168.1.2	192.168.2.2	192.168.3.2
子网掩码	255.255.255.0	255.255.255.0	255.255.255.0
网关	192.168.1.1	192.168.2.1	192.168.3.1

5. 实施过程

（1）主机与路由器之间使用交叉线相连，Web 服务器与路由器用交叉线相连，路由器

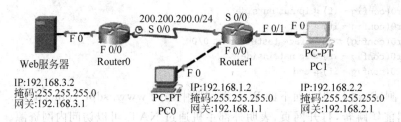

图 16-8　任务 5 网络拓扑图

与路由器之间用串口线相连。

（2）按照主机与服务器的 IP 地址信息表配置主机和 3 台服务器的 IP 地址、子网掩码和网关，如表 16-11 所示。

表 16-11　任务 5 路由器端口 IP 地址信息表

设备名称	Router0 端口 F 0/0	Router0 端口 S 0/0	Router1 端口 F 0/0	Router1 端口 F 0/1	Router1 端口 S 0/0
IP 地址	192.168.3.1	200.200.200.1	192.168.1.1	192.168.2.1	200.200.200.2
子网掩码	255.255.255.0	255.255.255.0	255.255.255.0	255.255.255.0	255.255.255.0

（3）配置路由器 Router0，命令如下。

```
Router0 > enable
Router0 # configure terminal                               //进入全局配置模式
Router0(config) # interface fastethernet 0/0               //打开路由器 F 0/0 端口
Router0(config - if) # ip address 192.168.3.1 255.255.255.0   //配置 IP 地址
Router0(config - if) # no shutdown
Router0(config - if) # interface serial 0/0
Router0(config - if) # ip address 200.200.200.1 255.255.255.0  //配置 IP 地址
Router0(config - if) # clock rate 64000
Router0(config - if) # no shutdown
Router0(config - if) # exit
```

（4）配置路由器 Router1，命令如下。

```
Router1 > enable
Router1 # configure terminal                               //进入全局配置模式
Router1(config) # interface fastethernet 0/0               //打开路由器 F 0/0 端口
Router1(config - if) # ip address 192.168.1.1 255.255.255.0   //配置 IP 地址
Router1(config - if) # ip nat inside
Router1(config - if) # no shutdown
Router1(config) # interface fastethernet 0/1               //打开路由器 F 0/1 端口
Router1(config - if) # ip address 192.168.2.1 255.255.255.0   //配置 IP 地址
Router1(config - if) # ip nat inside
Router1(config - if) # no shutdown
Router1(config - if) # interface serial 0/0
```

```
Router1(config-if)#ip address 200.200.200.2 255.255.255.0   //配置 IP 地址
Router1(config-if)#clock rate 64000
Router1(config-if)#ip nat outside
Router1(config-if)#no shutdown
Router1(config-if)#exit
Router1(config)#access-list 1 deny 192.168.1.0 0.0.0.255
Router1(config)#access-list 1 permit 192.168.2.0 0.0.0.255
Router1(config)#ip nat pool internetpool 200.200.200.10 200.200.200.20 netmask 255.255.
255.0
Router1(config)#ip nat inside source list 1 pool internetpool
Router1(config)#ip route 0.0.0.0 0.0.0.0 200.200.200.1        //配置静态路由
Router1(config)#end
```

(5) 验证 2 台主机与服务器之间的网络连通性,PC0 由于受到访问控制列表的限制,
所以不能进行动态 NAT,从而也就不能与 Web 服务器通信,如图 16-9 所示。PC1 能够
通过动态 NAT 与 Web 服务器通信,如图 16-10 所示。

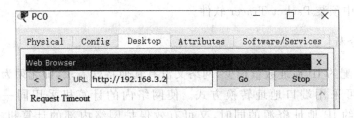

图 16-9 PC0 与 Web 服务器通信测试

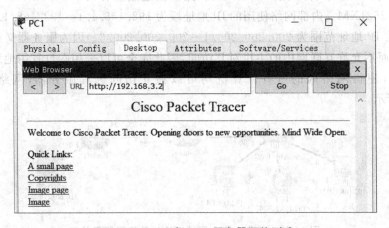

图 16-10 PC1 与 Web 服务器通信测试

(6) 查看路由器 Router1 上的 NAT 情况,如图 16-11 所示,动态 NAT 把内部的
192.168.2.1 映射到地址池中的 200.200.200.10,并与 Web 服务器通信。

```
Router#show ip nat tran
Pro  Inside global      Inside local      Outside local      Outside global
tcp 200.200.200.10:1025192.168.2.2:1025  192.168.3.2:80     192.168.3.2:80
```

图 16-11 路由器 Router1 上的 NAT 情况

16.4.6 任务6：利用 Packet Tracer 配置路由器的端口地址转换

1. 任务目标

（1）理解路由器端口地址转换的原理及功能。

（2）掌握路由器端口地址转换的配置，实现公司内部的全部主机通过一个合法公网 IP 地址访问远程服务器。

2. 案例导入

公司办公需要接入互联网，公司只向 ISP 申请了一条专线，该专线分配了公网 IP 地址，要求通过配置实现公司内部的全部主机通过合法的公网 IP 地址访问远程服务器。

3. 工作环境

（1）Windows 7 系统的主机。

（2）主机中预装 Packet Tracer 软件。

4. 任务分析

当 ISP 分配的 IP 地址数量很少，网络又没有其他特殊需求，即无须为 Internet 提供网络服务时，可采用端口地址转换方式。使网络内的计算机采用同一 IP 地址访问 Internet，在节约 IP 地址资源的同时，又可有效保护网络内部的计算机。局域网采用 10Mb/s 光纤，以城域网方式接入 Internet。路由器选用拥有两个 10/100Mb/s 自适应端口的 Cisco 2621XM。内部网络使用的 IP 地址段为 192.168.1.1~192.168.1.254。公网分配的合法 IP 地址范围为 200.200.200.1~200.200.200.3。因为服务器又只为局域网提供服务，而不允许互联网中的主机对其访问，因此完全可以采用端口复用地址转换方式实现 NAT，使得网络内的所有计算机均可以独立访问远程服务器，网络拓扑图如图 16-12 所示。

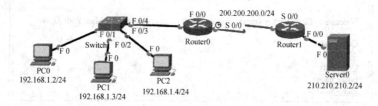

图 16-12 任务6 路由器端口地址转换网络拓扑图

5. 实施过程

（1）主机与交换机之间使用直通线相连，Server0 与路由器用交叉线相连，交换机与路由器之间用直通线相连，路由器与路由器之间用串口线相连。

（2）按照主机与服务器的 IP 地址信息表（见表 16-12）配置主机和 3 台服务器的 IP

地址、子网掩码和网关,如表 16-13 所示。

表 16-12 任务 6 主机与服务器 IP 地址信息表

设备名称	PC0	PC1	PC2	Server-PT
IP 地址	192.168.1.2	192.168.1.3	192.168.1.4	210.210.210.2
子网掩码	255.255.255.0	255.255.255.0	255.255.255.0	255.255.255.0
网关	192.168.1.1	192.168.1.1	192.168.1.1	210.210.210.1

表 16-13 任务 6 路由器端口 IP 地址信息表

设备名称	Router0 端口 F 0/0	Router0 端口 S 0/0	Router1 端口 F 0/0	Router1 端口 S 0/0
IP 地址	192.168.1.1	200.200.200.1	210.210.210.1	200.200.200.2
子网掩码	255.255.255.0	255.255.255.0	255.255.255.0	255.255.255.0

(3)配置路由器 Router0,命令如下。

```
Router0 > enable
Router0 # configure terminal                              //进入全局配置模式
Router0(config) # interface fastethernet 0/0              //打开路由器 F 0/0 端口
Router0(config-if) # ip address 192.168.1.1 255.255.255.0    //配置 IP 地址
Router0(config-if) # no shutdown
Router0(config-if) # ip nat inside
Router0(config-if) # exit
Router0(config) # interface serial 0/0
Router0(config-if) # ip address 200.200.200.1 255.255.255.0   //配置 IP 地址
Router0(config-if) # clock rate 64000
Router0(config-if) # no shutdown
Router0(config-if) # ip nat outside
Router0(config-if) # exit
Router0(config) # ip router 210.210.210.0 255.255.255.0 200.200.200.2
Router0(config) # access-list 1 permit 192.168.1.0 0.0.0.255
Router0(config) # ip nat pool poolwai 200.200.200.3 200.200.200.3 netmask 255.255.255.0
Router0(config) # ip nat inside source list 1 pool poolwai overload
```

(4)配置路由器 Router1,命令如下。

```
Router1 > enable
Router1 # configure terminal                              //进入全局配置模式
Router1(config) # interface fastethernet 0/0              //打开路由器 F 0/0 端口
Router1(config-if) # ip address 210.210.210.1 255.255.255.0   //配置 IP 地址
Router1(config-if) # no shutdown
Router1(config-if) # exit
Router1(config) # interface serial 0/0
Router1(config-if) # ip address 200.200.200.2 255.255.255.0   //配置 IP 地址
Router1(config-if) # clock rate 64000
Router1(config-if) # no shutdown
Router1(config-if) # end
```

(5)测试。在 PC0 上 Ping 服务器能够 Ping 通,在 PC0 上的 Web 浏览器中输入地址

http://210.210.210.2 能够顺利打开网页,在 PC1 上的 Web 浏览器中输入地址 http://210.210.210.2 也能够顺利打开网页。

（6）查看路由器 Router0 上的 NAT 情况。在路由器 Router0 的特权模式下输入 show ip nat translation 命令,可以看到 PC0 和 PC1 都通过 IP 地址 200.200.200.3 访问了 Web 服务器,实现了端口地址转换,如图 16-13 所示。

```
Router>en
Router#show ip nat translation
Pro  Inside global     Inside local    Outside local       Outside global
tcp 200.200.200.3:1024 192.168.1.3:1025 210.210.210.2:80   210.210.210.2:80
tcp 200.200.200.3:1025 192.168.1.2:1025 210.210.210.2:80   210.210.210.2:80
```

图 16-13　路由器 Router0 上的端口地址转换情况

16.4.7　任务 7：利用 Packet Tracer 配置路由器的访问控制列表和端口地址转换

1. 任务目标

（1）理解网络地址转换的原理及功能。

（2）理解访问控制列表的原理及功能。

（3）掌握端口 NAT 和 ACL 的配置的综合应用。

2. 案例导入

公司办公需要接入互联网,公司只向 ISP 申请了一条专线,该专线分配了公网 IP 地址,要求通过配置实现公司内部的全部主机通过合法的公网 IP 地址访问远程服务器,外网主机使用公网地址访问企业 Web 服务器,限制企业内部某台主机与外网的通信。

3. 工作环境

（1）Windows 7 系统的主机。

（2）主机中预装 Packet Tracer 软件。

4. 任务分析

利用 Packet Tracer 软件模拟企业与外部网络的连接,网络拓扑图如图 16-14 所示。PC0、PC1 和 Server0（Web 服务器）所在网络代表企业网络,PC2 所在网络代表外部网络中的主机。在路由器 Router0 中配置 NAT 和 ACL 使得 PC0、PC1 和 Server0 通过 NAT 后可以访问外网主机 PC2；PC0 和 PC1 可以利用内网地址去访问 Web 服务器；外网主机 PC2 也可以访问 Web 服务器,但需要通过其公网地址去访问。另外配置 ACL 功能,仅不允许 PC1 和 PC2 进行 ICMP 通信。

5. 实施过程

（1）主机与交换机之间使用直通线相连,Server0 与路由器用交叉线相连,交换机与路由器之间用直通线相连,主机与路由器之间用交叉线相连。

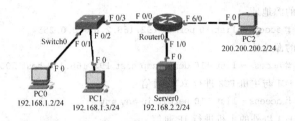

图 16-14　任务 7 路由器端口地址转换网络拓扑图

（2）按照主机与服务器的 IP 地址信息表（见表 16-14）配置主机和服务器的 IP 地址、子网掩码和网关，如表 16-15 所示。

表 16-14　任务 7 主机与服务器 IP 地址信息表

设备名称	PC0	PC1	Server0	PC2
IP 地址	192.168.1.2	192.168.1.3	192.168.2.2	200.200.200.2
子网掩码	255.255.255.0	255.255.255.0	255.255.255.0	255.255.255.0
网关	192.168.1.1	192.168.1.1	192.168.2.1	200.200.200.1

表 16-15　任务 7 路由器端口 IP 地址信息表

设备名称	Router0 端口 F 0/0	Router0 端口 F 1/0	Router0 端口 F 6/0
IP 地址	192.168.1.1	192.168.2.1	200.200.200.1
子网掩码	255.255.255.0	255.255.255.0	255.255.255.0

（3）配置路由器 Router0，命令如下。

```
Router0 > enable
Router0 # configure terminal                              //进入全局配置模式
Router0(config) # interface fastethernet0/0               //打开路由器 F 0/0 端口
Router0(config - if) # ip address 192.168.1.1 255.255.255.0   //配置 IP 地址
Router0(config - if) # ip access - group 110 in   //符合 110 列表规则的数据包进入 F 0/0 时进
                                                  //行相应的访问控制
Router0(config - if) # ip nat inside              //端口 F 0/0 为 NAT 的内部
Router0(config - if) # exit
Router0(config) # interface fastethernet1/0
Router0(config - if) # ip address 192.168.2.1 255.255.255.0
Router0(config - if) # ip nat inside              //端口 F 6/0 为 NAT 的内部
Router0(config - if) # exit
Router0(config) # interface fastethernet6/0
Router0(config - if) # ip address 200.200.200.1 255.255.255.0
Router0(config - if) # ip nat outside            //端口 F 1/0 为 NAT 的外部
Router0(config - if) # ip nat inside source list 10 interface fastethernet 6/0 overload
      //对于列表 10 中定义的源地址进行动态复用 NAT(PAT)，并都转换成 F 6/0 端口的公网地址
Router0(config) # ip nat inside source static 192.168.2.2 200.200.200.3
      //定义 Web 服务器的静态转换地址
Router0(config) # access - list 10 permit 192.168.1.0 0.0.0.255
```

```
            //定义 NAT 的源地址
Router0(config)#access-list 10 permit 192.168.2.0 0.0.0.255
            //定义 NAT 的源地址
Router0(config)#access-list 110 deny icmp host 192.168.1.3 host 200.200.200.2
            //禁止主机 PC1 与主机 PC2 进行 ICMP 通信
Router0(config)#access-list 110 permit ip any any
            //允许主机 PC1 以外的主机进行 IP 通信
```

（4）对 NAT 的检查与测试。在主机 PC0 上 Ping 主机 PC2，正常为连通状态，但主机 PC2 上 Ping 主机 PC0 是不通的，因为 NAT 屏蔽了内部主机。此时证明动态 NAT 设置是正确的。

（5）对 Web 服务器访问的检查与测试。分别在主机 PC0 和主机 PC2 上访问 Web 服务器，PC0 访问 Web 服务器的内网 IP 地址是 192.168.2.2，而主机 PC2 访问 Web 服务器外网静态 NAT 后的 IP 地址为 200.200.200.3，如果能分别 Ping 通，则说明对 Web 服务器的一对一静态 NAT 配置正确。

（6）进行访问控制效果检测：分别在主机 PC0 和主机 PC1 上 Ping 主机 PC2，检查连通性，配置正确后 PC1 应该无法与 PC2 进行基于 ICMP 协议的通信，而主机 PC0 和路由器接口的 IP 都可以跟 PC2 进行基于 ICMP 协议的通信。

16.5　常见问题解答

1. 访问控制列表的配置原则是什么？

答：访问控制列表是路由器接口的指令列表，用来控制端口进出的数据包。ACL 默认执行顺序是自上而下。在配置 ACL 时，要遵循最小特权原则、最靠近受控对象原则以及默认丢弃原则。其中，最小特权原则是指只给受控对象完成任务所必需的最小的权限，即被控制的总规则是各个规则的交集，只满足部分条件的是不允许通过规则的。最靠近受控对象原则是对所有的网络层访问权限进行控制，也就是说在检查规则时是采用自上而下在 ACL 中逐条检测的，只要发现符合条件就立刻转发，而不继续检测下面的 ACL 语句。默认丢弃原则是指在路由交换设备中，默认最后一条 ACL 语句是 deny any any，即丢弃所有不符合条件的数据包。

2. 如果 Packet Tracer 软件中路由器的以太网端口不够，该如何操作？

答：如果路由器的以太网端口不够，可以先移除两个串口后再添加两个以太网端口。单击图 16-15 中的电源开关关闭路由器电源，选择图 16-15 中左侧模块中的 RT-ROUTER-NM-1CFE，再拖动图 16-15 中右下角的图标到路由器图中的空插槽处即可。都添加完成后再单击电源开关开启路由器电源，选择"命令行"选项卡即可进行路由器的命令行配置。

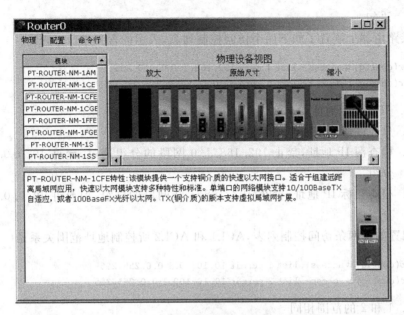

图 16-15 Packet Tracer 软件设备的物理配置

16.6 认证试题

一、选择题

1. 访问控制列表的作用是( )。

    A. 安全控制   B. 流量过滤

    C. 数据流量标识   D. 流媒体传输服务

2. 访问控制列表分为标准和扩展两种。下面关于 ACL 的描述中,错误的是( )。

    A. 标准 ACL 可以根据分组中的 IP 源地址进行过滤

    B. 扩展 ACL 可以根据分组中的 IP 目标地址进行过滤

    C. 标准 ACL 可以根据分组中的 IP 目标地址进行过滤

    D. 扩展 ACL 可以根据不同的上层协议信息进行过滤

3. 标准访问控制列表以( )作为判别条件。

    A. 数据包大小   B. 数据包的源地址

    C. 数据包的端口号   D. 数据包的目标地址

4. 路由器命令 Router(config)#access-list 1 permit host 192.168.1.1 的含义是( )。

    A. 不允许源地址为 192.168.1.1 的分组通过,如果分组不匹配,则结束

    B. 允许源地址为 192.168.1.1 的分组通过,如果分组不匹配,则检查下一条语句

    C. 不允许目标地址为 192.168.1.1 的分组通过,如果分组不匹配,则结束

    D. 允许目标地址为 192.168.1.1 的分组通过,如果分组不匹配,则检查下一条

语句

5. 某路由器上配置了如下两个访问控制列表，表示的含义是（　　）。

```
Router(config)♯access-list 1 deny 192.168.1.0 0.0.0.255
Router(config)♯access-list 1 permit 10.0.0.0 0.255.255.255
```

    A. 只禁止源地址为 192.168.1.0 网段的分组通过

    B. 只允许源地址为 10.0.0.0 网段的分组通过

    C. 检查源 IP 地址，禁止 192.168.1.0 网段的分组通过，允许 10.0.0.0 网段的分组

    D. 检查目标 IP 地址，禁止 192.168.1.0 网段的分组，但允许 10.0.0.0 网段的分组

6. 配置如下两条访问控制列表，ACL1 和 ACL2 所控制地址范围关系是（　　）。

```
Router(config)♯access-list 1 permit 10.10.10.1 0.0.255.255
Router(config)♯access-list 2 permit 10.10.100.1 0.0.255.255
```

    A. 1 和 2 的范围相同

    B. 1 的范围在 2 的范围内

    C. 2 的范围在 1 的范围内

    D. 1 的范围和 2 的范围没有任何包含关系

7. 以下为标准访问控制列表的命令是（　　）。

    A. Router(config)♯access-list 1 permit host 192.168.1.2

    B. Router(config)♯access-list 2 deny 192.168.1.3

    C. Router(config)♯access-list 3 permit 192.168.1.0 255.255.255.0

    D. Router(config)♯access-list standard 192.168.1.4

8. 在路由器上配置一个标准的访问控制列表，只允许所有源自 B 类地址 172.16.0.0 的 IP 数据包通过，那么反掩码（Wildcard-Mask）采用（　　）是正确的。

    A. 255.255.0.0 　　　　　　　　　　　B. 255.255.255.0

    C. 0.0.255.255 　　　　　　　　　　　D. 0.255.255.255

9. 配置访问控制列表的先后顺序，会影响访问控制列表的匹配效率，因此（　　）。

    A. 最常用的需要匹配的列表在前面输入

    B. 最常用的需要匹配的列表在后面输入

    C. deny 在前面输入

    D. permit 在前面输入

10. 下列条件中，能用作标准访问控制列表决定报文是转发还是丢弃的匹配条件有（　　）。

    A. 源主机 IP　　　　B. 目标主机 IP　　　　C. 协议类型　　　　D. 协议端口号

11. 将 ACL 应用到路由器端口的命令是（　　）。

    A. Router(config-if)♯ip access-group 10 out

    B. Router(config-if)♯apply accss-list 10 out

　　C. Router(config-if)♯fixup access-list 10 out

　　D. Router(config-if)♯router access-group 10 out

12. 路由器验证端口的 ACL 应用(　　)命令。

　　A. show int　　　　　　　　　　B. show ip int

　　C. show ip　　　　　　　　　　D. show access-list

13. ip access-group {number} in 命令的含义是(　　)。

　　A. 指定端口上使其对输入该端口的数据流进行接入控制

　　B. 取消指定端口上使其对输入该端口的数据流进行接入控制

　　C. 指定端口上使其对输出该端口的数据流进行接入控制

　　D. 取消指定端口上使其对输出该端口的数据流进行接入控制

14. 在配置访问控制列表时,以下描述不正确的是(　　)。

　　A. 加入的规则都被追加到访问控制列表的最后

　　B. 加入的规则可以根据需要插入到任意位置

　　C. 修改现有的访问控制列表需要删除并重新配置

　　D. 访问控制列表按照顺序检查直到找到匹配的规则

15. 访问控制列表时路由器的一种安全策略,如果决定使用标准 IP 访问控制列表来做安全控制,以下为标准 IP 访问控制列表的选项是(　　)。

　　A. Router(config)♯access-list standard 192.168.1.2

　　B. Router(config)♯access-list 10 deny 192.168.1.3 0.0.0.0

　　C. Router(config)♯access-list 101 deny 192.168.1.4 0.0.0.0

　　D. Router(config)♯access-list 101 deny 192.168.1.4 255.255.255.255

16. 配置访问控制列表如下所示,其默认的规则是(　　)。

Router(config)♯access-list 101 permit 192.168.0.0 0.0.0.255 10.0.0.0 0.255.255.255

　　A. 允许所有的数据包通过

　　B. 仅允许到 10.0.0.0 的数据包通过

　　C. 拒绝所有数据包通过

　　D. 仅允许到 192.168.0.0 的数据包通过

17. 扩展 IP 访问控制列表的号码范围是(　　)。

　　A. 1~99　　　　B. 100~199　　　　C. 800~899　　　　D. 900~999

18. 以下描述中,访问控制列表不能实现的是(　　)。

　　A. 拒绝从一个网段到另一个网段的 Ping 流量

　　B. 禁止客户端向某个非法 DNS 服务器发送请求

　　C. 禁止以某个 IP 地址作为源发出的 Telnet 流量

　　D. 禁止某些空户端的 P2P 下载应用

19. 某路由器上配置了如下访问控制列表,其含义是(　　)。

Router(config)♯access-list 102 deny udp 10.10.10.10 0.0.0.255 20.20.20.20 0.0.0.255
gt 128

  A. 禁止从 20.20.20.0/24 网段的主机到 10.10.10.0/24 网段的主机使用端口号大于 128 的 UDP 进行连接

  B. 禁止从 20.20.20.0/24 网段的主机到 10.10.10.0/24 网段的主机使用端口号小于 128 的 UDP 进行连接

  C. 禁止从 10.10.10.0/24 网段的主机到 20.20.20.0/24 网段的主机使用端口号大于 128 的 UDP 进行连接

  D. 禁止从 10.10.10.0/24 网段的主机到 20.20.20.0/24 网段的主机使用端口号小于 128 的 UDP 进行连接

20. 以下 ACL 语句中,含义为"允许 172.168.0.0/24 网段所有 PC 访问 10.1.0.10 中的 FTP 服务"的是(　　)。

  A. access-list 101 deny tcp 172.168.0.0 0.0.0.255 host 10.1.0.10 eq ftp

  B. access-list 101 permit tcp 172.168.0.0 0.0.0.255 host 10.1.0.10 eq ftp

  C. access-list 101 deny tcp host 10.1.0.10 172.168.0.0 0.0.0.255 eq ftp

  D. access-list 101 permit tcp host 10.1.0.10 172.168.0.0 0.0.0.255 eq ftp

21. 计费服务器的 IP 地址在 192.168.1.0/24 子网内,为了保证计费服务器的安全,不允许任何用户 Telnet 到该服务器,需要配置的访问控制列表为(　　)。

  A. access-list 101 deny tcp 192.168.1.0 0.0.0.255 eq telnet
   access-list 101 permit ip any any

  B. access-list 101 deny tcp any 192.168.1.0 eq telnet
   access-list 101 permit ip any any

  C. access-list 101 deny udp 192.168.1.0 0.0.0.255 eq telnet
   access-list 101 permit ip any any

  D. access-list 101 deny tcp any 192.168.1.0 0.0.0.255 eq telnet
   access-list 101 permit ip any any

22. 配置访问控制列表如下所示,在该规则中 any 的含义是(　　)。

```
Router(config)#access-list 101 permit ip any 192.168.1.0 0.0.0.255 eq ftp
```

  A. 检查源地址的所有比特位   B. 检查目标地址的所有比特位
  C. 允许所有的源地址   D. 允许 255.255.255.255 0.0.0.0

23. 创建一个扩展访问控制列表 101,将它应用到端口上的命令是(　　)。

  A. Router(config-if)#permit access-list 101 out

  B. Router(config-if)#ip access-group 101 out

  C. Router(config-if)#access-list 101 out

  D. Router(config-if)#apply access-list 101 out

24. 以下描述中,关于网络地址转换不正确的是(　　)。

  A. 网络地址转换(NAT)不可以有效地隐藏内部局域网中的主机,但却是一种有效的网络安全保护技术

  B. 一个局域网内部有很多主机,但不能保证每台主机都拥有合法的共有 IP 地

址,为了实现所有的内部主机都可以连接到互联网,可以使用网络地址转换技术(NAT)

C. 网络地址转换技术是在 IP 地址日益短缺的情况下提出的

D. 网络地址转换技术(NAT)可以按照用户的需要,在局域网内部提供给外部 FTP、Web 和 Telnet 服务

25. 静态 NAT 技术的优点是(　　)。

    A. 节约 IP 地址   B. 隐藏真实 IP 地址

    C. 端口转换   D. 代理

26. 动态 NAT 技术的优点是(　　)。

    A. 节约 IP 地址   B. 隐藏真实 IP 地址

    C. 端口转换   D. 代理

27. 端口多路复用 NAT 技术的优点是(　　)。

    A. 节约 IP 地址   B. 隐藏真实 IP 地址

    C. 端口转换   D. 代理

28. 客户机从内网向外网发数据包,经过 NAT 后,修改了(　　)。

    A. 源 IP 地址   B. 目的 IP 地址

    C. 端口号   D. 协议类型

29. 以下描述中,不属于网络地址转换的配置是(　　)。

    A. 定义一个访问控制列表,规定什么样的主机可以访问

    B. 根据选择的方式,定义合适的内部服务器

    C. 采用地址池方式提供私有地址

    D. 根据局域网的需要,定义合适的内部服务器

30. (　　)用来规定数据包需要进行地址转换。

    A. 在线用户表   B. 访问控制列表

    C. MAC 地址表   D. 路由表

31. 关于 NAT 技术,以下描述正确的是(　　)。

    A. 不是所有的数据流量都要经过 NAT 网关才能发出

    B. 网络内部使用保留地址

    C. 应用程序将经过地址转换后的数据包发给 NAT,NAT 再发出

    D. 内部地址需要和外部地址一一对应,才能实现地址转换

32. 当运行 NAPT 时,地址复用的用途是(　　)。

    A. 限制可以连接到 WAN 的主机数量

    B. 允许多个内部地址共享一个全局地址

    C. 限制主机等待可用地址

    D. 允许外部主机共享内部全局地址

33. 命令 ip nat inside source static 10.1.1.1 172.16.0.1 的作用是(　　)。

    A. 为所有的外部 NAT 创建一个全局的地址池

    B. 为内部的静态地址创建动态的地址池

C. 为所有内部本地 NAT 创建了动态源地址转换

D. 为内部本地地址和内部全局地址创建一对一的映射关系

二、填空题

访问列表的三种类型是_____、_____和_____。

三、简答题

1. 创建扩展 IP 访问列表的步骤是什么？

2. 网络地址转换的实现方式有哪三种？

四、操作题

1. 你是某公司的网络管理员，欲发布公司的 Web 服务。现要求将内网 Web 服务器 IP 地址映射为全局 IP 地址，实现外部网络可以访问公司内部 Web 服务器。网络拓扑图如图 16-16 所示。

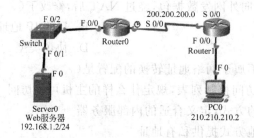

图 16-16　操作题 1 网络拓扑图

2. 你是某公司的网络管理员，公司办公网需要接入互联网，公司只向 ISP 申请了一条专线，该专线分配了一个公网 IP 地址，配置实现全公司的主机都能访问外网。网络拓扑图如图 16-17 所示。

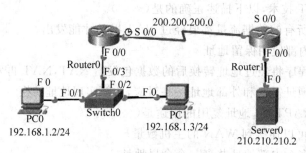

图 16-17　操作题 2 网络拓扑图

项目 17

AAA 部署与配置

17.1 用户需求与分析

当网络不断扩大,网络安全的重要性和管理的复杂性随之增加。由于身份安全与访问管理变得日益复杂,就需要对网络中的资源进行保护,以免有人在未经授权的情况下对网络进行访问。

17.2 预 备 知 识

17.2.1 AAA 的概念

AAA 是 Authentication(验证)、Authorization(授权)和 Accounting(审计)的简称,它提供了验证、授权和审计三种安全功能。AAA 可以通过多种协议来实现,目前华为设备支持基于 RADIUS(Remote Authentication Dial-In User Service)协议或 HWTACACS(Huawei Terminal Access Controller Access Control System)协议来实现 AAA。

验证:这个用户是谁(身份)。用户和管理员必须证明他们的身份才可以对资源进行访问,证明的方式可以是用户名和密码组合,可以是响应问题,也可以是令牌卡等。

授权:这个用户能做什么(服务)。用户得到验证后,授权服务决定用户可以访问哪些资源以及允许用户进行哪些操作。

审计:这个用户做了什么(审计)。审计功能记录了用户做了什么、访问了哪些资源、访问的时长、时间,以及做了哪些改动。

需要注意的是,可以在没有授权的情况下使用验证功能,可以在没有审计的情况下使用验证功能,但不可以在没有验证的情况下使用授权功能,也不可以在没有验证的情况下使用审计功能,授权和审计是平行关系,互不影响。

17.2.2 AAA 验证的分类与配置方法

AAA 验证决定用户是否可以获得网络访问的权限。AAA 支持的验证方式包括:不验证、本地验证和基于服务器的验证(又称为远端验证)。

本地 AAA 验证使用一个本地数据库对用户进行验证。这种方法是在路由器上本地存放用户名和密码，使用本地数据库验证用户。本地 AAA 验证是小型网络的理想选择。本地 AAA 验证的方法与使用 login local 命令相似。

配置本地 AAA 验证有以下 4 个步骤。

（1）为管理需要接入路由器的用户在本地路由器数据库中加入用户名和密码。

（2）在路由的全局模式下启用 AAA。

（3）在路由器上配置 AAA 参数。

（4）对 AAA 配置进行确认和故障排除。

在思科路由器上配置本地 AAA 验证的具体命令如下。

```
R1#conf t
R1(config)#username guol secret cisco
R1(config)#aaa new-model
R1(config)#aaa authentication login default local-case enable
R1(config)#aaa authentication login telnet-login local-case
R1(config)#line vty 0 4
R1(config)#login authentication telnet-login
```

基于服务器的 AAA 验证使用 RADIUS 或 TACACS＋协议的外部数据库服务器资源，如使用 Windows Server 的思科安全访问控制服务器（ACS）。如果是一个大型网络，有很多台需要管理的设备，基于服务器的 AAA 服务器验证是更合适的选择。这是因为本地 AAA 认证的扩展性不好，当一个企业使用多台思科服务器和多个网络管理员，这时需要在每台路由器上建立多个管理员的账户，这种方法无疑是不可行的。

思科基于服务器的 AAA 验证主要使用两种通信协议：RRADIUS 和 TACACS＋。这两种协议的区别是，RADIUS 是一种公有协议，RADIUS 代理验证具有可扩展性，将RADIUS 验证和授权结合为一个过程，只加密密码，使用 UDP 端口 1645 和 1812 做认证，UDP 端口 1646 和 1813 做设计，支持远程访问技术、802.1X 和 ISP。TACACS＋是思科私有协议，不兼容 TACACS 和 XTACACS，验证和授权分离，加密所有通信，使用TCP 端口 49。

17.2.3 授权的基本概念

授权用来指定授权用户可以访问或使用网络上哪些服务，当用户成功通过了所选择的 AAA 数据库验证后，他们就被授权使用特定的网络资源。总的来说，授权就是用户经过验证后在网络上能做什么和不能做什么，类似于特权级别。授权是自动进行的，不需要用户在验证后执行额外的步骤，授权紧跟在用户验证后实现。AAA 支持的授权方式包括不授权、本地授权和服务器授权（也称为远端授权）。

17.2.4 审计的基本概念

审计的作用是记录用户使用资源的情况。审计时收集的报告和数据方便对用户进行审计或计费。收集的数据可能包括连接的开始和结束时间、执行的命令、数据包数量以及字节数。这些信息在对设备进行故障排除时很有用，也提供了应对进行恶意活动个人的有效手段。AAA 支持的审计方式包括不审计和服务器审计(也称为远端审计)。

企业级的验证服务器包括 Funk 的 Steel-Belted RADIUS 服务器、Livingston Enterprises 的 RADIUS 验证计费管理器(ABM)、Merit Network 的 RADIUS 服务器,这些都是业界比较有名的产品,但它们不能将 RADIUS 和 TACACS+结合成一个解决方案,而思科的 ACS 可以全面支持这两种协议,同时为 RADIUS 和 TACACS+提供一个单一的 AAA 解决方案。

思科安全 ACS 是一种高可扩展、高性能的接入控制服务器,可被用在支持 RADIUS 和 TACACS+或同时支持这两者的网络中控制所有网络设备的管理接入和配置。

思科安全 ACS 具有以下优点。

(1) 在集中式身份标识网络解决方案中,使用策略控制结合验证对管理员用户的接入安全进行管理。

(2) 提供了更多的活动性和机动性、增强的安全性以及用户生产力增益。

(3) 无论用户如何接入网络,对所有用户采用统一的安全策略。

(4) 减少在扩展用户和管理员对网络接入时所需的管理工作和运营负担。

思科安全 ACS 支持以下多种高级特性。

(1) 自动服务监测。

(2) 数据库同步和为大规模部署引入工具。

(3) LDAP 用户验证支持。

(4) 用户接入和管理性接入报告。

(5) 基于一定标准限制网络接入,如基于一天中的某段时间或一周中某些天。

(6) 用户和设备组档案。

需要注意的是,华为的 AAA 服务器需要通过域来对用户进行管理,不同的域可以关联不同的验证、授权和审计方案。

17.3 方案设计

方案设计如表 17-1 所示。

表 17-1 方案设计

任务名称	AAA 部署与配置
任务分解	1. 利用 eNSP 模拟实现 AAA 服务器的部署与配置 (1) AAA 服务器验证方案的创建 (2) AAA 服务器授权方案的创建 (3) 用户等级设置 (4) 验证模式更改 2. 利用 eNSP 模拟实现 AAA 服务器与 Telnet 的综合部署与配置 (1) 华为路由器常见命令的使用 (2) Telnet 和 Console 端口验证方式的设置

任务分解	（3）AAA 服务上用户等级和服务类型的设置 （4）利用 Wireshark 软件捕获 Telnet 用户名和密码 3. 利用 eNSP 模拟实现 AAA 服务器与 STelnet 的综合部署与配置 （1）电子证书的创建 （2）远程登录验证模式的查看 （3）用户登录类型的设置 （4）STelnet 服务的开启
能力目标	1. 熟悉 eNSP 中路由器常见命令的使用 2. 能创建 AAA 服务器的验证方案 3. 能创建 AAA 服务器的授权方案 4. 能设置域的验证方案和授权方案 5. 能在域中创建基本账户 6. 能设置用户等级 7. 能更改验证模式 8. 能使用 Wireshark 软件在 eNSP 中捕获 Telnet 的用户名和密码 9. 能实现 AAA 服务器和 Telnet 的综合部署与配置 10. 能实现 AAA 服务器和 STelnet 的综合部署与配置
知识目标	1. 掌握 AAA 的基本概念 2. 熟悉 AAA 支持的验证方式 3. 熟悉配置 AAA 验证的基本步骤 4. 了解 AAA 验证使用的通信协议 5. 了解授权的基本概念 6. 了解审计的基本概念
素质目标	1. 培养吃苦耐劳,实事求是、一丝不苟的工作态度 2. 树立较强的安全意识 3. 培养良好的职业道德 4. 培养分析能力和应变能力 5. 具有可持续发展能力

17.4　项 目 实 施

17.4.1　任务 1：利用 eNSP 模拟实现 AAA 服务器的部署与配置

1. 任务目标

掌握 AAA 服务器的部署和配置。

2. 工作任务

（1）AAA 服务器验证方案的创建。

（2）AAA 服务器授权方案的创建。

（3）用户等级设置。

（4）验证模式更改。

3. 工作环境

（1）Windows 7 系统的主机。

（2）主机中预装 eNSP 软件。

4. 任务分析

利用 eNSP 软件模拟 AAA 服务器配置，拓扑图如图 17-1 所示。路由器 AR1 通过 AAA 验证能够远程登录到 AR2 上。路由器端口 IP 地址信息如表 17-2 所示。

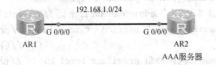

192.168.1.0/24

AR1　　　　　　　　　　　　AR2
AAA服务器

图 17-1　任务 1 AAA 服务器配置拓扑图

表 17-2　任务 1 路由器端口 IP 地址信息表

设备名称	AR1 端口 G 0/0/0	AR2 端口 G 0/0/0
IP 地址	192.168.1.1	192.168.1.2
子网掩码	255.255.255.0	255.255.255.0

5. 实施过程

（1）路由器与路由器之间使用直通线相连。

（2）配置路由器 AR1，命令如下。

```
<Huawei>system-view                                  //进入系统视图界面
[Huawei]sysname AR1                                  //把路由器改名为 AR1
[AR1]interface gigabitethernet 0/0/0                 //打开路由器 G 0/0/0 端口
[AR1-GigabitEthernet0/0/0]ip address 192.168.1.1 24  //配置 IP 地址
```

（3）配置路由器 AR2，命令如下。

```
<Huawei>system-view
[Huawei]sysname AR2                                  //把路由器改名为 AR2
[AR2]interface gigabitethernet0/0/0                  //打开路由器 G 0/0/0 端口
[AR2-GigabitEthernet0/0/0]ip address 192.168.1.2 24  //配置 IP 地址
[AR2-GigabitEthernet0/0/0]quit                       //退出端口模式
```

（4）对网络连通性的检查与测试。在 AR1 上使用 ping 命令，可以 Ping 通 AAA 服务器 AR2。

（5）在路由器 AR2 上配置 AAA，命令如下。

```
<AR2>system-view
[AR2]aaa
[AR2-aaa]authentication-scheme S1                           //创建验证方案 S1
[AR2-aaa-authen-S1]authentication-mode local
     //华为的 AAA 认证包括不验证、本地验证、RADIUS 验证和 HWTACACS 认证,本实验采用本地验证
[AR2-aaa-authen-S1]quit
[AR2-aaa]authorization-scheme S2                             //创建授权方案 S2
[AR2-aaa-author-S2]authorization-mode local
     //华为的 AAA 授权包括不授权、本地授权、远端授权,该实验采用本地授权模式
[AR2-aaa-author-S2]quit
[AR2-aaa]domain HUAWEI                                       //创建域 HUAWEI
[AR2-aaa-domain-huawei]authorization-scheme S2              //设置授权方案 S2
[AR2-aaa-domain-huawei]authentication-scheme S1            //设置验证方案 S1
[AR2-aaa-domain-huawei]quit
[AR2-aaa]local-user admin@HUAWEI password cipher huawei
     //在 HUAWEI 域中创建本地用户 admin@HUAWEI,密码为 huawei,存放方式为加密存放
[AR2-aaa]local-user admin@HUAWEI service-type telnet    //设置 AAA 服务器为用户 admin 开
                                                        //启 Telnet 服务
[AR2-aaa]local-user admin@HUAWEI privilege level 15     //设置 admin 的用户等级为 15
[AR2-aaa]display this                                   //查看 AAA 服务器的配置情况
[AR2-aaa]quit
[AR2]user-interface vty 0 4
[AR2-ui-vty0-4]authentication-mode aaa                 //更改认证模式为 AAA 验证
```

（6）在路由器 AR1 上验证 AR2 上的 AAA 配置,命令如下。

```
<AR1>telnet 192.168.1.2
```

需要输入用户名 admin@HUAWEI,密码为"huawei",顺利进入路由器 AR2,说明
AR2 的 AAA 配置成功。AR1 需要通过 AAA 验证才能远程登录到路由器 AR2。

17.4.2　任务 2：利用 eNSP 模拟实现 AAA 服务器与 Telnet 的综合部署
　　　　　与配置

1. 任务目标

掌握华为路由器常见命令的使用方法,了解 AAA 服务器的连接和简单设置,掌握
Telnet 的配置方法。

2. 工作任务

（1）华为路由器常见命令的使用。

（2）Telnet 和 Console 端口验证方式的设置。

（3）AAA 服务上用户等级和服务类型的设置。

（4）利用 Wireshark 软件捕获 Telnet 用户名和密码。

3. 工作环境

（1）Windows 7 系统的主机。

（2）主机中预装 eNSP 软件。

4．任务分析

利用 eNSP 软件模拟 AAA 服务器配置，拓扑图如图 17-2 所示，路由器 AR2 通过 AAA 验证能够远程登录到 AR2 上。路由器端口 IP 地址信息如表 17-3 所示。

图 17-2　任务 2 AAA 服务器配置拓扑图

表 17-3　任务 2 路由器端口 IP 地址信息表

设备名称	AR1 端口 G 0/0/0	AR2 端口 G 0/0/0
IP 地址	10.1.1.1	10.1.1.2
子网掩码	255.0.0.0	255.0.0.0

5．实施过程

（1）路由器与路由器之间使用直通线相连。

（2）熟悉路由器 AR1 的常见命令使用方法，具体配置如下。

```
< Huawei > system – view
[Huawei]sysname AR1                               //把路由器改名为 AR1
[AR1]display version                              //显示路由器的版本信息
[AR1]display interface G 0/0/0                     //查看接口 G 0/0/0 的信息，了解
                                                  //端口的状态是 up 还是 down
[AR1]interface gigabitethernet 0/0/0               //打开路由器 G 0/0/0 端口
[AR1 – GigabitEthernet0/0/0]undow shutdown          //开启端口
[AR1 – GigabitEthernet0/0/0]ip address 10.1.1.1 8   //配置 IP 地址
[AR1 – GigabitEthernet0/0/0]display this            //显示当前端口的配置
[AR1 – GigabitEthernet0/0/0]display ip interface brief   //查看路由器所有端口的 IP 地址
[AR1 – GigabitEthernet0/0/0]display ip routing – table    //查看路由表
[AR1 – GigabitEthernet0/0/0]display current – configuration//查看当前的配置信息
[AR1 – GigabitEthernet0/0/0]return
< AR1 > save   //保存所有的配置信息，提示"are you sure to continue?(y/n)[n]:"时，输入 y
< AR1 > display saved – configuration     //查看保存的配置信息，存放在 flash 中
< AR1 > dir flash:                        //可以查看到已经保存的配置文件 vrpcfg.zip
< AR1 > reboot                            //重启路由器，所有的配置信息还在
```

（3）配置路由器 AR1，使网络管理员可以从路由器 AR2 远程登录到路由器 AR1 进行配置，而不是只能通过 Console 端口配置路由器 AR1，具体配置命令如下。

```
< AR1 > system – view
[AR1]display ip interface brief           //查看路由器端口的 IP 地址配置信息
[AR1]user – interface vty 0 4             //配置 Telnet
[AR1 – u1 – vty0 – 4]authentication – mode password
```

```
Please configure the login password (maximum length 16):huawei    //采用密码方式验证,配置密
                                                                  //码为 huawei
[AR1 - u1 - vty0 - 4]quit
[AR1]user - interface console 0                         //配置 Console 端口
[AR1 - u1 - console0]authentication - mode password
Please configure the login password (maximum length 16):huawei    //采用密码方式验证,配置密
                                                                  //码为 huawei
```

（4）在路由器 AR2 上进行远程登录验证,具体配置命令如下。

```
< Huawei > system - view
[Huawei]sysname AR2                                     //把路由器改名为 AR2
[AR2]interface gigabitethernet 0/0/0                    //打开路由器 G 0/0/0 端口
[AR2 - GigabitEthernet0/0/0]display ip interface brief
//可以看到华为路由器的端口默认是打开的,因此不使用 undo shutdown 命令,与思科路由器不同
[AR2 - GigabitEthernet0/0/0]ip address 10.1.1.2 8       //配置 IP 地址
[AR2 - GigabitEthernet0/0/0]display ip interface brief  //查看端口的 IP 地址是否配置成功
[AR2 - GigabitEthernet0/0/0]ping -c 100 10.1.1.
//Ping 100 次路由器 R1,中途可以用 Ctrl + C 键停止当前命令的执行
[AR2 - GigabitEthernet0/0/0]quit                        //退出端口模式
< AR2 > telnet 10.1.1.1
Password:huawei                                         //输入密码 huawei
< AR1 > sys  //发现无法输入,并且可以运行的命令非常少,这是因为用户的等级问题
```

（5）在路由器 AR1 上进行用户等级设置,具体配置命令如下。

```
[AR1 - u1 - console0]quit
< AR1 > display user - interface
//可以看到 Console 的用户等级是 15,可以执行所有的命令,因为命令的等级只有 0~3,但是
//如果没有单独配置 VTY,用户等级是 0,可以执行的命令非常少,因此需要更改 VTY 的用户等级
< AR1 > system - view
[AR1]user - interface vty 0 4
[AR1 - u1 - vty0 - 4]user privilege level 15            //更改用户的等级为 15
```

（6）再次在路由器 AR2 上进行远程登录验证,具体配置命令如下。

```
< AR1 > ctrl + ]   //使用 ctrl + ]键退出 AR1,重新从 AR2 远程登录
< AR2 > telnet 10.1.1.1
Password:huawei                                         //输入密码 huawei
< AR1 >?   //登录到 AR1 后发现此时可以使用的命令有很多,远程登录成功
< AR1 > system - view
[AR1]
```

（7）在路由器 AR1 上进行 AAA 验证模式的设置,具体配置命令如下。

```
[AR1 - u1 - vty0 - 4]authentication - mode aaa
[AR1 - u1 - vty0 - 4]quit
[AR1]aaa
[AR1 - aaa]local - user admin password cipher huawei    //创建本地用户和加密密码
[AR1 - aaa]local - user admin privilege level 15         //设置用户等级为 15
```

```
[AR1 - aaa]local - user admin service - type telent        //设置用户的类型
[AR1 - aaa]display this                                    //查看路由器上的 AAA 配置
```

(8) 在路由器 AR2 上重新进行远程登录,具体配置命令如下。

```
[AR1]Ctrl + ]          //使用 Ctrl + ]键退出 AR1,重新从 AR2 远程登录
< AR2 > telnet 10.1.1.1
Username:admin         //此时需要输入用户名 admin
Password:huawei        //输入密码 huawei
< AR1 > system - view
[AR1]display users
        //可以查看到用户用什么方式连接上去,是用 Console 方式还是用远程登录方式
[AR1]quit              //退出连接
```

(9) 利用 Wireshark 软件对 Telnet 过程进行抓包。右击交换机,选择"数据抓包"→ethernet 0/0/1 命令。重启 Telnet 一次,然后在 Wireshark 软件内右击捕获的数据包,选择 Follow TCP Stream 选项可以看到 Telnet 的用户名和密码。

17.4.3 任务3:利用 eNSP 模拟实现 AAA 服务器与 STelnet 的综合部署与配置

1. 任务目标

由于 Telnet 传输明文的账户和密码,缺少安全性,因此需要掌握 STelnet 的配置方法。

2. 工作任务

(1) 电子证书的创建。

(2) 远程登录验证模式的查看。

(3) 用户登录类型的设置。

(4) STelnet 服务的开启。

3. 工作环境

(1) Windows 7 系统的主机。

(2) 主机中预装 eNSP 软件。

4. 任务分析

利用 eNSP 软件模拟 AAA 服务器配置,拓扑图如图 17-3 所示。路由器 AR1 通过 AAA 验证能够远程登录到 AR2 上。路由器端口 IP 地址信息如表 17-4 所示。

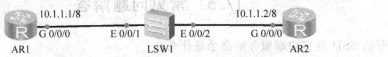

图 17-3 任务3 AAA 服务器配置拓扑图

表 17-4   任务 3 路由器端口 IP 地址信息表

设备名称	AR1 端口 G 0/0/0	AR2 端口 G 0/0/0
IP 地址	10.1.1.1	10.1.1.2
子网掩码	255.0.0.0	255.0.0.0

5. 实施过程

（1）在路由器 AR1 上配置 STelnet,命令如下。

```
<AR1>disp rsa local-key-pair public              //查看是否有电子证书
<AR1>system-view
[AR1]rsa local-key-pair create                   //若没有电子证书则创建一个
Confirm to replace them?(y/n)[n]:y               //输入 y
Input the bite in the modulus[default=512]:1024  //输入密钥长度,默认是 512,建议输入 1024
[AR1]disp rsa local-key-pair public              //查看上面的操作是否产生电子证书
[AR1]user-interface vty 0 4
[AR1-ui-vty0-4]display this                      //查看远程登录的验证模式,确认验证模式为 AAA 验证
[AR1-ui-vty0-4]protocol inbound ssh              //把协议改成 SSH 而不是过去的 Telnet
[AR1-ui-vty0-4]aaa                               //回到 AAA 验证
[AR1-aaa]display this                            //查看之前的设置
[AR1-aaa]local-user admin service-type ssh       //更改服务类型为 SSH
[AR1-aaa]quit
[AR1]ssh user admin authentication-type password //设置 SSH 的用户名是 admin,验证方式是密码
[AR1]display ssh user-information                 //查看确认 SSH 的用户信息和认证方式是否正确
[AR1]display ssh server status                    //查看 SSH 的服务状态,发现 SFTP 和 STelnet server 的状态
                                                  //均是 Disable
[AR1]stelnet server enable                        //启用 STelnet 服务
```

（2）在路由器 AR2 上验证 AR1 上的 STelnet 配置,命令如下。

```
<AR2>system-view
[AR2]ssh client first-time enable                //开启 SSH 的客户端服务
[AR2]stelnet 10.1.1.1
Please input the username:admin
The server is not authenticated.continue to access it? (y/n)[n]:y
                                                 //服务器还没有验证,是否继续访问,输入 y
Save the server's public key? (y/n)[n]:y         //询问是否保存公钥,选择 y
Enter password:huawei                            //输入密码 huawei
<AR1>system view
[AR1]quit                                        //退出 AR1,重新从 AR2 远程登录
[AR2]stelnet 10.1.1.1
Please input the username:admin
Enter password:huawei
<AR1>display ssh server session                  //可以查看到有连接信息
```

17.5   常见问题解答

开启 SSH 的客户端服务的命令是什么?

答：ssh client first-time enable。

17.6　认证试题

选择题

1. 下列选项最有可能用来对访问思科路由器 CLI 界面的网络管理员进行认证的是(　　)。

　　A. TACACS+　　　　B. Diameter　　　　C. RADIUS　　　　D. ACS

2. 对于一名已经通过了认证和授权的思科路由器管理员,下列可以对其尝试使用的特定思科 IOS 命令执行准确的控制授权的是(　　)。

　　A. TACACS+　　　　B. Diameter　　　　C. RADIUS　　　　D. ISE

3. (　　)两个设备或用户可以充当 AAA 服务器的客户端。

　　A. 路由器　　　　　B. 交换机　　　　　C. VPN 用户　　　　D. 管理员

4. 在路由器上需要创建(　　)并将其应用到 VTY 线路上,以通过一系列特定的方式来识别用户的身份。

　　A. RADIUS 服务器　　　　　　　　B. TACACS+ 服务器

　　C. 授权方法列表　　　　　　　　　D. 验证方法列表

5. 在一个有效的 TACACS+ 服务组中,最少包含(　　)台服务器。

　　A. 1　　　　　　　　B. 2　　　　　　　　C. 3　　　　　　　　D. 4

6. 通过下列(　　)两项可以在路由器上配置 AAA。

　　A. ACS　　　　　　　B. CCP　　　　　　　C. CLI　　　　　　　D. TACACS+

7. 下列关于 ACS 5.x 的叙述中,正确的是(　　)。

　　A. 用户组位于网络设备组中

　　B. 授权策略可以与访问特定网络设备组的用户组进行关联

　　C. 用户组中必须至少拥有一个用户

　　D. 为了简便,可以使用用户组来替代设备组

8. 如何在 ACS 中创建新的管理员组?(　　)

　　A. Users and Identify Stores＞Identity Groups

　　B. Identity Stores＞Identity Groups

　　C. Identity Stores and Groups＞Identity Groups

　　D. Users and Groups＞Identity Groups

9. 下列(　　)项有可能导致 AAA 验证失败。

　　A. AAA 服务器上输入了错误的密码

　　B. 路由器上配置的 AAA 服务器 IP 地址有误

　　C. 路由有误

　　D. AAA 服务器和路由器之间执行的过滤有误

防火墙的配置与应用

18.1 用户需求与分析

防火墙是一种非常有效的网络安全模型,通过它可以隔离风险区域与安全区域之间的连接,同时不会妨碍人们对风险区域的访问。防火墙是不同网络间信息的唯一出口,根据企业网的安装策略控制、允许、拒绝、监测出入网络的信息流,提供安全防范保护功能。通过防火墙的配置与应用可以达到以下目的:①可以限制外部用户进入内部网络,过滤不安全服务和非法用户;②防止入侵者接近防御设施;③限制用户访问特殊站点;④为监视互联网安全提供方便。

18.2 预备知识

18.2.1 防火墙的功能

传统意义的防火墙用于控制实际的火灾,使火灾被限制在建筑物的某部分,不会蔓延到其他区域。而网络安全中的防火墙位于两个信任程度不同的网络之间(如企业内部网络和 Internet 之间)或主机与网络之间,对两个网络之间或主机与网络之间的通信进行控制,通过强制实施统一的安全策略,防止对重要信息资源的非法存取和访问,以达到系统安全的目的。防火墙包括硬件、软件和控制策略,是将内部网和公共网分隔的特殊网络互联设备或系统。防火墙的内部区域是指内部网络或者内部网络的一部分,是可信任的区域,应受到防火墙的保护。外部区域是指 Internet 或者内部的网络,是不被信任的区域。能够完成网络用户访问控制、验证服务、数据过滤,限制内部用户访问某些站点等功能。它遵循允许或拒绝业务往来的网络通信安全机制,提供可控的过滤网络通信,只允许授权的通信。防火墙是作为一个安全网络的边界点,在不同的网络区域之间进行流量的访问控制。

网络防火墙的工作任务是设置一个检查站,监视、过滤和检查所有流经的协议数据,并对其执行相应的安全策略,如阻止协议数据通过或禁止非法访问,能有效地过滤攻击流量。另外,防火墙通过对网络的访问行为进行记录,即进行日志记录,同时也提供审计功能,完成对网络使用情况的数据、统计与监视功能。防火墙通过 NAT 等技术完成对内部网络信息,如关键主机的 IP 及开启的服务等信息的隐藏与保护,使内部网络不暴露于外网。提供企业网络服务的防火墙能控制和管理网络访问,保护网络和系统资源,对数据流量进行深度检测,还可以身份验证,记录和报告事件。防火墙通过设置 DMZ 端口,发布企业的部分资源与信息服务,如对外提供的 Web、FTP 或 E-mail 等服务。DMZ 称为非军事化区,对于防火墙的 DMZ 端口所连接的部分,一般称为服务器群或服务器区,防火墙也可以进行测量的检查与控制,只允许对特定的服务端口的访问进入。如开放的 Web 服务仅对内部服务访问的目的端口为 80 时才允许。

18.2.2 防火墙的工作原理

防火墙是网络上的一种过滤器,让安全的信息流通过,将不安全的信息全部过滤掉。防火墙采用的技术和标准五花八门、多种多样,但工作方式都一样,即分析出入防火墙的数据包,决定放行还是阻止通过。所有的防火墙都具有 IP 地址数据包过滤功能,只需要检查 IP 数据包头部特征信息,如根据其 IP 源地址和目标地址,即可做出放行还是丢弃的动作。包过滤是在 IP 层实现的,根据包的源 IP 地址、目的 IP 地址、源端口、目的端口及包传递方向等报头信息来判断是否允许包通过。包过滤防火墙的应用非常广泛,因为 CPU 用来处理包过滤的时间几乎可以忽略不计,并且这种防护措施对用户透明,合法用户在进出网络时,根本感受不到它的存在,使用起来很方便。因此这样的系统具有很好的传输性能,并容易扩展。但缺点是这种防火墙不太安全,包过滤防火墙对应用层性能系无法解析,如果攻击者把自己主机的 IP 地址设置成一个合法主机的 IP 地址,就可以轻易通过包过滤器防火墙。代理服务型防火墙在应用层上实现防火墙功能,弥补了包过滤防火墙的不足。它能提供部分与传输有关的状态,提供与应用有关的状态,解析部分传输的信息,此外还能处理和管理信息。

在技术实现上,防火墙经历了第一代的包过滤技术阶段,最典型的是设计在路由器上的访问控制列表功能来完成包过滤防火墙的功能实现;1989 年推出的电路层防火墙和应用层防火墙被认为是第二代和第三代防火墙的初步结构;1992 年开发出的基于动态包过滤技术被称为第四代防火墙;1998 年 NAI 公司推出的自适应代理技术可以称为第五代防火墙。

较早的防火墙是在路由器上实现的,随着互联网应用的普及,出现了建立在通用操作系统上的防火墙,目前已经发展为具有安全的专用操作系统的防火墙,并多以独立的硬件设备形式在网络中部署,但其仍然是软件和硬件的结合,只是较多的功能是通过硬件实现的,如在对数据进行 VPN 传输的保护中,性能较好的防火墙采用的是专用的硬件来完成加密处理的,如 DES 加密等。

18.2.3 防火墙的分类

市场上防火墙产品种类非常繁多,划分的标准也各式各样。主要的分类有以下几种。

按操作对象不同分为主机防火墙和网络防火墙。主机防火墙的优点是位置优势、低成本;缺点是难以部署和维护、缺乏透明度、功能局限性。例如,天网防火墙、诺顿防火墙都属于主机防火墙。网络防火墙的优点是功能强大、性能高、透明度强；缺点是成本高、内部攻击保护性差。例如，锐捷防火墙、蓝盾防火墙、天融信网络卫士都属于网络防火墙。

按实现方式不同分为软件防火墙和硬件防火墙。软件防火墙用于应用层控制和检测，优点是功能丰富；缺点是性能低、有自身安全性问题。例如，微软的 ISA 防火墙、CheckPoint 防火墙都属于软件防火墙。硬件防火墙的优点是性能高、自身安全性高、易于维护；缺点是缺乏高级功能。例如，锐捷防火墙、思科防护墙、蓝盾防火墙和天融信网络卫士都属于硬件防火墙。

按技术实现层次上分为网络层防火墙和应用层防火墙。网络层防火墙通过对流经的协议数据包的头部信息，如源地址、目的地址、协议号、源端口和目的端口等信息进行规定策略的控制。而应用层防火墙可以对协议数据流进行全面的检查与分析，以确定其需执行策略的控制。

按过滤和检测方式分为包过滤防火墙、代理型防火墙（又称为应用网关防火墙）、状态防火墙。包过滤防火墙利用定义的特定规则过滤数据包。规则定义按照 IP 数据包的特点进行，可以充分利用数据包中的五元组（源 IP 地址、目标 IP 地址、源端口号、目标端口号和协议号）来定义数据包通过防火墙的条件。包过滤防火墙的特点是简单，但缺乏灵活性，由于需要对每个数据包都进行策略检查，策略过多时会导致网络性能急剧下降。代理型防火墙是把防火墙作为一个业务访问的中间节点，对 Client 来说防火墙是一个 Server，对 Server 来说防火墙是一个 Client。代理防火墙安全性很高，但是开发代价很大。对每一种应用开发一个对应的代理服务很难做到，因此代理型防火墙不能支持很丰富的服务，只能针对某些应用提供代理支持，例如常用的 HTTP 代理。状态防火墙通过检测基于 TCP/UDP 连接的连接状态，动态地决定报文是否可以通过防火墙。在状态防火墙中，会维护着一个以五元组为 Key 值的 Session（会话）表项，对于后续数据包通过匹配 Session 表项防火墙就可以决定哪些是合法访问，哪些是非法访问。状态防火墙结合了包过滤防火墙和代理防火墙的优点，不仅速度快而且安全性高。目前市场上大部分防火墙都是采用状态检测技术的产品，华为的 Eudemon 防火墙和 AR G3 防火墙均采用状态检测技术，而华为交换机的防火墙则是采用包过滤技术。

按部署位置不同分为边界防火墙、个人防火墙和混合防火墙。

按性能不同分为百兆级防火墙和千兆级防火墙。

18.2.4 防火墙的选用

目前，在国内防火墙产品市场中，国内产品和国外产品各占半壁江山。国外品牌的优势主要是技术和知名度比国内产品高。国内品牌则对国内用户需求了解更加透彻，价格上也具有优势。国外防火墙厂商主要有思科（CiscoASA）、CheckPoint、NetScreen 等，其特点是自身开发能力强，产品线比较齐全，有比较完善的销售渠道和技术支持体系。它们的主要客户是电信、金融等高端用户群。国内防火墙一线厂商主要有东软、天融信、启明星辰、联想、方正、安氏领信、华为等，它们的产品应用领域较广，从高端到低端都有覆盖，网络应用从百兆位到千兆位，产品针对性较强。

防火墙的主要性能指标如下。

（1）吞吐量：在不丢包情况下能够达到的最大速率。

（2）时延：入口处输入帧最后一个比特到达出口处输出帧第一个比特输出所用的时间间隔，体现了防火墙处理数据的速度。

（3）丢包率：在连续负载情况下，应转发却未转发帧的百分比。对防火墙稳定性和可靠性有较大影响。

（4）并发连接数：穿越防火墙的主机之间或主机与防火墙之间能同时建立的最大连接数反映了防火墙对来自客户端 TCP 连接请求的响应能力。

（5）最大并发连接数建立速率：单位时间内建立的最大连接数，体现了防火墙单位时间内建立和维持 TCP 连接的能力。

目前市场有六种基本类型防火墙，分别是嵌入式防火墙、基于企业软件的防火墙、基于企业硬件的防火墙、SOHO 软件防火墙、SOHO 硬件防火墙和特殊防火墙。在防火墙产品选购中用户通常考虑的要点如表 18-1 所示。

表 18-1　防火墙产品选购要点

自身的安全性	主要体现在自身设计和管理两个方面
系统的稳定性	通过权威评测机构测试、实际调查、自己试用、厂商的研制历史、厂商实力等方法判断
是否高效	一般防火墙加载上百条规则，性能下降不应超过 5%
是否可靠	提高可靠性的措施一般是提高本身部件的强健性、增大设计阈值和增加冗余部件，这要求有较高的生产标准和设计冗余度
功能是否灵活	要求有一系列不同级别，满足不同用户的各类安全控制需求的控制策略
配置是否方便	支持透明通信，在安装时不需要对原网络配置做任何改动
管理是否简便	在充分考虑安全需要的前提下，必须提供安全灵活的管理方式和方法，体现为管理途径、管理工具和管理权限
是否可以抵御拒绝服务攻击	需详细考察这一功能的真实性和有效性
是否可以针对用户身份过滤	常用一次性口令验证机制，来确认登录用户身份
是否可扩展、可升级	如果不支持软件升级，用户需要更换硬件，更换期间网络不设防，同时花费也较大

18.2.5　防火墙的局限性

防火墙不是解决所有网络安全问题的万能药方，只是网络安全策略的一个组成部分。它的局限性主要包括：防外不防内；不能防范全部的威胁，特别是新产生的威胁；在提供深度检测功能以及防火墙处理转发性能上需要平衡；当使用端到端加密时，即有加密隧道穿越防火墙的时候不能处理；防火墙本身可能会存在性能瓶颈，如抗攻击能力、会话数限制等。

18.3　方 案 设 计

方案设计如表 18-2 所示。

表 18-2　方案设计

任务名称	防火墙的配置与应用
任务分解	1. 利用 eNSP 模拟实现防火墙的典型安装与部署 (1) 防火墙的连接与登录配置 (2) 防火墙的典型安装与部署 (3) 防火墙的包过滤规则设置 (4) 防火墙的网络地址转换设置 2. 利用 eNSP 模拟实现防火墙的策略管理 (1) 防火墙的 DHCP 服务配置 (2) 防火墙的安全区域与非安全区域设置 (3) 设置防火墙端口映射实现访问的互通 (4) 为 LAN 内 PC 设置对外访问策略实现访问的互通
能力目标	1. 掌握防火墙的基本连线方法 2. 能使用管理端口登录到防火墙上进行配置 3. 能实现防火墙透明模式的典型安装和配置 4. 能实现防火墙 NAT 模式的典型安装和配置 5. 能设置防火墙端口映射实现外网访问内网服务器 6. 能设置防火墙策略实现局域网内计算机访问外网
知识目标	1. 掌握防火墙的功能 2. 了解防火墙的工作原理 3. 熟悉防火墙的分类
素质目标	1. 掌握网络安全行业的基本情况 2. 树立较强的安全意识 3. 培养吃苦耐劳、实事求是、一丝不苟的工作态度 4. 培养分析能力和应变能力 5. 具有可持续发展能力

18.4　项 目 实 施

18.4.1　任务 1：利用 eNSP 模拟实现防火墙的典型安装与部署

1. 任务目标

了解防火墙基本原理，理解防火墙工作模式，掌握防火墙配置过程，掌握 eNSP 的使用方法。

2. 案例导入

某 IT 公司因业务需要,在另外一个城市建立了子公司,现在要求子公司研发小组能够通过 Internet 把子公司关键业务机密数据安全地传给总公司。要求子公司可以访问总公司的 Web 服务器、FTP 服务器、Telnet 服务器。总公司通过防火墙连接 Internet,子公司通过路由器连接到 Internet。

3. 工作环境

(1) Windows 7 系统的主机。
(2) 主机上预装 eNSP 软件。

4. 任务分析

利用 eNSP 软件模拟防火墙的 NAT 功能,选择防火墙 USG5500 1 台作为公司连接 Internet 的接入设备(FW1),实现内网地址转为外网地址(NAT);路由器 AR2220 1 台 AR1 模拟 Internet,内网中的 2 台 PC 通过交换机 LSW1 连接到防火墙端口上。本任务的网络拓扑图如图 18-1 所示。

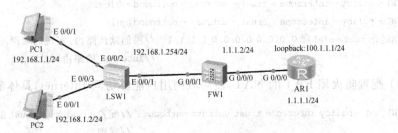

图 18-1 任务 1 防火墙配置拓扑图

5. 实施过程

(1) 在路由器 AR1 上配置 IP 地址,具体配置如下。

```
< Huawei > system - view                                  //进入系统视图界面
[Huawei]sysname AR1                                        //修改设备名称为 AR1
[AR1]interface loopback 0                                  //进入端口
[AR1 - loopback0]ip address 100.1.1.1 24                   //配置 IP 地址与子网掩码
[AR1 - loopback0]quit                                      //退出端口
[AR1]interface gigabitethernet 0/0/0                       //进入端口 G 0/0/0
[AR1 - GigabitEthernet0/0/0]ip address 1.1.1.1 24          //配置 IP 地址与子网掩码
[AR1 - GigabitEthernet0/0/0]quit                           //退出端口
```

(2) 在防火墙 FW1 上配置各接口 IP 地址和安全区域,具体配置如下。

```
< SRG > system - view                                     //进入系统视图界面
[SRG]sysname FW1                                           //修改设备名称为 FW1
```

```
[FW1]interface gigabitethernet 0/0/0                      //进入端口 G 0/0/0
[FW1 - GigabitEthernet0/0/0]ip address 1.1.1.2 24         //配置 IP 地址与子网掩码
[FW1 - GigabitEthernet0/0/0]quit                          //退出端口
[FW1]interface gigabitethernet 0/0/1                      //进入端口 G 0/0/1
[FW1 - GigabitEthernet0/0/1]ip address 192.168.1.254 24   //配置 IP 地址与子网掩码
[FW1 - GigabitEthernet0/0/1]quit                          //退出端口
[FW1]firewall zone untrust                                //进入 untrust 安全区域视图
[FW1 - zone - untrust]add interface gigabitethernet 0/0/0 //将端口加入 untrust 区域
[FW1 - zone - untrust]quit                                //退出
[FW1]firewall zone trust                                  //进入 trust 安全区域视图
[FW1 - zone - trust]add interface gigabitethernet 0/0/1   //将端口加入 trust 区域
[FW1 - zone - trust]quit                                  //退出
```

（3）配置防火墙 FW1 的包过滤规则，具体配置如下。

```
[FW1]policy interzone trust untrust outbound   //配置 trust 到 untrust 的 outbound 规则
[FW1 - policy - interzone - trust - untrust - outbound]policy 0
[FW1 - policy - interzone - trust - untrust - outbound - 0]action permit
[FW1 - policy - interzone - trust - untrust - outbound - 0]policy source 192.168.1.0 mask 24
[FW1 - policy - interzone - trust - untrust - outbound - 0]quit
[FW1 - policy - interzone - trust - untrust - outbound]quit
[FW1]ip route-static 0.0.0.0 0.0.0.0 1.1.1.1   //添加默认路由,实现局域网用户访问
                                               //Internet 的路由可达
```

（4）配置防火墙 FW1 的 NAT，使局域网用户能够访问 Internet，具体配置如下。

```
[FW1]nat - policy interzone trust untrust outbound   //配置 trust 到 untrust 的 NAT outbound
                                                     //规则
[FW1 - nat - policy - interzone - trust - untrust - outbound]policy 1
[FW1 - nat - policy - interzone - trust - untrust - outbound - 1]action source - nat
[FW1 - nat - policy - interzone - trust - untrust - outbound - 1]policy source 192.168.1.0
mask 24
[FW1 - nat - policy - interzone - trust - untrust - outbound - 1]easy - ip gigabitethernet 0/0/0
    //NAT 转换成该端口 IP 地址
[FW1 - nat - policy - interzone - trust - untrust - outbound - 1]quit
[FW1 - nat - policy - interzone - trust - untrust - outbound]quit
```

（5）配置 PC1 和 PC2 的 IP 地址、子网掩码和网关，地址信息如表 18-3 所示。

表 18-3　主机和网络设备 IP 地址信息表

设备名称	PC1	PC2	FW1 的 G 0/0/0	FW1 的 G 0/0/1	AR1 的 G 0/0/0
IP 地址	192.168.1.1	192.168.1.2	1.1.1.2	192.168.1.254	1.1.1.1
子网掩码	255.255.255.0	255.255.255.0	255.255.255.0	255.255.255.0	255.255.255.0
网关	192.168.1.254	192.168.1.254	—	—	—

（6）结果验证。单击 PC1 的"命令行"标签，在命令提示符下输入 ping 100.1.1.1 即可测试连接是否正常。

18.4.2 任务2：利用 eNSP 模拟实现防火墙的策略管理

1．任务目标

了解防火墙基本原理，理解防火墙工作模式，掌握防火墙配置过程，掌握 eNSP 的使用方法。

2．案例导入

某 IT 公司因业务需要，在另外一个城市建立了子公司，现在要求子公司研发小组能够通过 Internet 把子公司关键业务机密数据安全地传给总公司。要求子公司可以访问总公司的 Web 服务器、FTP 服务器、Telnet 服务器。总公司通过防火墙连接 Internet，子公司通过路由器连接到 Internet。

3．工作环境

（1）Windows 7 系统的主机。

（2）主机上预装 eNSP 软件。

4．任务分析

利用 eNSP 软件模拟防火墙的部署与配置，选择防火墙 USG5500 1 台，作为总公司连接 Internet 的接入设备（FW1）；路由器 AR2220 5 台，分别是 AR1、AR2、AR3、AR4 和 AR5，其中 AR1 模拟 Telnet 服务器，AR2 模拟 Internet，AR3 模拟子公司连接 Internt 的接入设备，AR4 模拟子公司的 Telnet 客户端，AR5 模拟 Internet 上的 Telnet 客户端；服务器 2 台，分别为 Client1 和 Client2，其中 Client1 作为 Web 服务器，Client2 作为 FTP 服务器；PC 模拟器 3 台，分别是 Client3、Client4 和 Client5，其中 Client3 作为总公司内网普通 PC，Client4 作为子公司 PC 客户端访问 Web 服务器和 FTP 服务器，Client5 作为外网 PC 客户端测试服务器；交换机 S3700 3 台，分别为 LSW1、LSW2 和 LSW3，其中 LSW1 为总公司内部组网设备，LSW2 为子公司组网设备，LSW3 为外网设备。网络拓扑图和端口设备互联情况如图 18-2 所示。

为了达到接近现实环境的效果，需要规划以下 IP 地址。将总公司与子公司各自内部主机地址都设置为私有 IP，总公司为 192.168.1.0/24，子公司为 192.168.2.0/24。将总公司与 Internet 连接部分的网段设为 202.101.12.0/24，子公司与外网 Internet 相连部分的网段设为 202.101.10.0/24，外网 Internet 的网段为 202.101.15.0/24。

5．实施过程

（1）总公司网络组建。对总公司防火墙、DHCP 客户端、Telnet、Web 和 FTP 服务器进行配置，可以组建一个总公司小型局域网。主要分为 4 步：①防火墙的 DHCP 配置；

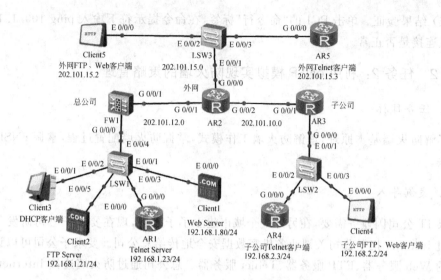

图 18-2　任务 2 防火墙配置拓扑图

②DHCP 客户端的配置；③FTP 和 Web 服务器的配置；④Telnet 客户端的配置。

（2）配置防火墙 FW1 的 DHCP 服务，创建地址池，并关联到防火墙的内网端口。双击防火墙 FW1，在弹出的窗口中配置 FW1，具体配置如下。

```
<SRG>undo terminal monitor                              //不显示警告信息
<SRG>system-view                                        //进入系统视图界面
[SRG]sysname FW1                                        //修改设备名称
[FW1]dhcp server ip-pool 188                            //创建地址池
[FW1-dhcp-188]network 192.168.1.0 mask 24               //设置地址池的范围
[FW1-dhcp-188]gateway-list 192.168.1.1                  //设置客户端自动获取的网关地址
[FW1-dhcp-188]quit                                      //退出端口
[FW1]interface gigabitethernet 0/0/0                    //进入端口 G 0/0/0
[FW1-GigabitEthernet0/0/0]ip address 192.168.1.1 24     //配置 IP 地址与子网掩码
[FW1-GigabitEthernet0/0/0]dhcp select interface         //关联端口
[FW1-GigabitEthernet0/0/0]quit                          //退出端口
[FW1]interface gigabitethernet 0/0/1                    //进入端口 G 0/0/1
[FW1-GigabitEthernet0/0/0]ip address 202.101.12.1 24    //配置 IP 地址与子网掩码
[FW1-GigabitEthernet0/0/0]quit
```

（3）配置 DHCP 客户端，使 DHCP 客户端自动获取 IP 验证。配置完成后，网络拓扑中 FW1 的内网连接指示灯全部变成绿色。单击 DHCP 客户端 Client3 的"基础配置"选项卡，选择"IPv4 配置"下的 DHCP 选项，然后单击"应用"按钮，如图 18-3 所示。接着单击"命令行"选项卡，在命令行窗口中输入 ipconfig /renew 可以自动获取 IP 地址和网关地址，如图 18-4 所示。

（4）配置 Web 服务器和 FTP 服务器的 IP 地址、子网掩码和网关，地址信息如表 18-4 所示。

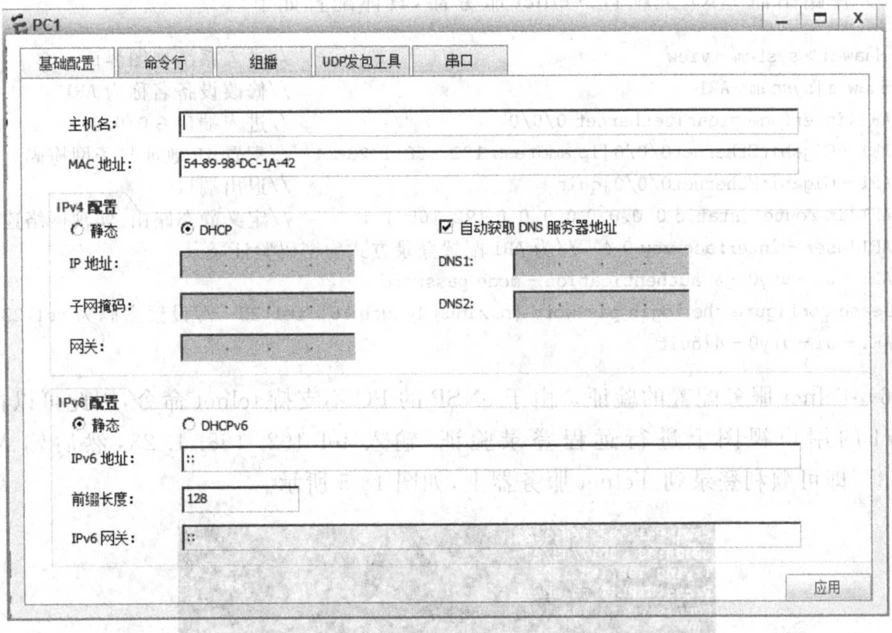

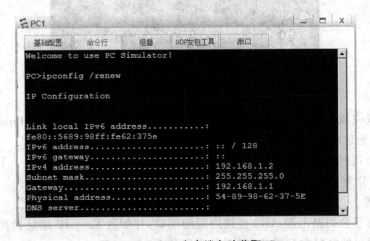

图18-3 PC1的"基础配置"

图18-4 DHCP客户端自动获取IP

表18-4 主机IP地址信息表

设备名称	Web服务器	FTP服务器	DHCP客户端	子公司FTP、Web客户端	外网FTP、Web客户端
IP地址	192.168.1.80	192.168.1.21	自动获取IP地址和网关地址	192.168.2.2	202.101.15.2
子网掩码	255.255.255.0	255.255.255.0		255.255.255.0	255.255.255.0
网关	192.168.1.1	192.168.1.1		192.168.2.1	202.101.15.1

（5）在路由器 AR1 上配置 Telnet 服务器，具体配置如下。

```
<Huawei>system-view                                          //进入系统视图界面
[Huawei]sysname AR1                                          //修改设备名称为 AR1
[AR1]interface gigabitethernet 0/0/0                         //进入端口 G 0/0/0
[AR1-GigabitEthernet0/0/0]ip address 192.168.1.23 24        //配置 IP 地址与子网掩码
[AR1-GigabitEthernet0/0/0]quit                               //退出端口
[AR1]ip route-static 0.0.0.0 0.0.0.0 192.168.1.1            //定义静态路由,实现网络连通
[AR1]user-interface vty 0 4   //为 AR1 配置登录方式为密码验证登录
[AR1-ui-vty0-4]authentication-mode password
Please configure the login password (maximum length 16):tel123   //设置密码为 tel123
[AR1-ui-vty0-4]quit
```

（6）Telnet 服务配置的验证。由于 eNSP 的 PC 不支持 telnet 命令，因此可以在防火墙 FW1 的用户视图上进行远程登录验证，输入 tel 192.168.1.23，然后输入密码"tel123"，即可顺利登录到 Telnet 服务器上，如图 18-5 所示。

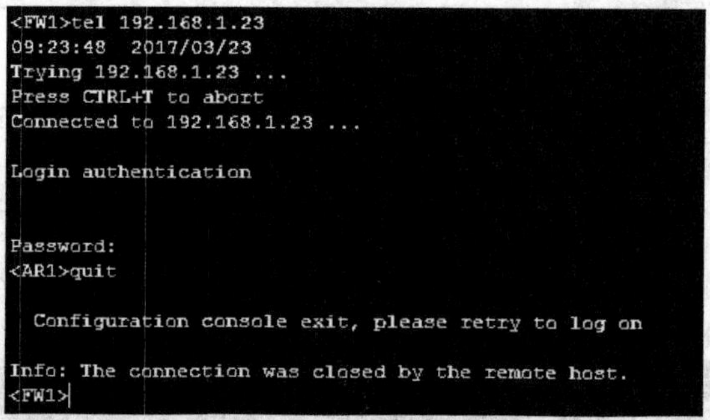

图 18-5　Telnet 服务器的远程登录验证

（7）配置完成后，Telnet 服务器、Web 服务器和 FTP 服务器均可以 Ping 通防火墙的外网端口 IP 地址（202.101.12.1），至此完成了总公司的网络组建。

（8）子公司网络组建。对子公司路由器、客户端设备配置，可以组建一个子公司小型局域网，主要分为 3 步：①路由器 AR3 的配置；②Telnet 客户端的配置；③FTP 和 Web 客户端的配置。

（9）配置子公司路由器 AR3 连接内网的端口，并配置 Easy-IP 地址转换。双击路由器 AR3，在弹出的窗口中配置 AR3，具体配置如下。

```
<Huawei>system-view                                          //进入系统视图界面
[Huawei]sysname AR3                                          //修改设备名称为 AR3
[AR3]interface gigabitethernet 0/0/0                         //进入端口 G 0/0/0
[AR3-GigabitEthernet0/0/0]ip address 192.168.2.1 24        //配置 IP 地址与子网掩码
[AR3-GigabitEthernet0/0/0]quit                               //退出端口
[AR3]interface gigabitethernet 0/0/1                         //进入端口 G 0/0/1
[AR3-GigabitEthernet0/0/1]ip address 202.101.10.2 24       //配置 IP 地址与子网掩码
[AR3-GigabitEthernet0/0/1]quit                               //退出端口
[AR3]ip route-static 0.0.0.0 0.0.0.0 202.101.10.1          //添加默认路由
```

（10）配置子公司的 Telnet 客户端。双击路由器 AR4，在弹出的窗口中配置 Telnet

客户端,具体配置如下。

```
<Huawei>system-view                                      //进入系统视图界面
[Huawei]sysname AR4                                      //修改设备名称为AR4
[AR4]interface gigabitethernet 0/0/0                     //进入端口G0/0/0
[AR4-GigabitEthernet0/0/0]ip address 192.168.2.3 24      //配置IP地址与子网掩码
[AR4-GigabitEthernet0/0/0]quit                           //退出端口
[AR4]ip route-static 0.0.0.0 0.0.0.0 192.168.2.1         //定义默认路由,实现网络连通
```

(11) 配置子公司的FTP和Web客户端。双击Client4,在基础配置窗口中将IP地址设置为192.168.2.2,子网掩码设置为255.255.255.0,网关设置为192.168.2.1。

(12) 配置完成后,Telnet服务器、Web服务器和FTP服务器均可以Ping通路由器AR3的外网口IP地址(202.101.10.2),至此完成了子公司的网络组建。

(13) 总公司与子公司的连接配置。①配置路由器AR2连接防火墙FW1的端口IP地址和连接子公司路由器AR3的端口IP地址;②防火墙的可信区域设置。

(14) 配置路由器AR2的端口IP地址,具体的配置如下。

```
<Huawei>system-view                                      //进入系统视图界面
[Huawei]sysname AR2                                      //修改设备名称为AR2
[AR2]interface gigabitethernet 0/0/1                     //进入端口G0/0/1
[AR2-GigabitEthernet0/0/1]ip address 202.101.12.2 24     //配置IP地址与子网掩码
[AR2-GigabitEthernet0/0/1]quit                           //退出端口
[AR2]interface gigabitethernet 0/0/2                     //进入端口G0/0/2
[AR2-GigabitEthernet0/0/2]ip address 202.101.10.1 24     //配置IP地址与子网掩码
[AR2-GigabitEthernet0/0/2]quit                           //退出端口
[AR2]interface gigabitethernet 0/0/0                     //进入端口G0/0/0
[AR2-GigabitEthernet0/0/0]ip address 202.101.15.1 24     //配置IP地址与子网掩码
[AR2-GigabitEthernet0/0/0]quit                           //退出端口
[AR2]rip                                                 //开启rip进程
[AR2-rip-1]version 2                                     //运行v2版本
[AR2-rip-1]network 202.101.12.0                          //宣告直连网络
[AR2-rip-1]network 202.101.10.0                          //宣告直连网络
[AR2-rip-1]network 202.101.15.0                          //宣告直连网络
[AR2-rip-1]quit
```

(15) 防火墙FW1的基本配置。采用路由模式配置防火墙内网与外网的连接端口,并添加到相应的zone。双击防火墙FW1,在弹出的窗口中配置FW1,具体配置如下。

```
[FW1]ip route-static 0.0.0.0 0.0.0.0 202.101.12.2        //添加默认路由
[FW1]firewall zone trust                                 //进入trust安全区域视图
[FW1-zone-trust]add interface gigabitethernet 0/0/0      //将端口加入到trust区域
[FW1-zone-trust]quit                                     //退出
[FW1]firewall zone untrust                               //进入untrust安全区域视图
[FW1-zone-untrust]add interface gigabitethernet 0/0/1    //将端口加入到untrust区域
[FW1-zone-untrust]quit                                   //退出
[FW1]interface gigabitethernet 0/0/0                     //进入端口G0/0/0
```

(16) 配置完成后,防火墙可以Ping通外网设备的地址(202.101.12.2),但是总公司

内网的服务器和 DHCP 客户端仍不能 Ping 通外网设备的地址(202.101.12.2),外网设备(AR2)也不能 Ping 通防火墙(202.101.12.1)。

(17) 配置防火墙 FW1 的策略。放行 untrust 到 local 的 inbound 策略中的 icmp 部分和 telnet 部分,具体配置如下。

```
[FW1]policy interzone local untrust inbound
[FW1 - policy - interzone - local - untrust - inbound]policy 1   //建立一个命名为 1 的策略
[FW1 - policy - interzone - local - untrust - inbound - 1]action permit
[FW1 - policy - interzone - local - untrust - inbound - 1]policy service service - set icmp
    //允许 ICMP 服务
[FW1 - policy - interzone - local - untrust - inbound - 1]policy service service - set telnet
    //允许 Telnet 服务
[FW1 - policy - interzone - local - untrust - inbound - 1]policy service service - set ftp
    //允许 FTP 服务
[FW1 - policy - interzone - local - untrust - inbound - 1]policy service service - set http
    //允许 HTTP 服务
[FW1 - policy - interzone - local - untrust - inbound - 1]quit
[FW1 - policy - interzone - local - untrust - inbound]quit
[FW1]firewall packet - filter default permit interzone trust untrust direction outbound
    //开启 trust 到 untrust 的默认行为允许
```

(18) 配置完成后,外网设备(AR2)可以 Ping 通防火墙的外网端口(202.101.12.1),但是总公司内网的服务器和 DHCP 客户端不能 Ping 通外网设备的地址(202.101.12.2)。

(19) 开启防火墙 FW1 的 NAT,允许内网访问外网的 NAT 策略,具体配置如下。

```
[FW1]nat address - group 1 202.101.12.1 202.101.12.1   //建立一个唯一出口的 NAT 地址池
[FW1]nat - policy interzone trust untrust outbound   //配置 trust 到 untrust 的 NAT outbound 规则
[FW1 - nat - policy - interzone - trust - untrust - outbound]policy 1
[FW1 - nat - policy - interzone - trust - untrust - outbound - 1]action source - nat
[FW1 - nat - policy - interzone - trust - untrust - outbound - 1]policy source 192.168.1.0 mask
24
[FW1 - nat - policy - interzone - trust - untrust - outbound - 1]address - group 1
[FW1 - policy - interzone - local - untrust - inbound - 1]quit
[FW1 - policy - interzone - local - untrust - inbound]quit
```

(20) 配置完成后,总公司内网的 DHCP 客户端和 Telnet 服务器、FTP 服务器和 Web 服务器均可以 Ping 通外网设备的地址(202.101.12.2),也可以 Ping 通子公司的外网端口(202.101.10.2)。但是因为路由器 AR2 并没有学习到子公司的私有地址,因此总公司的服务器和 DHCP 客户端是 Ping 不通子公司的内网地址(192.168.2.1)的。

(21) 配置防火墙的 NAT 策略,允许外网访问 Telnet 服务器、FTP 服务器和 Web 服务器,Telnet 服务器使用端口 2323,其他服务器选择默认端口。先做 NAT,再匹配策略,具体配置如下。

```
[FW1]nat server 0 protocol tcp global interface gigabitethernet 0/0/1 2323 inside 192.168.
1.23 telnet   //配置 NAT Server Telnet 规则
[FW1]nat server 1 protocol tcp global interface gigabitethernet 0/0/1 ftp inside 192.168.1.
21 ftp   //配置 NAT Server FTP 规则
```

```
[FW1]nat server 2 protocol tcp global 202.101.12.1 www inside 192.168.1.80 www
    //配置 NAT Server HTTP 规则
[FW1]policy interzone trust untrust inbound    //配置 trust 到 untrust 的 NAT Inbound 规则
[FW1 - policy - interzone - trust - untrust - inbound]policy 1
[FW1 - policy - interzone - trust - untrust - inbound - 1]action permit
[FW1 - policy - interzone - trust - untrust - inbound - 1]policy service service - set telnet
[FW1 - policy - interzone - trust - untrust - inbound - 1]policy service service - set ftp
[FW1 - policy - interzone - trust - untrust - inbound - 1]policy service service - set http
[FW1 - policy - interzone - trust - untrust - inbound - 1]policy destination 192.168.1.23 0
[FW1 - policy - interzone - trust - untrust - inbound - 1]policy destination 192.168.1.21 0
[FW1 - policy - interzone - trust - untrust - inbound - 1]policy destination 192.168.1.80 0
[FW1 - policy - interzone - trust - untrust - inbound - 1]quit
[FW1 - policy - interzone - trust - untrust - inbound]quit
```

（22）配置子公司路由器 AR3 的 Easy-IP 地址转换。双击路由器 AR3，在弹出的窗口中配置 AR3，具体配置如下。

```
[AR3]acl 2001
[AR3 - acl - basic - 2001]rule 5 permit source 192.168.2.0 0.0.0.255    //定义规则源地址
[AR3 - acl - basic - 2001]quit                                          //退出
[AR3]interface gigabitethernet 0/0/1                                    //进入端口 G 0/0/1
[AR3 - GigabitEthernet0/0/1]nat outbound 2001
//对 ACL 2001 定义的地址段进行网络地址转换,并直接使用 G 0/0/1 端口的 IP 地址作为 NAT 转换
//后的地址
```

（23）配置完成后，子公司内网的 Telnet 客户端、FTP 和 Web 客户端均可以 Ping 通外网设备的地址（202.101.10.2），也可以 Ping 通总公司防火墙的外网端口（202.101.12.1）。但是因为路由器 AR2 并没有学习到总公司的私有地址，因此子公司的客户端是 Ping 不通总公司的内网地址（192.168.1.1）的。但是，双击子公司的 Telent 客户端 AR4，输入 telnet 202.101.12.1 2323，按 Enter 键，提示输入密码，输入密码"tel123"后可以成功登录 Telnet 服务器 AR1。

（24）外网 Internet 的 FTP 和 Web 客户端配置。双击 Client5，在基础配置窗口中将 IP 地址设置为 202.101.15.2，子网掩码设置为 255.255.255.0，网关设置为 202.101.15.1。

（25）外网 Internet 的 Telnet 客户端配置。双击路由器 AR5，在弹出的窗口中配置外网 Telnet 客户端，具体的配置如下。

```
<Huawei>system - view                                  //进入系统视图界面
[Huawei]sysname AR5                                    //修改设备名称为 AR5
[AR5]interface gigabitethernet 0/0/0                   //进入端口 G 0/0/0
[AR5 - GigabitEthernet0/0/0]ip address 202.101.15.3 24 //配置 IP 地址与子网掩码
[AR5 - GigabitEthernet0/0/0]quit                       //退出端口
[AR5]ip route - static 0.0.0.0 0.0.0.0 202.101.15.1    //定义默认路由,实现网络连通
```

（26）配置完成后，外网的 Telnet 客户端、FTP 和 Web 客户端均可以 Ping 通总公司防火墙的外网端口（202.101.12.1），也可以 Ping 通子公司的外网端口（202.101.12.2）。在外网客户端 AR5 中输入 telnet 202.101.12.1 2323，按 Enter 键，提示输入密码，输入密

码"tel123"可以成功登录 Telnet 服务器 AR1。

（27）通过以上操作，可以实现子公司与总公司、外网 Internet 与总公司之间的通信。通过验证外网客户端、子公司客户端可以访问总公司的 Web 服务器、FTP 服务器和 Telnet 服务器。

（28）防火墙策略配置。要实现子公司客户端可以访问总公司服务器，限制外网 Internet 客户端访问总公司服务器，还需要在总公司防火墙做以下配置。

```
[FW1]policy interzone trust untrust inbound   //配置 trust 到 untrust 的 NAT Inbound 规则
[FW1 - policy - interzone - trust - untrust - inbound]policy 1
[FW1 - policy - interzone - trust - untrust - inbound - 1]policy source 202.101.10.2 0
//添加策略,指定子公司网段地址可以访问总公司服务器
[FW1 - policy - interzone - trust - untrust - inbound - 1]quit
[FW1 - policy - interzone - trust - untrust - inbound]quit
```

（29）实验结果验证。在全网互通的基础上，为总公司防火墙添加策略配置，实现外网 Internet 不能访问总公司服务器，而子公司客户端可以访问总公司的 Web 服务器、FTP 服务器和 Telnet 服务器。双击子公司的 Telent 客户端 AR4，输入 telnet 202.101. 12.1 2323，按 Enter 键，提示输入密码，输入密码"tel123"可以成功登录 Telnet 服务器 AR1。在外网客户端 AR5 中输入 telnet 202.101.12.1 2323，则提示不能访问 Telnet 服务器。开启总公司 FTP 和 Web 服务器，在子公司客户端访问，显示可以登录访问，而在外网 Internet 客户端访问总公司服务器，则显示不能访问。

18.5　常见问题解答

防火墙的 Inbound 和 Outbound 的区别是什么？

答：数据从可信区域（内网，高优先级）到不可信区域（外网，低优先级）为 Outbound 流量，数据从不可信区域（外网，低优先级）到可信区域（内网，高优先级）为 Inbound 流量。无论是 Outbound 还是 Inbound 都是指 TCP 第一次握手，即考虑是谁主动发起的。

18.6　认 证 试 题

一、选择题

1. 为了防止局域网外部用户对内部网络的非法访问，可采用的技术是（　　）。
   A. 网卡　　　　　　B. 网关　　　　　　C. 网桥　　　　　　D. 防火墙
2. 关于防火墙的功能，以下描述错误的是（　　）。
   A. 防火墙能检查进出内部网的通信量
   B. 防火墙能使用应用网关技术在应用层上建立协议过滤和转发功能
   C. 防火墙可以使用过滤技术在网络层对数据包进行选择
   D. 防火墙能阻止来自网络内部的威胁和攻击

3. 关于防火墙的描述,以下错误的是( )。
   A. 防火墙不能防止内部攻击
   B. 使用防火墙可以防止一个网段的问题向另一个网段传播
   C. 防火墙可以防止伪装成内部信任主机的 IP 地址欺骗
   D. 防火墙可以防止伪装成外部信任主机的 IP 地址欺骗

4. 包过滤防火墙通过( )来确定数据包是否能通过。
   A. 路由表   B. ARP 表   C. NAT 表   D. 过滤规则

5. 包过滤防火墙对通过防火墙的数据包进行检查,只有满足条件的数据包才能通过,对数据包的检查内容一般不包括( )。
   A. 源地址   B. 目的地址   C. 协议   D. 有效载荷

6. 包过滤技术与代理服务技术相比较( )。
   A. 包过滤技术安全性较弱,但会对网络性能产生明显影响
   B. 包过滤技术对应用和用户是绝对透明的
   C. 代理服务技术安全性较高,但不会对网络性能产生明显影响
   D. 代理服务技术安全性高,对应用和用户透明度也很高

7. 对状态检查技术(ASPF)的优缺点描述有误的是( )。
   A. 采用检测模块检测状态信息   B. 支持多种协议和应用
   C. 不支持检测 RPC 和 UDP 的端口信息   D. 配置复杂会降低网络速度

8. 防火墙中 NAT 技术的作用是( )。
   A. 提供代理服务   B. 隐藏内部网络地址
   C. 进行入侵检测   D. 防止病毒入侵

9. 下列不是防火墙的工作模式的是( )。
   A. 透明模式   B. 路由模式   C. 混合模式   D. 代理模式

10. 下列( )不属于防火墙的常用技术。
   A. 简单包过滤技术   B. 应用代理技术
   C. 状态检测包过滤技术   D. 复合技术
   E. 地址翻译技术

11. 防火墙的规则包括( )和( )。
   A. IP 地址   B. 端口号   C. 匹配规则   D. 动作

12. 防火墙的测试性能参数一般包括( )。
   A. 吞吐量   B. 新建连接速率   C. 并发连接数   D. 处理时延

13. 下列有关防火墙局限性描述正确的是( )。
   A. 防火墙不能防范不经过防火墙的攻击
   B. 防火墙不能解决来自内部网络的攻击和安全问题
   C. 防火墙不能对非法的外部访问进行过滤
   D. 防火墙不能防止策略配置不当或错误配置引起的安全威胁

14. Web 应用防火墙和普通防火墙的区别是( )。
   A. 普通防火墙不检测数据包中的内容

B. Web 应用防火墙对 Web 攻击具有深度防御能力

C. 普通防火墙可以替代 Web 应用防火墙

D. Web 应用防火墙可以替代普通防火墙

15. 最常用的 Web 应用防火墙部署模式是（　　　）。

A. 透明模式　　　　B. 路由模式　　　　C. 混合模式　　　　D. 代理模式

16. 在透明模式下，（　　　）要求 Web 应用防火墙支持多进多出的部署方式。

A. 单一服务器　　　　　　　　　　　B. 单网段多服务器

C. 多服务器多网段　　　　　　　　　D. 旁路部署

二、判断题

1. 包过滤防火墙一般工作在 OSI 参考模型的网络层与传输层，主要对 IP 分组和 TCP/UDP 端口进行检测和过滤操作。　　　　　　　　　　　　　　　　　　　（　　　）

2. 采用防火墙的网络一定是安全的。　　　　　　　　　　　　　　　　　（　　　）

3. 一般来说防火墙在 OSI 参考模型中的位置越高，所需要检查的内容就越多，同时 CPU 和 RAM 的要求也就越高。　　　　　　　　　　　　　　　　　　　　　（　　　）

4. 当硬件配置相同时，代理防火墙对网络运行性能的影响比包过滤防火墙小。

（　　　）

5. 在传统包过滤、代理和状态检测三类防火墙中，只有状态检测防火墙可以在一定程度上检测并防止内部用户的恶意破坏。　　　　　　　　　　　　　　　　　（　　　）

6. 有些个人防火墙是一款独立的软件，而有些个人防火墙则整合在防病毒软件当中使用。　　　　　　　　　　　　　　　　　　　　　　　　　　　　　　　　（　　　）

三、简答题

防火墙是否可以防范病毒？为什么？

入侵检测系统的部署与配置

19.1　用户需求与分析

随着网络安全风险不断增大,仅使用防火墙作为主要的安全防范手段已远远不够,已经不能满足人们对网络安全的需求。因为网络攻击者可能在不断地寻找防火墙的漏洞,而且防火墙无法提供实时的入侵检测能力。因此使用入侵检测系统 IDS 有助于快速发现网络攻击,提高网络安全管理员的安全审计、监视、入侵识别和响应能力。有人将 IDS 产品比作继杀毒和防火墙产品之后安全领域的第三战场。

19.2　预 备 知 识

19.2.1　入侵检测系统的功能

入侵检测系统(Intrusion Detection Systems,IDS)在 1980 年 4 月由美国空军的《计算机安全威胁监控与监视》的技术报告中提出,它是一种实时的网络入侵检测和响应系统,能够实时监控网络传输。它依照一定的安全策略,对被保护的网络流量进行检测,或对系统的运行状况进行监视,自动检测可疑行为,分析来自网络外部和内部的入侵信号。尽可能发现各种攻击企图、攻击行为或攻击结果,在发现有入侵行为或者将要有入侵行为时发出警报,实时对攻击做出响应,并提供补救措施,以保证网络系统资源的机密性、完整性和可用性,最大限度地为网络系统提供安全保障。

常见的入侵检测系统的功能如下。

(1)网络流量管理:大多数入侵检测系统允许记录、报告和禁止几乎所有形式的网络访问,还可以监视某台主机上通过的所有网络流量。当定义了策略和规则后,在设备上可以捕获到 HTTP、FTP、SMTP、Telnet 和任何其他的流量,这种策略和规则有助于追查网络连接等相关信息。

(2)系统扫描:入侵检测系统扫描当前网络的活动,监视和记录网络的流量,根据定义好的规则来过滤各种流量,提供实时警报。

(3)追踪:入侵检测系统不仅能记录安全事件,还可以确定安全事件发生的位置。

通过追踪来源，可以更多地了解攻击者。入侵检测系统记录下的日志不仅可以记录攻击过程，同时也有助于确定解决方案。

19.2.2　入侵检测系统的工作原理

本质上，入侵检测系统是一个典型的嗅探设备，它在网络上主动地、无声息地收集需要的报文，像公路上的摄像头一样，对攻击者的入侵行为进行监测，对网络安全起保护作用。入侵检测系统的运行方式有两种：一种是在目标主机上运行以监测本身的通信信息；另一种是在一台单独的机器上运行以监测所有网络设备的通信信息，如 Hub、路由器等。当有某个事件与一个已知攻击的特征相匹配时，多数 IDS 都会报警。

入侵检测系统处理网络上数据信息的过程分为数据采集阶段、数据处理及过滤阶段、入侵分析及检测阶段、报告及响应阶段共 4 个阶段。

（1）数据采集阶段。此阶段收集目标系统中主机通信数据包和系统使用等数据信息。它是入侵检测的第一步，探测器通过监测端口捕获网络分组，采集的数据包括系统、网络、数据及用户获得的状态和行为。由放置在不同网段的传感器或不同主机的代理来收集包括系统和网络日志文件、网络流量、非正常的目录和文件改变、非正常的程序执行等信息。

（2）数据处理及过滤阶段。此阶段对采集到的数据进行分析和处理，如果有需要，会对报文进行重组，并与标识典型入侵行为的规则进行比较。最常用的技术手段有三种，即模式匹配、统计分析和完整性分析。

（3）入侵分析及检测阶段。此阶段是整个入侵检测系统的核心阶段，根据数据采集阶段提供的数据，数据处理及过滤阶段产生的分析结果来判断是否发生入侵。如果通过数据分析，判断网络中可能发生了入侵行为，则通过命令和控制接口通知管理控制台。

（4）报告及响应阶段。此阶段如果检测到了入侵，管理控制台将发出警报、书写日志并采取某些行动，可能是重新配置路由器或防火墙、终止进程、切断连接、改变文件属性，也可能只是简单的发出警报。

19.2.3　入侵检测系统的分类

入侵检测系统被认为是防火墙之后的第二道安全闸门。入侵检测系统通过对入侵行为的过程和特征进行研究，使安全系统对入侵事件和入侵过程做出实时响应。根据输入数据的来源，可以把入侵检测系统分为 3 类。

1. 基于主机的入侵检测系统

基于主机的入侵检测系统（HIDS）的输入数据来源于系统的审计日志，主要是针对该主机的网络实时连接以及对系统审计日志进行智能分析和判断。基于主机的入侵检测系统通常安装在被重点检测的主机上，最适合检测内部人员的误操作以及已经避开传统的检测方法而渗透到网络中的活动。其优点是对分析"可能的攻击行为"非常有用，而且系统通常比网络入侵检测系统误报率要低；其缺点是系统需要安装在需要保护的设备上，依赖于服务器固有的日志和监测能力。全面部署 HIDS 的花费较大，因此通常选择部分主机进行保护,而那些未安装 HIDS 的计算机将成为保护的盲点,入侵者可以把这些计算机作为攻击目标,因为 HIDS 除了监测安装自身的主机外,根本不监测网络上的情况。

2. 基于网络的入侵检测系统

基于网络的入侵检测系统(NIDS)的输入数据来源于网络信息流,通常部署在企业网络出口处或内部关键子网边界等比较重要的网段内,检测流经整个网络的流量和网段中各种数据包。NIDS 能够检测该网段上发生的网络入侵,也可以在检测到入侵后通过向连接的交换机或防火墙发送指令阻断后续攻击。NIDS 的优点是能够检测来自网络的攻击,能够检测到未授权的非法访问。它不需要改变服务器等主机配置,不需要安装额外软件,不会影响系统的性能。NIDS 安装方便,只要接通电源,做一些简单配置,再连接到网络上即可。部署 NIDS 比主机入侵检测系统风险小很多,发生故障不会影响正常业务运行。其缺点是 NIDS 只检查与它直连的网段的通信,不能检测不同网段的数据包。NIDS 通常采用特征检测法,只能检测出普通攻击,很难实现复杂的、需要大量计算和分析时间的攻击检测。

3. 分布式入侵检测系统

分布式入侵检测系统(DIDS)采用上述两种数据来源,能够同时分析来自主机系统审计日志和网络数据流的入侵检测系统。一般为分布式结构,由多个部件组成。

19.2.4 入侵检测系统产品介绍

入侵检测系统产品主要分为硬件和软件两种,本书讨论的主要是硬件产品。硬件产品和防火墙一起放置在机架上,而不是安装在操作系统中,可以很容易地把入侵检测系统嵌入网络中。硬件入侵检测系统主要由传感器(Sensor)和控制台(Console)两部分组成。传感器的作用是采集数据,包括网络数据包、系统日志等,分析数据并生成安全事件。控制台的作用是进行中央管理,通常具有图形界面,便于控制和管理。IDS 设备的控制端被称为 Console 端口。IDS 的初始化配置是通过 Console 端口与计算机的串口(RS-232)相连,再通过 Windows 系统自带的超级终端程序进行的。

入侵检测系统常用的检测方法有特征检测、统计检测和专家系统。据我国公安部计算机信息安全产品质量监督检验中心的报告,国内送检的入侵检测产品 95% 是属于使用入侵模板进行模式匹配的特征检测产品,其他 5% 是采用概率统计的统计检测产品与基于日志的专家知识库产品。市面上入侵检测产品很多,如何判断一款入侵检测产品是否适合自己的需要,通常考虑的要点如表 19-1 所示。

表 19-1 入侵检测产品选购要点

最大可处理流量(包/秒,P/s)	一般分为百兆位、千兆位
反躲避技术	能否有效检测分片、TTL 欺骗、异常 TCP 分段、慢扫描、协同攻击等

续表

产品的伸缩性	系统支持的传感器数目、最大数据库规模、传感器与控制台之间通信带宽和对审计日志溢出的处理
产品支持的入侵特征数	不同厂商的计算方法不同，可参照国际标准
产品的响应方法	从本地、远程等多角度考察，是否支持防火墙联动
特征库升级及维护费用	特征库需要不断更新才能检测出新出现的攻击方法
是否通过了国家权威机构的评测	权威测评机构有：国家信息安全测评认证中心、公安部计算机信息系统安全产品质量监督检验中心
是否有成功案例	了解产品的成功应用案例，必要时可进行实地考察和测试使用
产品的价格	性能价格比和保护系统的价值是更重要的因素

市面上入侵检测产品很多，一些大型厂商如 IBM、思科、TippingPoint、Juniper 的产品以及国内的厂商如启明星辰、绿盟科技、天融信、H3C 的产品都是不错的选择，最终选择何种入侵检测产品还需要用户视实际情况而定。

19.3　方 案 设 计

方案设计如表 19-2 所示。

表 19-2　方案设计

任务名称	入侵检测系统的部署与配置
任务分解	1. IDS 的部署与配置 （1）连接及登录 （2）IDS 系统设置 2. IDS 入侵检测规则配置
能力目标	1. 能连接并登录入侵检测系统 2. 能查看系统信息 3. 能备份系统操作 4. 能诊断系统配置 5. 能设置入侵检测系统自带的检测规则 6. 能使用入侵检测系统根据规则检测入侵行为
知识目标	1. 掌握常见入侵检测系统的功能 2. 了解入侵检测的工作原理 3. 了解入侵检测系统的分类 4. 了解常见入侵检测设备 5. 了解 IDS 自带规则库中的各种攻击类型 6. 了解自定义规则内各参数含义 7. 熟悉入侵检测系统与防火墙的区别 8. 熟悉入侵检测系统与系统扫描器的区别 9. 掌握入侵检测系统部署的位置

续表

素质目标	1. 培养吃苦耐劳、实事求是、一丝不苟的工作态度 2. 树立较强的安全意识 3. 培养良好的职业道德 4. 培养分析能力和应变能力 5. 具有可持续发展能力

19.4 项 目 实 施

19.4.1 任务1：IDS 的部署与配置

1. 任务目标

了解 IDS 设备的连接和简单设置，掌握 IDS 关于系统配置的常用功能模块，包括查看系统信息、备份系统操作和诊断系统配置等。

2. 工作任务

(1) 连接及登录。

(2) IDS 系统设置。

3. 工作环境

(1) Windows 7 系统的主机。

(2) 一台入侵检测系统设备。

4. 实施过程

(1) 连接及登录。

① 使用单线连接：第1组蓝盾 IDS 设备的第一端口，默认 IP 为 192.168.11.4，在 IE 输入 https://192.168.11.4；第2组蓝盾 IDS 第一端口，默认 IP 为 192.168.12.4，在 IE 输入 https://192.168.12.4；第3组蓝盾 IDS 第一端口，默认 IP 为 192.168.13.4，在 IE 输入 https://192.168.13.4；第4组蓝盾 IDS 第一端口，默认 IP 为 192.168.14.4，在 IE 输入 https://192.168.14.4；第5组蓝盾 IDS 第一端口，默认 IP 为 192.168.15.4，在 IE 输入 https://192.168.15.4；第6组蓝盾 IDS 第一端口，默认 IP 为 192.168.16.4，在 IE 输入 https://192.168.16.4；第7组蓝盾 IDS 第一端口，默认 IP 为 192.168.17.4，在 IE 输入 https://192.168.17.4；第8组蓝盾 IDS 第一端口，默认 IP 为 192.168.18.4，在 IE 输入 https://192.168.18.4。统一的用户名/密码为 admin/888888。

② 配置管理端口 IP，选择"网络配置"→"网口设置"命令，配置 LAN2 端口 IP，配置如图 19-1 所示。

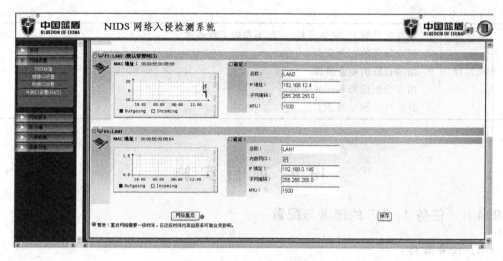

图 19-1　网口设置

③ 配置镜像端口。选择"网络设置"→"镜像口设置"命令，为 LAN3 端口选择镜像端口，如图 19-2 所示。

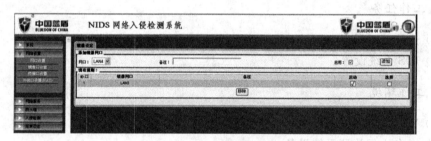

图 19-2　镜像端口设置

④ 设置 IDS 的管理界面。因为默认只有第一端口能够访问，须做策略让 LAN2 端口能够访问管理系统。选择"系统"→"管理设置"命令，如图 19-3 所示。

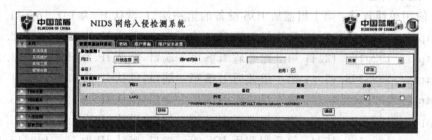

图 19-3　设置 IDS 的管理界面

（2）IDS 系统设置。

① 选择"系统"→"系统信息"→"设备状态"命令进入设备状态页面，该页面显示系统信息、网络接口信息及系统服务等，如图 19-4 所示。

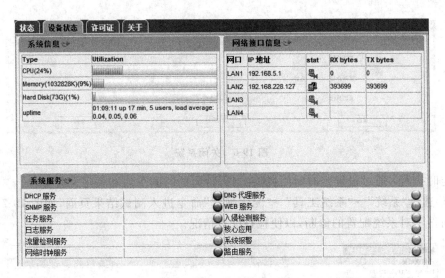

图 19-4 设备状态

各选项说明如下。

系统信息：CPU、内存、硬盘使用实时情况。

网络接口信息：与设备相连各网口的 IP 地址，数据包收发比特数。

系统服务：各项服务是否打开，⬤（绿色）表示此服务已经打开，⬤（灰色）表示服务未打开。

② 选择"系统"→"系统维护"→"配置备份"命令进入备份恢复页面，如图 19-5 所示。

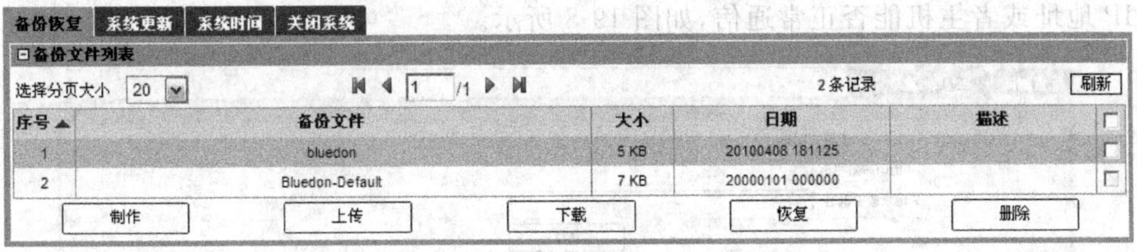

图 19-5 备份恢复

各选项说明如下。

制作：将系统已做好的策略保存下来，备份成配置文件。

上传：将下载到本地的配置文件上传到设备，才能进行故障恢复。

下载：将配置文件下载到本地机器上，防止系统出现意外事故，是一种防范机制。

恢复：可以将下载到本地的配置文件在设备出现故障时再上传到设备，进行恢复。

删除：删除选定的备份文件。

③ 选择"系统"→"系统维护"→"关闭系统"命令进入关闭设备页面，如图 19-6 所示。

各选项说明如下。

立即执行：立即重启和关闭设备。

之后执行：在之后的 5 分钟至 1 小时之间的某个特定时间内重启和关闭设备。

备份恢复
系统更新
系统时间
关闭系统
关闭设备
立即执行
之后执行
5 分钟
定时执行
2010
2
26
11
20
56
重启
关闭
取消

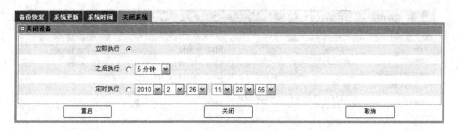

图 19-6　关闭系统

定时执行：通过设置定时时间，能在当天特定的时间重启和关闭设备。

④ 选择"系统"→"系统工具"→"配置测试"命令进入测试结果页面，如图 19-7 所示。该页面显示对系统配置的诊断，以便检查配置情况。

配置测试
IP工具
流量分析
检测结果
Tue Apr 27 11:23:12 2010
测试首选DNS服务器和网关
可以ping到首选DNS服务器
0.124 ms
可以ping到备选DNS服务器
设置备选DNS服务器
解析域名www.google.com
3.111 ms
检测内部网络设置
检测内部子网没有重复
检测内部网络在允许的范围内
检测内部网络的网关
检测配置
清除结果

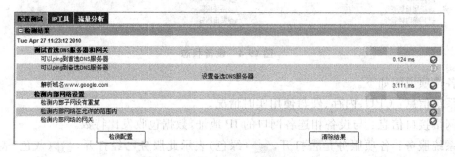

图 19-7　查看测试结果

⑤ 选择"系统"→"系统工具"→"IP 工具"命令进入 IP 工具页面，该页面用于测试一个 IP 地址或者主机能否正常通信，如图 19-8 所示。

配置测试
IP工具
流量分析
工具
Ping
出口IP或网口
IP地址或主机名
执行

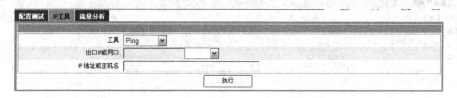

图 19-8　IP 工具

⑥ 输入 IP 地址，单击"执行"按钮，出现的结果如图 19-9 所示。

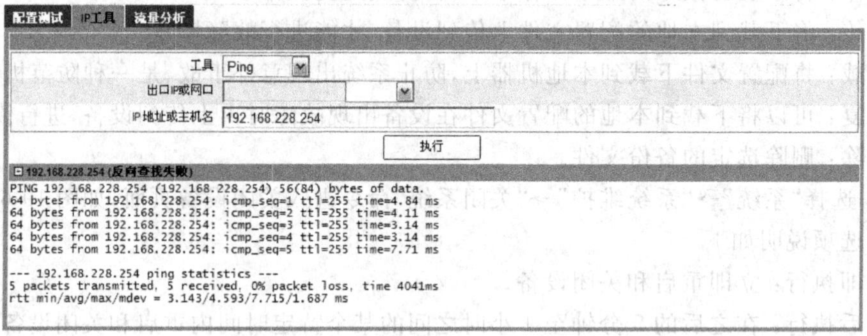

配置测试
IP工具
流量分析
工具
Ping
出口IP或网口
IP地址或主机名
192.168.228.254
执行
192.168.228.254 (反向查找失败)
PING 192.168.228.254 (192.168.228.254) 56(84) bytes of data.
64 bytes from 192.168.228.254: icmp_seq=1 ttl=255 time=4.84 ms
64 bytes from 192.168.228.254: icmp_seq=2 ttl=255 time=4.11 ms
64 bytes from 192.168.228.254: icmp_seq=3 ttl=255 time=3.14 ms
64 bytes from 192.168.228.254: icmp_seq=4 ttl=255 time=3.14 ms
64 bytes from 192.168.228.254: icmp_seq=5 ttl=255 time=7.71 ms
--- 192.168.228.254 ping statistics ---
5 packets transmitted, 5 received, 0% packet loss, time 4041ms
rtt min/avg/max/mdev = 3.143/4.593/7.715/1.687 ms

图 19-9　IP 工具的运行结果

⑦ 在"工具"下拉列表框中选择 whois 查询选项,然后单击"执行"按钮,出现的结果如图 19-10 所示。

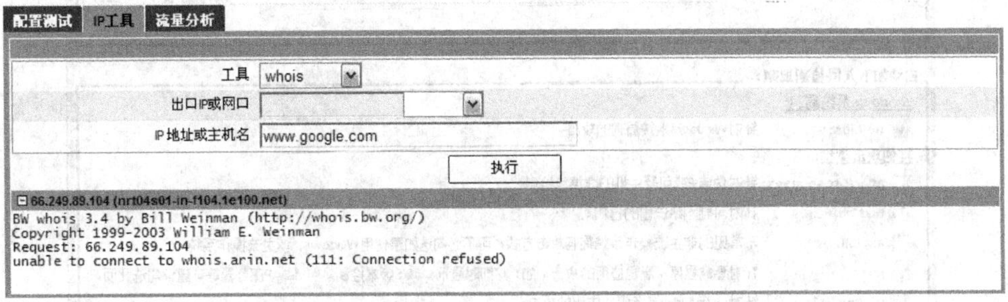

图 19-10 WHOIS 查询运行结果

19.4.2 任务2:IDS入侵检测规则配置

1. 任务目标

了解 IDS 自带检测规则库中的各种攻击类型,初步掌握对用户自定义规则的配置。本任务主要介绍 IDS 自带的检测规则库及用户自定义规则的配置。IDS 的检测规则,关联规则都需要根据网络的实际情况来进行配置,当出现入侵时,所有的入侵行为数据都会在 IDS 服务器内根据规则进行检测(捕获、拆分、分析、匹配)。

2. 工作任务

系统自带检测规则设置。

3. 工作环境

(1) Windows 7 系统的主机。

(2) 一台入侵检测系统设备。

4. 实施过程

(1) 选择"入侵检测"→"检测规则"命令,该页面显示所有 IDS 自带检测规则,用户可以查看已经选中的规则库,或进行规则库的选择。系统会定时自动下载更新规则库,以使用户得到及时的保护。用户也可上传自定义补丁更新规则库,如图 19-11 所示。

建议只选中必要的规则,以提高检测的速率和性能。例如,如果内部网络中没有数据库服务器,则不必选中数据库规则库。一般情况下,选中的规则越多,对进出数据包的检测匹配耗时越长,从而降低了 IDS 设备的处理性能。

(2) 选择"入侵检测"→"检测规则"→"规则设置"命令,将分类罗列已有规则及其危害等级,并可对各规则进行编辑。选择对违反该规则的行为警报(Alert)、通过(Pass)或者记录日志(Log),如图 19-12 所示。

(3) 选择"入侵检测"→"检测规则"→"自定义规则"命令,可使用户自行定义入侵检

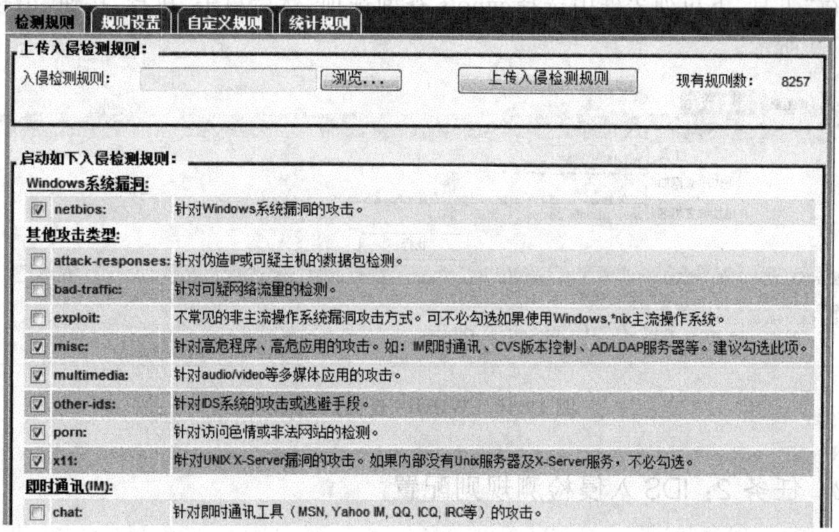

图 19-11　"检测规则"窗口

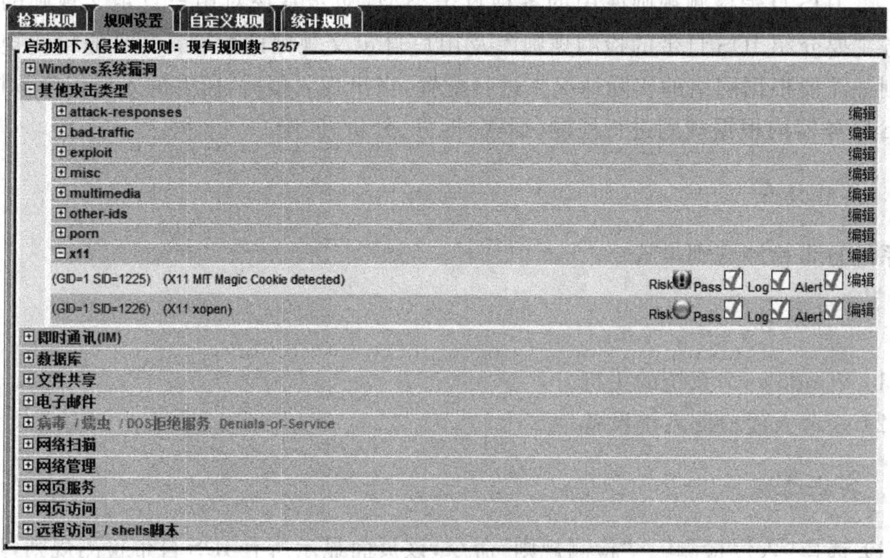

图 19-12　"规则设置"窗口

测规则，如图 19-13～图 19-19 所示。

在图 19-13 中，"报警信息"指的是触发该检测事件时，报警的内容。sid 指的是事件的编号，为避免与系统自带规则库的事件编号冲突，使用 1000001 开始的编号。入侵类型指的是对入侵事件的归类，选择最接近的归类。协议指的是对入侵数据流的协议定义。基础参数为对该事件的基础数据描述，如报警级别、采取动作、流向（单向（single）、双向（double））、源地址、源端口、目标地址、目标端口等与协议无关的基础参数。

在图 19-14 中，"内容关键字"用于对入侵数据流的中的特征码进行定义，以更准确地判断出入侵行为。offset 是内容关键字的修饰符，用于设定开始搜索的位置。depth 是内

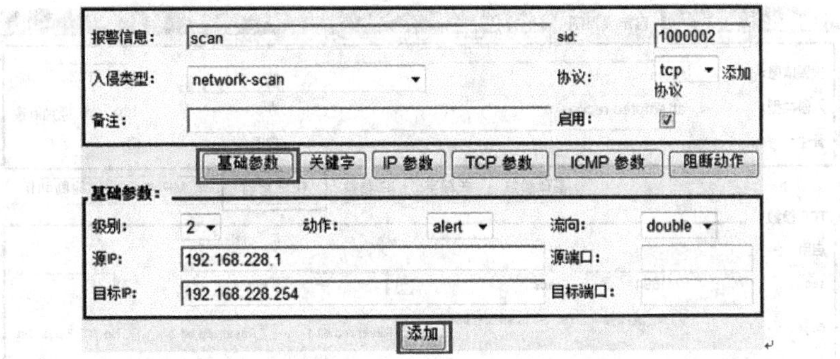

图 19-13　"基础参数"设置

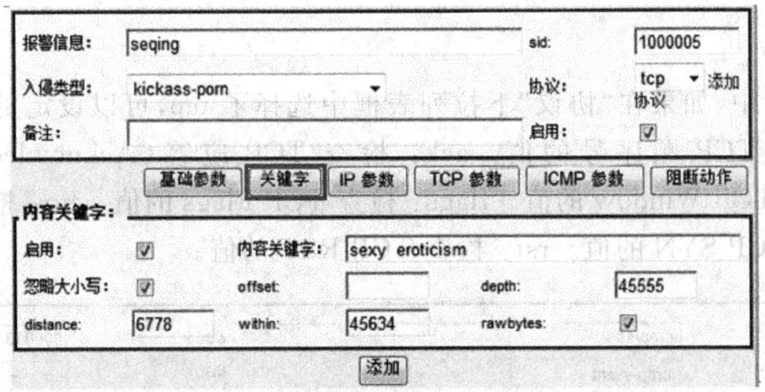

图 19-14　"关键字"设置

容关键字的修饰符,用于设定搜索的最大深度。distance 是指使用内容关键字时确信模式匹配间至少有 N 个字节存在。within 是指使用内容关键字时确保模式匹配间至少有 N 个字节存在。rawbytes 用于设置是否允许规则查看 Telnet 解码数据来处理不常见的数据。

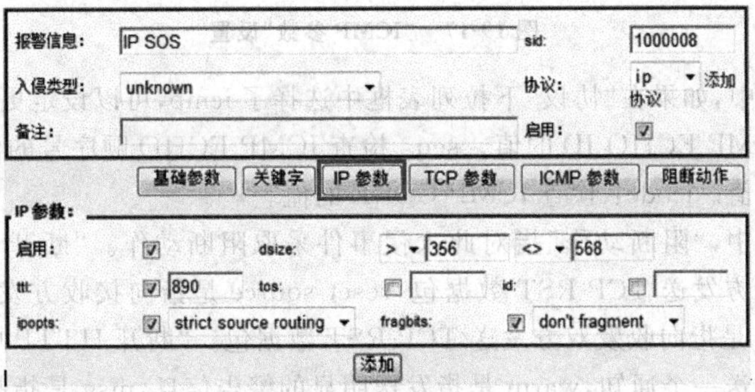

图 19-15　"IP 参数"设置

在图 19-15 中,如果在"协议"下拉列表框中选择了 ip,则可以设定更具体的 IP 参数。dsize:检查包的数据部分大小。ttl:检查 IP 头的 TTL 的值。tos:检查 IP 头的 TOS 域的值。id:检查 IP 头的分片 ID 值。ipopts:检查 IP 头的 OPTION 域。fragbits:检查 IP

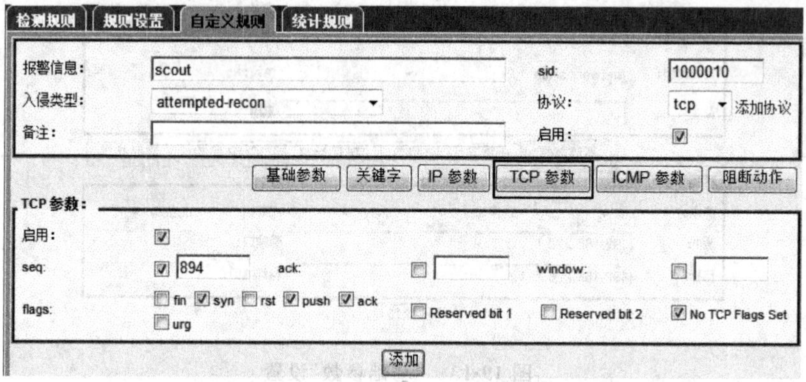

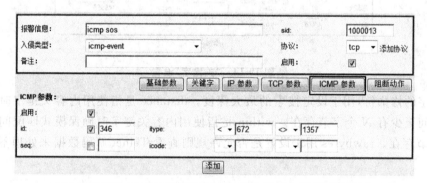

图 19-16　"TCP 参数"设置

头的分片标志位。

在图 19-16 中，如果在"协议"下拉列表框中选择了 tcp，可以设定更具体的 TCP 参数。seq：检查 TCP 顺序号的值。ack：检查 TCP 应答（Acknowledgement）的值。window：检查 TCP Window 的值。flags：检查 TCP Flags 的值。fin：检查 TCP FIN 的值。syn 检查 TCP SYN 的值。rst：检查 TCP RST 的值。

图 19-17　"ICMP 参数"设置

在图 19-17 中，如果在"协议"下拉列表框中选择了 icmp，可以设定更具体的 ICMP 参数。id：检查 ICMP ECHO ID 的值。seq：检查 ICMP ECHO 顺序号的值。itype：检查 ICMP TYPE 的值。icode：检查 ICMP CODE 的值。

在图 19-18 中，"阻断动作"指对此入侵事件采取阻断动作。"断开 TCP"中的 reset dest 是指向发送方发送 TCP-RST 数据包，reset source 是指向接收方发送 TCP-RST 数据包，reset both 是指向收发双方发送 TCP-RST 数据包。"断开 HTTP 中"的 block 是指关闭连接并且发送一个通知，warm 是指发送明显的警告信息，msg 是指把 msg 选项的内容包含进阻塞通知信息中。"断开 ICMP"中的 icmp net 是指向发送方发送 ICMP_NET_UNREACH，icmp host 是指向发送方发送 ICMP HOST UNREACH，icmp port 是指向发送方发送 ICMP PORT UNREACH，icmp all 是指向发送方发送上述所有的 ICMP 数据包。

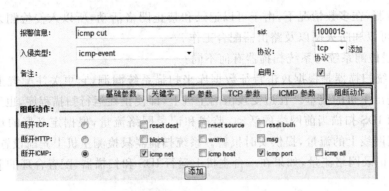

图 19-18　"阻断动作"设置

图 19-19　启动规则

④ 统计规则指的是对一段时间内重复出现的低级别事件进行统计综合报警。这样可以减少不必要的报警次数。比如对于 ICMP Windows PING 事件,如果需要在 60 秒内重复出现 10 次才报警,则设置如图 19-20 所示。

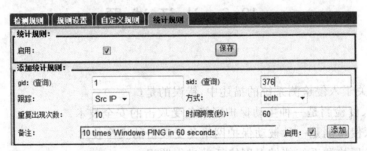

图 19-20　"统计规则"配置

其中,gid 和 sid 可以通过查询得到。

19.5　常见问题解答

1. 入侵检测系统与防火墙有什么不同?

答:如果把防火墙比作一栋大楼的门锁,那么入侵检测系统就是这栋大楼里的监视系统。一旦有小偷爬窗进入大楼或者内部人员有越界行为,只有实时监控系统才能发现情况并发出警报。通过在网络中安装防火墙,可以阻挡一般性的网络攻击行为,采用入侵检测系统则可以对越过防火墙的攻击行为以及来自网络内部的违规操作进行检测和响应,相当于为网络提供第二道保护机制。入侵检测系统多安装在防火墙之后,对网络活动进行实时检测,在多数情况下,由于可以记录和禁止网络活动,所以入侵检测系统是防火墙的延续,可以和防火墙以及路由器配合工作。

2. 入侵检测系统与系统扫描器有何不同?

答:系统扫描器是根据攻击特征数据库来扫描系统漏洞,它更关注配置上的漏洞而不是实时进出主机的流量。在遭受攻击的主机上,即使正在运行扫描程序,也无法识别这种攻击。而 IDS 扫描当前网络的活动,监视和记录网络流量,根据定义好的规则过滤从主机网卡到网线上的流量,提供实时报警。系统扫描器只检测主机上先前设置的漏洞,而 IDS 监视和记录网络流量,如果在一台主机上运行 IDS 和扫描器,配置合理的 IDS 会发出很多警报。

3. 入侵检测系统与入侵防御系统(IPS)有何不同?

答:入侵防御系统与入侵检测系统有些类似,但是 IPS 一般是立刻采取行动阻止威胁,例如及时阻止某个 IP 地址或用户的访问,而不仅仅是简单地发出警报。IDS 是被动采取行动,IPS 是主动响应系统。

4. 入侵检测系统部署的位置在哪里?

答:入侵检测系统应当部署在所有关注流量都必须流经的链路上。关注的流量包括来自高危网络区域的访问流量和需要进行统计、监视的网络报文。因此 IDS 在交换式网络中的位置一般选择为尽可能靠近攻击源、尽可能靠近受保护资源。通常连接在服务器区域交换机上,或者在重点保护网段局域网交换机上。

19.6　认 证 试 题

选择题

1. 以下关于入侵检测系统的描述中,错误的是(　　　)。
    A. 入侵检测是一种主动保护网络免受攻击的安全技术
    B. 入侵检测是一种被动保护网络免受攻击的安全技术
    C. 入侵检测系统能够对网络活动进行监视
    D. 入侵检测能简化管理员的工作,保证网络安全运行

2. 按照检测数据的来源可将入侵检测系统分为(　　　)。
    A. 基于主机的 IDS 和基于网络的 IDS
    B. 基于主机的 IDS 和基于域控制器的 IDS
    C. 基于服务器的 IDS 和基于域控制器的 IDS
    D. 基于浏览器的 IDS 和基于网络的 IDS

3. (　　　)不是将入侵检测系统部署在 DMZ 中的优点。
    A. 可以查到受保护区域主机被攻击的状态
    B. 可以检测防火墙系统的策略配置是否合理
    C. 可以检测 DMZ 被黑客攻击的重点
    D. 可以审计来自 Internet 上对受到保护网络的攻击类型

4. ( )是IDS用来检测对系统已知弱点进行的攻击行为。

    A. 签名分析法　　　　　　　　　　　B. 统计分析法

    C. 数据完整性分析法　　　　　　　　D. 数字分析法

5. 入侵检测系统的功能有( )。

    A. 让管理员了解网络系统的任何变更

    B. 对网络数据包进行检测和过滤

    C. 监控和识别内部网络受到的攻击

    D. 对网络安全策略的指定提供指南

6. 一个好的入侵检测系统具有的特点有( )。

    A. 不需要人工干预　　　　　　　　　B. 不占用大量系统资源

    C. 能及时发现异常行为　　　　　　　D. 可灵活定制用户需求

7. 基于网络的入侵检测系统的缺点是( )。

    A. 对加密通信无能为力　　　　　　　B. 对高速网络无能为力

    C. 不能预测命令的执行后果　　　　　D. 管理和实施比较复杂

8. 入侵检测系统能够增强网络的安全性,其优点体现在( )。

    A. 使现有的安防体系更完善

    B. 在用户不参与的情况下阻止攻击

    C. 能够更好地掌握系统情况

    D. 能够追踪攻击者的攻击路线

9. 网络入侵检测系统是企业信息安全防护的重要组成部分,它的发展趋势具有( )。

    A. 体系化　　　　　B. 控制化　　　　　C. 主观化　　　　　D. 智能化

10. IDS和IPS的不同点是( )。

    A. IDS能发现网络入侵,IPS不能

    B. IPS可以直接阻断网络攻击,IDS不能

    C. IPS和IDS的安装位置相同

    D. IPS和IDS是同一种产品,只是部署位置不同,因而称呼不同

VPN 服务器的配置与管理

20.1 用户需求与分析

很多企业采用了网络防火墙来加强安全性,但是防火墙不容易做到数据的加密、用户的验证等。有些系统采用软件加密,但软件加密会消耗大量的服务器资源,影响系统的响应速度。使用专线把不同地域的两个网络进行互联,成本高、通信质量好,但成本较高。由于 VPN 比租用专线更加便宜、灵活,所以有越来越多的公司采用 VPN,连接在家工作和出差在外的员工,以及代替连接分公司和合作伙伴的标准广域网。VPN 建在互联网的公共网络架构上,通过隧道协议,在发送端加密数据,在接收端解密数据,以保证数据的私密性。

20.2 预 备 知 识

20.2.1 VPN 的功能

VPN(Virtual Private Network,虚拟专用网)可以实现不同网络的组件与资源之间的相互连接。虚拟专用网能够利用 Internet 或其他公共互联网络的基础设施为用户创建隧道,并提供与专用网络一样的安全和功能保障。VPN 允许出差人员或企业分支机构使用 Internet 等公共互联网络的路由基础设施以安全的方式与位于企业局域网内的企业服务器建立连接。VPN 对用户端透明,用户就像使用一条专用线路在客户计算机和企业服务器之间建立点对点连接。目前 VPN 技术主要采用隧道技术(Tunneling)、加/解密技术(Encryption/Decryption)、密钥管理技术(Key Management)、用户与设备身份验证技术(Authentication)来保证内部数据通过 Internet 的安全传输。

VPN 的技术优势包括以下几方面内容。

(1) 安全性。VPN 利用隧道技术对原有协议进行重新封装,并提供加密、数据验证、用户验证等一系列安全防护措施,保证数据在通过不安全的公共网络时能够安全传输。

(2) 经济性。与专线技术相比,VPN 技术降低了费用,在原有网络连接的条件下提供了比专线技术更安全的数据保护机制。

（3）扩展性。与专线技术相比，VPN 技术通过在用户端进行配置就可以灵活的扩展，不需要新的申请或投入。

20.2.2 VPN 的分类

1. VPN 的应用模式分类

（1）远程接入 VPN 应用模式。远程接入 VPN 实现出差员工或家庭办公应用等移动用户安全访问企业网络的应用。

（2）Intranet VPN 应用模式。Intranet VPN 用于组建跨地区的企业总部与分支机构内部网络的安全互联。

（3）Extranet VPN 应用模式。Extranet VPN 用于企业与客户、合作伙伴之间建立网络安全的互联。

2. VPN 网络结构的分类

（1）VPN 的远程访问结构。用于提供远程移动用户对企业内部网络资源的安全访问，即 Access VPN。单机通过公共网络利用隧道技术连接到企业的一个网络内部，成为网络中的一个节点，这种结构又称为点到站点、桌面到网络结构。

（2）VPN 的网络互联结构。用于企业总部网络和分支机构网络的内部网络之间的安全互联，即 Intranet VPN 或 Extranet VPN，保证网络互联时在公共网络传输过程中的数据安全，同时也可以防止非法访问内部网络资源。这是一种网络到网络（站点到站点）结构。

（3）VPN 的点对点通信结构。用于企业内部网的两台主机之间的安全通信，即单机到单机结构。

3. VPN 所采用的隧道协议特点分类

从 VPN 采用的隧道协议所处的网络层次来看，PPTP、L2P 和 L2TP 等 VPN 协议工作在 TCP/IP 协议族的第二层（数据链路层）。IPSec、GRE 等协议工作在 TCP/IP 协议族的第三层（网络层）。SSL/TLS VPN 协议工作在 TCP/IP 协议族的第四层（传输层）。MPLS 协议跨越第二层和第三层。L2TP、IPSec 是第二层和第三层配合的隧道协议。

4. VPN 接入方式分类

一般的企业都有自己的内部局域网，多是通过光纤连接到互联网，而单个出差用户或家庭用户多是通过拨号（如 ADSL）连接到互联网，这种方式建立的 VPN，称为拨号接入 VPN，也称为 VPDN。在路由器上用 vpdn enable 命令启用 VPDN 功能。

20.2.3 VPN 典型协议

1. SSL VPN

SSL VPN 是一种新兴的应用层 VPN 技术，SSL 协议定义了完整的安全机制，对用户数据的完整性和私密性都有完善的保护。常见 SSL VPN 网关提供了四种 SSL VPN 接入方式以适应不同用户需求，包括 Web 转发方式、端口转发方式、文件共享方式和全网接入方式，其接入功能分别由不同的功能模块完成。同时还具备强大的访问控制、权限管理、细粒度审计和日志记录等功能。

2. GRE VPN

GRE 支持将一种协议的报文封装到另一种协议报文中，可以解决异种网络的传输问题。GRE 隧道扩展了受跳数限制的路由协议的工作范围，支持企业灵活设计网络拓扑。但 GRE 协议没有安全功能，因此需要首先通过 GRE 对报文进行封装，然后再由 IPSec 对封装后的报文进行加密和传输。GRE 在封装数据时，会添加 GRE 头部信息，还会添加新的传输协议头部信息。GRE 的配置命令如下。

```
[R1]interface tunnel 0/0/1                      //创建虚拟端口
[R1 - Tunnel0/0/1]ip address 192.168.1.1 24
[R1 - Tunnel0/0/1]tunnel - protocol gre
[R1 - Tunnel0/0/1]source 20.1.1.1              //配置隧道的源 IP 地址
[R1 - Tunnel0/0/1]destination 20.1.1.2         //配置隧道的目的 IP 地址
[R1 - Tunnel0/0/1]quit
[R1]ip route - static 10.1.2.0 24 tunnel 0/0/1
```

隧道两端设备通过关键字字段(Key)来验证对端是否合法。关键字验证是指对隧道端口进行校验，这种安全机制可以防止错误接收到来自其他设备的报文。关键字字段是一个 4 字节长的数值。若 GRE 报文头中的 K 位为 1，则在 GRE 报文中会插入关键字字段。只有隧道两端设置的关键字完全一致时才能通过验证，否则报文将被丢弃。

3. IPSec VPN

企业对网络安全性的需求日益提升，而传统 TCP/IP 协议缺乏有效的安全验证和保密机制。IPSec(Internet Protocol Security，IP 安全协议)是一种由 IETF 指定的开放标准的安全框架结构，不是一个单独的协议。在网络层可以用来保证 IP 数据报文在网络上传输的机密性、完整性、真实性和防重放。企业分支可以通过 IPSec VPN 接入企业总部网络。相比而言，GRE VPN 并没有在隧道传输中对数据进行加密保护，因此存在安全问题。而 IPSec VPN 则构建了一个安全的隧道。

(1) 机密性(Confidentiality)：在传输数据包之前将其加密，以保证数据的机密性。

(2) 完整性(Integrity)：在目的地验证数据包，以保证数据包在传输过程中没有被修改(防篡改)。

(3) 真实性(Authentication)：验证数据源，以保证数据来自真实的发送者(防冒充)。

(4) 防重放(Anti-replay)：防止恶意用户通过重复发送捕获到的数据包进行攻击，即接收方会拒绝旧的或重复的数据包。

IPSec 安全体系结构主要由 AH(Authentication Header，身份验证头)协议、ESP (Encapsulating Security Payload，封装安全负载)协议和 IKE(Internet Key Exchange，密钥管理)协议套件组成。其中，AH 协议提供了源身份验证、数据完整性校验和防报文重放功能,但并不加密所保护的数据报;ESP 协议除提供了 AH 协议的所有功能外(但其数据完整性校验不包括 IP 头),还提供对 IP 报文的加密功能;IKE 协议用于自动协商 AH 和 ESP 所使用的密码算法,提供密钥协商、建立和维护安全联盟 SA 等服务。IPSec 的密钥管理包括密钥的确定和分发。

IPSec 支持手动密钥分配和自动密钥分配两种管理方式。手动密码分配方式的优点是简单,缺点是安全性较低;自动密钥分配的优点是安全性较高,缺点是算法实现、密钥管理等较复杂。

安全联盟 SA 定义了 IPSec 对等体间将使用的数据封装模式、验证和加密算法、密钥等参数。安全联盟是单向的,两个对等体之间的双向通信,至少需要两个 SA。建立安全联盟 SA 的方式有以下两种。

(1) 手动方式。安全联盟所需的全部信息必须手动配置。手工建立安全联盟比较复杂,但优点是可以不依赖 IKE 而单独实现 IPSec 功能。当对等体设备数量较少时,或是在小型静态环境中,手动配置 SA 是可行的。

(2) IKE 动态协商方式。只需要通信对等体间配置好 IKE 协商参数,由 IKE 自动协商来创建和维护 SA。动态协商方式建立安全联盟相对简单些,对于中、大型的动态网络环境,推荐使用 IKE 建立 SA。

总而言之,SA 是 IPSec 的基础,也是 IPSec 的本质。SA 是通信对等体间的约定,例如使用哪种协议(AH、ESP、两者结合)、协议的操作模式(传输模式还是隧道模式)、加密算法(DES 等)、特定流中保护数据的共享密钥及密钥的生存周期。SA 定义的逻辑连接是一个单工连接,即连接是单向的。SA 唯一定义为一个三元组,包括安全协议(AH 或 ESP)标识符、单工连接的源 IP 地址合称为安全参数索引(SPI)的 32 位连接标识符。AH 头在原有 IP 数据包数据(TCP 或 UDP 段)和原 IP 头之间。对于 IP 数据报头的协议字段,值 50 用来表明数据报包含 ESP 头和 ESP 尾,值 51 用来表明数据报包含 AH 头。

IPSec 主要有传输模式和隧道模式两种工作模式。其中,传输模式是系统默认的 IPSec 工作模式,主要应用于两台主机之间(即端对端之间)数据安全通信的场合。此时 AH 头或 ESP 头被插入在原始 IP 头和传输层报头(TCP 头或 UDP 头)之间。隧道模式主要应用于两个网络之间进行数据安全通信的场合。例如将两台路由器(或网关、防火墙等)分别指派为隧道终结点,此时整个原始 IP 包被封装在一个新的 IP 包中,并在新 IP 头和原始 IP 头之间插入 AH 头或 ESP 头。IPSec 隧道模式分为三种封装方式:AH(只做认证,能保证数据不会被篡改,不能保证数据的机密性)、ESP(做加密和认证,既保证机密性又保证完整性,用得最多)和 AH-ESP(做加密和认证,保证数据的机密性、防篡改和防冒充)。在隧道模式下,IPSec 会另外生成一个新的 IP 报头,并封装在 AH 或 ESP 之前。

IPSec VPN 的配置包括 5 步。

(1) 配置网络可达。首先需要检查报文发送方和接收方之间的网络层可达性,确保双方只有创建 IPSec VPN 隧道才能进行 IPSec 通信。

(2) 配置 ACL 识别兴趣流。因为部分流量无须满足完整性和机密性要求,所以需要对流量进行过滤,选择出需要进行 IPSec 处理的兴趣流。可以通过配置 ACL 来定义和区分不同的数据流。

（3）配置 IPSec 安全提议。IPSec 安全提议定义了保护数据流所用的安全协议、认证算法、加密算法和封装模式。

（4）创建安全策略。

（5）应用安全策略。

IPSec VPN 的配置（手工方式）命令如下。

```
[R1]ip route - static 10.1.2.0 24 20.1.1.2
[R1]acl number 3001
[R1 - acl - adv - 3001]rule 5 permit ip source 10.1.1.0 0.0.0.255 destination 10.1.2.0 0.0.
0.255
[R1]ipsec proposal tran1
[R1 - ipsec - proposal - tran1]esp authentication - algorithm sha1
[R1 - ipsec - proposal - tran1]quit
[R1]display ipsec proposal                    //配置验证
[R1]ipsec policy P1 10 manual
//使用手工方式创建 IPSec 策略,并进入 IPSec 策略视图,多个具有相同 policy-name 的安全策略
//组成一个安全策略组。在一个安全策略组中最多可以设置 16 条安全策略,而 seg-number 越小
//的安全策略,优先级越高。在一个端口上应用了一个安全策略组,实际上是同时应用了安全
//策略组中所有的安全策略,这样能够对不同的数据流采用不同的安全策略进行保护。IPSec 策
//略除了指定策略的名称和序号外,还需要指定 SA 的创建方式,如果使用的是 IKE 协商,需要执行
//ipsec-policy-template 命令配置
[R1 - ipsec - policy - manual - P1 - 10]security acl 3001
[R1 - ipsec - policy - manual - P1 - 10]proposal tran1
[R1 - ipsec - policy - manual - P1 - 10]tunnel remote 20.1.1.2
[R1 - ipsec - policy - manual - P1 - 10]tunnel local 20.1.1.1
[R1 - ipsec - policy - manual - P1 - 10]sa spi outbound esp 54321
[R1 - ipsec - policy - manual - P1 - 10]sa spi inbound esp 12345
[R1 - ipsec - policy - manual - P1 - 10]sa string - key outbound esp simple Huawei
[R1 - ipsec - policy - manual - P1 - 10]sa string-key inbound esp simple huawei
```

上述 IPSec VPN 是通过配置静态路由建立的,下一跳指向路由器 R2。需要配置两个方向的静态路由确保双向通信可达。建立一条高级 ACL,用于确定哪些感兴趣流需要通过 IPSec VPN 隧道。高级 ACL 能够依据特定参数过滤流量,进而对流量执行丢弃、通过或保护操作。执行 ipsec proposal 命令,可以创建 IPSec 提议视图。配置 IPSec 策略时,必须引用 IPSec 提议来指定 IPSec 隧道两端使用的安全协议、加密算法、验证算法和封装模式。默认情况下,使用 ipsec proposal 命令创建的 IPSec 提议采用 ESP 协议、DES加密算法、MD5 验证算法和隧道封装模式。

4. PPTP 和 L2TP

点对点隧道协议（PPTP）是一种网络协议,它通过跨越基于 TCP/IP 的数据网络创建VPN 实现从远程客户端到专用企业服务器之间数据的安全传输。PPTP 支持通过公共网络（如 Internet）建立按需的、多协议的虚拟专用网络。PPTP 允许加密 IP 通信,然后在要跨越公司 IP 网络或公告 IP 网络（如 Internet）发送的 IP 头中对其进行封装。

第二层隧道协议（L2TP）是一种基于 PPP 协议的二层隧道协议,其报文封装在 UDP

之上,使用 UDP 1701 端口。L2TP 没有任何加密措施,通常和 IPSec 协议结合使用,提供隧道验证。它是典型的被动式隧道协议,可从客户端或访问服务器端发起 VPN 连接。在 L2TP 构建的 VPN 网络中,主要有 L2TP 访问集中器(LAC)和 L2TP 网络服务器(LNS)两种关键的网络设备。其中,LAC 支持客户端的 L2TP,用于发起呼叫、接收呼叫和建立隧道,是一种附属在网络上的具有 PPP 端系统和 L2TPv2 协议处理能力的设备。LNS 是 PPP 端系统上用于处理 L2TP 服务器端部分的软件,是所有隧道的终点,LNS 终止所有的 PPP 流。在传统的 PPP 连接中,用户拨号连接的终点是 LAC,L2TP 使得 PPP 的终点延伸到 LNS。

5. PPPoE

1998 年,Redback 网络公司联合 UUNET 公司和 RouterWare 软件公司开发了以太网上的点对点协议 PPPoE,于 1999 年 2 月被 IEIF 接收,以 RFC 2516 发布。PPPoE (Point to Point Protocol over Ethernet,以太网上的点对点协议),协议是为了满足越来越多的宽带上网设备(例如 XDSL、Cable、Wireless 等)和越来越快的网络之间的通信而制定开发的标准。它基于以太网(Ethernet)和点对点拨号协议(PPP)两个广泛接受的标准。PPPoE 是在标准的 Ethernet 协议和 PPP 协议之间加入一些小的改动,使用户可以在 Ethernet 上面建立 PPP 会话。对于最终用户来说不需要了解比较深的局域网技术,对于服务商来说在现有局域网基础上不需要花费巨资来做大面积改造。这就使得 PPPoE 在宽带接入服务中比其他协议更具有优势。该方式的优点为可有效控制第三层广播风暴、防止 ARP 病毒攻击、防止 IP 被盗用、支持 QoS,方便管理、有效阻止病毒在局域网内蔓延、有效阻止 Sniffer 软件对网络敏感信息的非法监听。使用 PPPoE 拨号上网不用添加任何设备,只需网卡并在客户端安装 PPPoE 应用程序即可,其使用方式类似于拨号上网。因为对用户端的要求不高,其易于普及。

20.3 方 案 设 计

方案设计如表 20-1 所示。

表 20-1 方案设计

任务名称	VPN 服务器的配置与管理
任务分解	1. 利用 Packet Tracer 模拟实现 PPPoE 接入 (1) 网络搭建 (2) 实现电话线方式接入 (3) 实现同轴电缆方式接入 (4) 实现以太网方式接入 2. 利用 eNSP 模拟实现 GRE VPN 的配置 (1) 创建隧道端口 (2) 配置 GRE 协议 (3) 配置隧道源端和目的端的 IP 地址

续表

任务分解	（4）GRE 协议的 Keepalive 检测 （5）GRE 协议关键字验证 3. 利用 eNSP 模拟实现 IPSec VPN 的配置 （1）配置网络可达 （2）配置访问控制列表识别兴趣流 （3）配置 IPSec 安全提议 （4）定义保护数据流所使用的封装模式、验证方法和加密算法 （5）创建 IPSec 的安全策略 （6）将 IPSec 的安全策略指派到相应端口
能力目标	1. 能配置 VPN 服务器 2. 能对 VPN 网络的客户端进行设置 3. 能测试 VPN 连接 4. 能创建 IPSec 策略 5. 能创建筛选器列表和隧道配置规则 6. 能将新的 IPSec 策略指派 7. 能使用模拟器实现 PPPoE 三种方式的接入
知识目标	1. 熟悉 VPN 的功能 2. 了解 VPN 的技术优势 3. 了解 VPN 的应用分类、网络结构分类和接入方式分类 4. 了解 VPN 的典型协议 SSL VPN、IPSec VPN、PPTP、L2TP 和 PPPoE 5. 了解 GRE 的应用场景 6. 了解 GRE 的工作原理
素质目标	1. 掌握网络安全行业的基本情况 2. 培养良好的职业道德 3. 树立较强的安全意识 4. 培养吃苦耐劳、实事求是、一丝不苟的工作态度 5. 培养分析能力和应变能力

20.4　项目实施

20.4.1　任务 1：利用 Packet Tracer 模拟实现 PPPoE 接入

1. 任务目标

在 Packet Tracer 模拟软件上实现 PPPoE 接入的几种方式，具体包括以下几种方式。

（1）网络搭建。

（2）实现电话线方式接入。

（3）实现同轴电缆方式接入。

（4）实现以太网方式接入。

2．案例导入

为保护企业网络安全，需要利用 PPPoE 技术实现电话线接入、同轴电缆方式接入和以太网方式接入。

3．工作环境

（1）Windows 7 系统的主机。
（2）主机中预装 Packet Tracer 软件。

4．实施过程

本任务的网络拓扑图如图 20-1 所示，需要 3 台 PC 机，2 个网云，2 台 2960 型交换机，2811 型路由器、服务器、DSL Modem、Cable Modem 和 Coaxial Splitter（同轴分离器）各1 台。各设备的 IP 地址信息如表 20-2 所示。

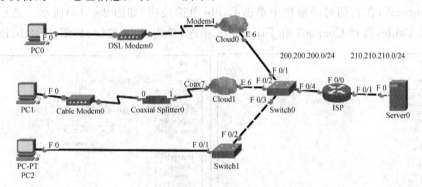

图 20-1 任务 1 网络拓扑图

表 20-2 任务 1 设备 IP 地址信息表

设备名称	Router0 端口 F 0/0	Router0 端口 F 0/1	Server0
IP 地址	200.200.200.1	210.210.210.1	210.210.210.2
子网掩码	255.255.255.0	255.255.255.0	255.255.255.0

（1）按照网络拓扑图连接各个设备，因为 3 台主机通过 PPPoE 认证后自动获取 IP地址，因而交换机不需要配置，正确连线即可。

（2）模拟电话线接入的连接说明：DSL Modem0 有两个端口 Port0 和 Port1，将Port0 端口与网云 Cloud0 的 Modem4 端口相连，Port1 端口与 PC0 相连。而网云 Cloud0的 E 6 端口与交换机 Switch0 的 F 0/1 端口相连。

（3）网云 Cloud0 的配置说明：单击网云 Cloud0 进入 Config（配置）页面，在左侧栏中单击 DSL，选择 Modem4 和 Ethernet6 相连，单击 Add 按钮。若右侧下拉列表框中没有Ethernet6，则需要在左侧栏中单击 Ethernet6 按钮，在右侧栏中单击 DSL 单选按钮，如图 20-2 所示。

（4）网云 Cloud1 的配置说明：单击网云 Cloud1 进入 Config（配置）页面，在左侧栏中

 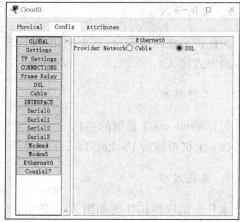

图 20-2　网云 Cloud0 配置

单击 Ethernet6，在右侧对话框栏中单击 Cable 单选按钮，如图 20-3(a)所示。然后在左侧栏中单击 Cable，选择 Coaxial7 和 Ethernet6 相连，单击 Add 按钮，如图 20-3(b)所示。

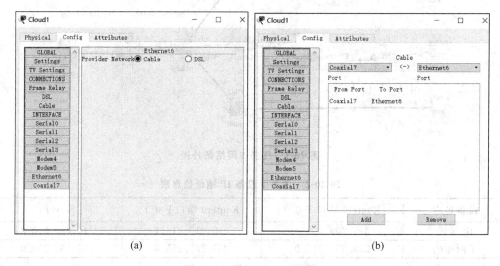

(a)　　　　　　　　　　　　　　　　(b)

图 20-3　网云 Cloud1 配置

（5）服务器的配置说明：单击 Server0，在打开的对话框中单击 Desktop 选项卡，配置其的 IP 地址为 210.210.210.2，子网掩码为 255.255.255.0，网关为 210.210.210.1。

（6）路由器的配置：单击路由器 ISP，在打开的对话框中单击 CLI 选项卡，在命令行中完成以下配置。

```
Router>en                                    //进入特权模式
Router#configure terminal                    //进入全局配置模式
Router(config)#hostname ISP                  //为路由器设置主机名 ISP
ISP(config)#username cisco password class    //设置 PPPoE 用户接入的用户名和密码
ISP(config)#username sdpt password gl        //对不同用户设置不同的用户名和密码，下同
ISP(config)#username jsj password guol
```

```
ISP(config)#ip local pool mypools 200.200.200.2 200.200.200.254
//设置通过认证的用户,给其分配的IP地址池范围,地址池名称可以随意取,但尽量用有意义的
//名称,方便在配置模拟模板端口时用到。
ISP(config)#interface fastethernet 0/0        //打开路由器F0/0端口
ISP(config-if)#ip address 200.200.200.1 255.255.255.0 //给F0/0端口配置IP地址
ISP(config-if)#no shutdown                    //激活端口
ISP(config-if)#pppoe enable                   //在端口启用PPPoE
ISP(config-if)#interface fasttethernet 0/1    //打开路由器F0/1端口
ISP(config-if)# ip address 210.210.210.1 255.255.255.0  //为F0/1端口配置IP地址
ISP(config-if)#no shutdown                    //激活端口
ISP(config-if)#exit                           //退出端口配置模式
ISP(config)#vpdn enable                       //在路由器上启用虚拟专用拨号网络vpdn
ISP(config)#vpdn-group g1                      //建立一个vpdn组,进入vpdn配置模式
ISP(config-vpdn)#accept-dialin  //初始化一个vpdn tunnel,建立一个接受拨入的vpdn子组
ISP(config-vpdn-acc-in)#protocol pppoe  //vpdn子组使用PPPoE建立会话隧道,Packet Tracer
                                //只允许一个PPPoE vpdn组配置
ISP(config-vpdn-acc-in)#virtual-template 1   //创建虚拟模板端口1,Packet Tracer中可以建
                                //立1～200个
ISP(config-vpdn-acc-in)# int virtual-template 1  //进入虚拟模板端口1
ISP(config-if)#peer default ip address pool mypools  //为ppp链路的对端分配IP地址
ISP(config-if)#ppp authentication chap        //在PPP链路上启用Chap验证
ISP(config-if)#ip unnumbered f 0/0
//虚拟模板端口上没有配置IP地址,但是还想使用该端口,就向F0/0端口借一个IP地址来用,
//即"借用IP地址"
```

(7) 测试连通性。单击图 20-1 中的 PC0,单击 Desktop 选项卡,单击 PPPoE Dialer,在弹出的对话框中的 User Name 处输入 cisco,Password 处输入 class,然后单击 connect 按钮,弹出"PPPoE Connected"提示信息表示连接成功。然后单击 Command Prompt 进入命令提示符,Ping 服务器的 IP 地址 210.210.210.2,能够成功 Ping 通。使用同样的方法,在 PC1 和 PC2 上分别使用 sdpt/g1 和 jsj/guo1 Ping 服务器,可以 Ping 通。3 台主机之间也可以互相 Ping 通,实验成功。

20.4.2 任务2:利用 eNSP 模拟实现 GRE VPN 的配置

1. 任务目标

在 eNSP 模拟软件上实现 GRE VPN 的配置,具体包括以下内容。

(1) 创建隧道端口。
(2) 配置 GRE 协议。
(3) 配置隧道源端和目的端的 IP 地址。
(4) GRE 协议的 Keepalive 检测。
(5) GRE 协议关键字验证。

2. 案例导入

为保护企业网络安全,需要利用 GRE VPN 技术实现顺德子公司与广州总公司的

互联。

3．工作环境

（1）Windows 7 系统的主机。

（2）主机中预装 eNSP 软件。

4．实施过程

对于这一任务，网络拓扑图如图 20-4 所示，需要 2 台 PC、2 台 S3700 型交换机、3 台 AR2220 型路由器。

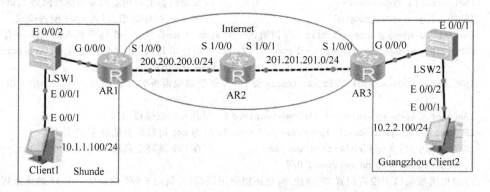

图 20-4   任务 2 网络拓扑图

（1）按照网络拓扑图连接各个设备，交换机不需要配置，正确连线即可。

（2）按照设备 IP 地址信息表（见表 20-3）配置顺德子公司计算机 Client1 和广州总公司计算机 Client2 的 IP 地址、子网掩码和网关。

表 20-3   任务 2 设备 IP 地址信息表

设备名称	Client1	Client2	AR2 的 S 1/0/0	AR2 的 S 1/0/1
IP 地址	10.1.1.100	10.2.2.100	200.200.200.2	201.201.201.1
子网掩码	255.255.255.0	255.255.255.0	255.255.255.0	255.255.255.0
网关	10.1.1.1	10.2.2.1	——	——

（3）路由器 AR1 的基本配置如下。

```
<Huawei> system-view                                        //进入系统视图界面
[Huawei]sysname AR1                                         //修改设备名称为 AR1
[AR1] interface gigabitethernet 0/0/0                       //进入端口
[AR1-GigabitEthernet0/0/0]ip address 10.1.1.1 24           //配置 IP 地址与子网掩码
[AR1-GigabitEthernet0/0/0]quit                             //退出端口
[AR1]interface serial 1/0/0                                 //进入端口 S 1/0/0
[AR1-serial1/0/0]ip address 200.200.200.1 24               //配置 IP 地址与子网掩码
[AR1-serial1/0/0]quit                                       //退出端口
[AR1]ip route-static 0.0.0.0 0.0.0.0 200.200.200.2         //配置默认路由
```

（4）路由器 AR3 的基本配置如下。

```
< Huawei > system - view                              //进入系统视图界面
[Huawei]sysname AR3                                   //修改设备名称为 AR3
[AR3] interface gigabitethernet 0/0/0                 //进入端口
[AR3 - GigabitEthernet0/0/0]ip address 10.2.2.1 24    //配置 IP 地址与子网掩码
[AR3 - GigabitEthernet0/0/0]quit                      //退出端口
[AR3]interface serial 1/0/0                           //进入端口 S 1/0/0
[AR3 - serial1/0/0]ip address 201.201.201.2 24        //配置 IP 地址与子网掩码
[AR3 - serial1/0/0]quit                               //退出端口
[AR3]ip route - static 0.0.0.0 0.0.0.0 201.201.201.1  //配置默认路由
```

（5）路由器 AR2 的基本配置如下。

```
< Huawei > system - view                              //进入系统视图界面
[Huawei]sysname AR2                                   //修改设备名称为 AR2
[AR2]interface serial 1/0/0                           //进入端口 S 1/0/0
[AR2 - serial1/0/0]ip address 200.200.200.2 24        //配置 IP 地址与子网掩码
[AR2 - serial1/0/0]quit                               //退出端口
[AR2]interface serial 1/0/1                           //进入端口 S 1/0/1
[AR2 - serial1/0/1]ip address 201.201.201.1 24        //配置 IP 地址与子网掩码
[AR2 - serial1/0/1]quit                               //退出端口
[AR2]rip                                              //开启 rip 进程
[AR2 - rip - 1]version 2                              //运行 v2 版本
[AR2 - rip - 1]undo summary
[AR2 - rip - 1]network 200.200.200.0                  //宣告直连网络
[AR2 - rip - 1]network 201.201.201.0                  //宣告直连网络
[AR2 - rip - 1]quit
```

（6）测试网络连通性。总公司和子公司的 2 台路由器 AR1(200.200.200.1)和 AR3
(201.201.201.2)的外网端口可以互相 Ping 通。

（7）路由器 AR1 的 GRP 配置如下。

```
< AR1 > system - view
[AR1]interface tunnel 0/0/0                    //创建虚拟隧道端口
[AR1 - Tunnel0/0/0]tunnel - protocol gre       //配置 GRE 协议
[AR1 - Tunnel0/0/0]source 200.200.200.1        //配置隧道的源 IP 地址,源 IP 是 AR1 路由器
                                               //公网端口的 IP 地址
[AR1 - Tunnel0/0/0]destination 201.201.201.2   //配置隧道的目的 IP 地址,目标 IP 是 AR3 路
                                               //由器公网端口的 IP 地址
[AR1 - Tunnel0/0/0]ip address 192.168.1.1 24   //配置 tunnel 的 IP 地址,该 IP 地址应该使
                                               //用私有 IP 地址
[AR1 - Tunnel0/0/0]quit
[AR1]ip route - static 10.2.2.0 24 tunnel 0/0/0
```

（8）路由器 AR3 的 GRP 配置如下。

```
< AR3 > system - view
[AR3]interface tunnel 0/0/0                    //创建隧道端口,两端端口的编号可以一样
                                               //也可以不一样
```

```
[AR3 - Tunnel0/0/0]tunnel - protocol gre            //配置 GRE 协议
[AR3 - Tunnel0/0/0]source 201.201.201.2            //源 IP 是 AR3 路由器公网端口的 IP 地址
[AR3 - Tunnel0/0/0]destination 200.200.200.1       //目标 IP 是 AR1 路由器公网端口的 IP 地址
[AR3 - Tunnel0/0/0]display interface tunnel 0/0/0  //查看 tunnel 0/0/0 的状态为 up
[AR3 - Tunnel0/0/0]ip address 192.168.1.2 24       //配置 tunnel 的 IP 地址
[AR3 - Tunnel0/0/0]quit
[AR3]ip route - static 10.1.1.0 24 tunnel 0/0/0
```

（9）配置完成后，从 AR1 的 tunnel 0/0/0（192.168.1.1）端口可以 Ping 通 AR2 的 tunnel 0/0/0 端口的 IP 地址（192.168.1.2）。

（10）路由器 AR1 的路由协议配置如下。

```
[AR1 - Tunnel0/0/0]quit
[AR1]rip                                            //开启 rip 进程
[AR1 - rip - 1]version 2                            //运行 v2 版本
[AR1 - rip - 1]undo summary
[AR1 - rip - 1]network 10.0.0.0                     //宣告直连网络
[AR1 - rip - 1]quit
[AR1]display ip routing - table protocol rip        //查看路由表
```

（11）路由器 AR3 的路由协议配置如下。

```
[AR3 - Tunnel0/0/0]quit
[AR3]rip                                            //开启 rip 进程
[AR3 - rip - 1]version 2                            //运行 v2 版本
[AR3 - rip - 1]undo summary
[AR3 - rip - 1]network 10.0.0.0                     //宣告直连网络
[AR3 - rip - 1]quit
[AR3]display ip routing - table protocol rip        //查看路由表
```

（12）配置完成后，总公司和子公司的两台主机可以互相 Ping 通。

（13）在子公司的路由器 AR1 上抓取数据包。右击路由器 AR1，选择"数据抓包"→ Serial 1/0/0 命令，选择链路类型为 PPP，单击"确定"按钮。子公司主机 Client1 再次 Ping 总公司主机 Client2，然后停止 Wireshark 的抓包，并查看捕获的数据包信息，可以查询到 IP 地址的封装情况。

（14）在路由器 AR1 上配置 GRE 协议的 Keepalive 检测。双击路由器 AR1，在命令行中完成以下配置。

```
[AR1]int tunnel 0/0/0
[AR1 - Tunnel0/0/0]display interface tunnel 0/0/0   //查看到"keepalive disabled"，
                                                    //即 keepalive 检测默认是关闭的
[AR1 - Tunnel0/0/0]keepalive                        //开启 tunnel 端口的 Keepalive 检测功能
[AR1 - Tunnel0/0/0]quit
```

（15）在路由器 AR3 上配置 GRP 协议的 Keepalive 检测：双击路由器 AR3，在命令行中完成以下配置。

```
[AR3]int tunnel 0/0/0
[AR3 - Tunnel0/0/0]keepalive                        //开启 Tunnel 端口的 Keepalive 检测功能
```

```
[AR3 - Tunnel0/0/0]quit
```

（16）在路由器 AR1 的 Tunnel 0/0/0 端口输入 display interface tunnel 0/0/0 命令可以查看到"Keepalive enable period 5 retry-time "，表示每 5 秒钟发送一次探测信号到对方，若 3 次都没有回应，表示该 Tunnel 端口出现故障。

（17）在路由器 AR1 上配置 GRP 关键字验证。双击路由器 AR1，在命令行中完成以下配置。

```
[AR1]int tunnel 0/0/0
[AR1 - Tunnel0/0/0]undo keepalive              //关闭 Keepalive 检测功能
[AR1 - Tunnel0/0/0]gre key 123456
```

（18）在路由器 AR3 上配置 GRP 关键字验证。双击路由器 AR3，在命令行中完成以下配置。

```
[AR3]int tunnel 0/0/0
[AR3 - Tunnel0/0/0]undo keepalive              //关闭 Keepalive 检测功能
[AR3 - Tunnel0/0/0]gre key 123456
```

（19）在子公司的路由器 AR1 上重新抓取数据包。右击路由器 AR1，选择"数据抓包"→Serial 1/0/0 命令，选择链路类型为 PPP，单击"确定"按钮。子公司主机 Client1 再次 Ping 总公司主机 Client2，然后停止 Wireshark 的抓包，并查看捕获的数据包信息，在 GRE 封装协议中可以查询到 Key 值信息，如图 20-5 所示。

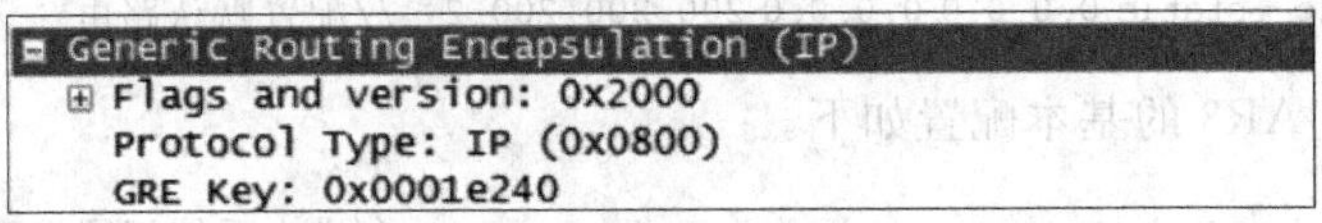

```
▄ Generic Routing Encapsulation (IP)
  ⊞ Flags and version: 0x2000
    Protocol Type: IP (0x0800)
    GRE Key: 0x0001e240
```

图 20-5　Key 值信息

20.4.3　任务 3：利用 eNSP 模拟实现 IPSec VPN 的配置

1. 任务目标

在 eNSP 模拟软件上实现 IPSec VPN 的配置，具体包括以下内容。

（1）配置网络可达。
（2）配置访问控制列表识别兴趣流。
（3）配置 IPSec 安全提议。
（4）定义保护数据流所使用的封装模式、验证方法和加密算法。
（5）创建 IPSec 的安全策略。
（6）将 IPSec 的安全策略指派到相应端口。

2. 案例导入

为保护企业网络安全，需要利用 IPSec VPN 技术实现顺德子公司与广州总公司的互联。

3. 工作环境

（1）Windows 7 系统的主机。

（2）主机中预装 eNSP 软件。

4. 实施过程

对于这一任务，网络拓扑图如图 20-4 所示，需要 2 台 PC、2 台 S3700 交换机、3 台 AR2220 路由器。

（1）按照网络拓扑图连接各个设备，交换机不需要配置，正确连线即可。

（2）按照设备 IP 地址信息表（见表 20-3）配置顺德子公司计算机 Client1 和广州总公司计算机 Client2 的 IP 地址、子网掩码和网关。

（3）路由器 AR1 的基本配置如下。

```
< Huawei > system - view                                    //进入系统视图界面
[Huawei]sysname AR1                                         //修改设备名称为 AR1
[AR1] interface gigabitethernet 0/0/0                       //进入端口
[AR1 - GigabitEthernet0/0/0]ip address 10.1.1.1 24         //配置 IP 地址与子网掩码
[AR1 - GigabitEthernet0/0/0]quit                           //退出端口
[AR1]interface serial 1/0/0                                 //进入端口 S 1/0/0
[AR1 - serial1/0/0]ip address 200.200.200.1 24            //配置 IP 地址与子网掩码
[AR1 - serial1/0/0]quit                                    //退出端口
[AR1]ip route - static 0.0.0.0 0.0.0.0 200.200.200.2       //配置默认路由
```

（4）路由器 AR3 的基本配置如下。

```
< Huawei > system - view                                    //进入系统视图界面
[Huawei]sysname AR3                                         //修改设备名称为 AR3
[AR3] interface gigabitethernet 0/0/0                       //进入端口
[AR3 - GigabitEthernet0/0/0]ip address 10.2.2.1 24         //配置 IP 地址与子网掩码
[AR3 - GigabitEthernet0/0/0]quit                           //退出端口
[AR3]interface serial 1/0/0                                 //进入端口 S 1/0/0
[AR3 - serial1/0/0]ip address 201.201.201.2 24            //配置 IP 地址与子网掩码
[AR3 - serial1/0/0]quit                                    //退出端口
[AR3]ip route - static 0.0.0.0 0.0.0.0 201.201.201.1       //配置默认路由
```

（5）路由器 AR2 的基本配置如下。

```
< Huawei > system - view                                    //进入系统视图界面
[Huawei]sysname AR2                                         //修改设备名称为 AR2
[AR2]interface serial 1/0/0                                 //进入端口 S 1/0/0
[AR2 - serial1/0/0]ip address 200.200.200.2 24            //配置 IP 地址与子网掩码
[AR2 - serial1/0/0]quit                                    //退出端口
[AR2]interface serial 1/0/1                                 //进入端口 S 1/0/1
[AR2 - serial1/0/1]ip address 201.201.201.1 24            //配置 IP 地址与子网掩码
[AR2 - serial1/0/1]quit                                    //退出端口
[AR2]rip                                                    //开启 rip 进程
[AR2 - rip - 1]version 2                                    //运行 v2 版本
```

```
[AR2 - rip - 1]undo summary
[AR2 - rip - 1]network 200.200.200.0              //宣告直连网络
[AR2 - rip - 1]network 201.201.201.0              //宣告直连网络
[AR2 - rip - 1]quit
```

（6）测试网络连通性。总公司和子公司的两台路由器 AR1 和 AR3 的外网端口可以互相 Ping 通。

（7）路由器 AR1 的 IPSec VPN 配置如下。

```
<AR1 > system - view
[AR1]acl 3001                                     //创建访问控制列表
[AR1 - acl - adv - 3001]rule 5 permit ip source 10.1.1.0 0.0.0.255 destination 10.2.2.0 0.0.
0.255                                             //配置规则
[AR1 - acl - adv - 3001]quit
[AR1]ipsec proposal IPSEC                         //把 IPSec Proposal 取名为 IPSEC
[AR1 - ipsec - proposal - IPSEC]esp authentication - algorithm sha2 - 256
    //采用 ESP 封装,身份验证的方法是 SHA2 - 256
[AR1 - ipsec - proposal - IPSEC]esp encryption - algorithm aes - 192
    //采用 ESP 封装,加密算法采用 AES - 192
[AR1 - ipsec - proposal - IPSEC]quit
[AR1]ipsec policy IPSEC 10 manual
    //把 IPSec Policy 取名为 IPSEC,编号为 10,采用手工方式配置
[AR1 - ipsec - policy - manual - IPSEC - 10]security acl 3001      //指定哪些数据包需要保护
[AR1 - ipsec - policy - manual - IPSEC - 10]proposal IPSEC         //调用刚刚配置好的 Proposal
[AR1 - ipsec - policy - manual - IPSEC - 10]tunnel local 200.200.200.1   //定义隧道的源端
[AR1 - ipsec - policy - manual - IPSEC - 10]tunnel remote 201.201.201.2 //定义隧道的目的端
[AR1 - ipsec - policy - manual - IPSEC - 10]sa spi outbound esp 123456
    //配置发送方向的索引号是 123456
[AR1 - ipsec - policy - manual - IPSEC - 10]sa spi inbound esp 654321
    //配置接收方向的索引号是 654321
[AR1 - ipsec - policy - manual - IPSEC - 10]sa string - key outbound esp cipher aaaaaa
    //配置发送方向的加密密码是 aaaaaa,并采用加密存放
[AR1 - ipsec - policy - manual - IPSEC - 10]sa string - key inbound esp cipher bbbbbb
    //配置接收方向的加密密码是 bbbbbb,并采用加密存放
[AR1 - ipsec - policy - manual - IPSEC - 10]int serial 1/0/0
[AR1 - Serial1/0/0]ipsec policy IPSEC   //把配置好的策略应用在 AR1 的外网端口上
[AR1 - Serial1/0/0]display current - configuration     //查看配置
[AR1 - Serial1/0/0]quit
```

（8）路由器 AR3 的 IPSec VPN 配置如下。

```
<AR3 > system - view
[AR3]acl 3001                                     //创建访问控制列表
[AR3 - acl - adv - 3001]rule 5 permit ip source 10.2.2.0 0.0.0.255 destination 10.1.1.0 0.0.
0.255                                             //配置规则
[AR3 - acl - adv - 3001]quit
[AR3]ipsec proposal IPSEC                         //把 IPSec proposal 取名为 IPSEC
[AR3 - ipsec - proposal - IPSEC]esp authentication - algorithm sha2 - 256
    //采用 ESP 封装,身份验证的方法是 SHA2 - 256
[AR3 - ipsec - proposal - IPSEC]esp encryption - algorithm aes - 192
```

```
        //采用 ESP 封装,加密算法采用 AES－192
[AR3－ipsec－proposal－IPSEC]quit
[AR3]ipsec policy IPSEC 10 manual
        //把 IPSec Policy 取名为 IPSEC,编号为 10,采用手工方式配置安全联盟
[AR3－ipsec－policy－manual－IPSEC－10]security acl 3001  //指定哪些数据包需要保护
[AR3－ipsec－policy－manual－IPSEC－10]proposal IPSEC   //调用刚刚配置好的 Proposal
[AR3－ipsec－policy－manual－IPSEC－10]tunnel local 201.201.201.2   //定义隧道的源端
[AR3－ipsec－policy－manual－IPSEC－10]tunnel remote 200.200.200.1  //定义隧道的目的端
[AR3－ipsec－policy－manual－IPSEC－10]sa spi outbound esp 654321
        //配置发送方向的索引号是 654321
[AR3－ipsec－policy－manual－IPSEC－10]sa spi inbound esp 123456
        //配置接收方向的索引号是 123456
[AR3－ipsec－policy－manual－IPSEC－10]sa string－key outbound esp cipher bbbbbb
        //配置发送方向的加密密码是 bbbbbb,并采用加密存放
[AR3－ipsec－policy－manual－IPSEC－10]sa string－key inbound esp cipher aaaaaa
        //配置接收方向的加密密码是 aaaaaa,并采用加密存放
[AR3－ipsec－policy－manual－IPSEC－10]int serial 1/0/0
[AR3－Serial1/0/0]ipsec policy IPSEC  //把配置好的策略应用在 AR1 的外网端口上
[AR3－Serial1/0/0]display current－configuration  //查看配置
[AR3－Serial1/0/0]quit
```

（9）配置完成后,从子公司的 Client1(10.1.1.100)可以 Ping 通总公司 Client2 的 IP 地址(10.2.2.100)。

（10）在子公司的路由器 AR1 上抓取数据包。右击路由器 AR1,选择"数据抓包"→ Serial 1/0/0 命令,选择链路类型为 PPP,单击"确定"按钮。子公司主机 Client1 再次 Ping 总公司主机 Client2,然后停止 Wireshark 的抓包,并查看捕获的数据包信息,发现无法查看到数据包内的具体信息,证明 IPSec 的封装具有安全性。

（11）在路由器 AR1 查看 IPSec 封装情况。

```
[AR1]display ipsec proposal       //查看 IPSec 的验证算法和加密算法
[AR1]display ipsec policy          //查看 IPSec Inbound 方向和 Outbound 方向的策略
[AR1]display ipsec sa   //查看 IPSec 的会话,确认隧道本地和对端的 IP 地址,以及索引号 SPI
[AR1]display ipsec statistics esp
//查看 IPSec 的统计数,如进来和出去的数据包个数,当从主机 Client1 再 Ping 一次 Client2 后,
//数据包个数会发生明显变化
```

20.5 常见问题解答

IPSec VPN 和 GRE VPN 的区别是什么?

答:IPSec VPN 用于在两个端点之间提供安全的 IP 通信,但只能加密并传播单播数据,无法加密和传输语音、视频、动态路由协议信息等组播数据流量。而 GRE（Generic Routing Encapsulation,通用路由封装协议）VPN 提供了将一种协议的报文封装在另一种协议报文中的机制,是一种隧道封装技术。GRE 可以封装组播数据,并可以和 IPSec VPN 结合使用,从而保证语音、视频等组播业务的安全。

20.6　认　证　试　题

一、选择题

1. 以下关于 VPN 说法正确的是（　　）。
   A. VPN 指的是用户自己租用的，与公共网络物理上完全隔离的、安全的线路
   B. VPN 指的是用户通过公共网络建立的，临时的、安全的连接
   C. VPN 不能做到信息验证和身份验证
   D. VPN 只能提供身份验证，不能提供加密数据的功能

2. 关于虚拟专用网，下说法正确的是（　　）。
   A. 安全套接层协议（SSL）是在应用层和传输层之间增加的安全机制可以用 SSL 在任何网络上建立虚拟专用网
   B. 安全套接层协议（SSL）的缺点是进行服务器端对客服端的单向身份验证
   C. 安全 IP 协议（IPSec）通过认证头（AH）提供无连接的数据完整性和数据源验证、数据加密性保护和抗重发攻击服务
   D. 当 IPSec 处于传输模式时，报文不仅在主机到网关之间的通路上进行加密，而且在发送方和接收方之间的所有通路上都要加密

3. IPSec VPN 安全技术没有用到（　　）。
   A. 隧道技术　　　　　　　　　　B. 加密技术
   C. 入侵检测技术　　　　　　　　D. 身份验证技术

4. IPSec VPN 是（　　）VPN 协议标准。
   A. 第一层　　　　B. 第二层　　　　C. 第三层　　　　D. 第四层

5. IPSec 在通信开始之前，先在两个 VPN 节点或网关之间建立（　　）。
   A. IP 地址　　　　B. 安全联盟　　　　C. 协议类型　　　　D. 连接

6. 实现 VPN 的关键技术主要有隧道技术、加解密技术、（　　）和身份验证技术。
   A. 入侵检测技术　　　　　　　　B. 病毒防治技术
   C. 安全审计技术　　　　　　　　D. 密钥管理技术

7. 如果需要在传输层实现 VPN，可选的协议是（　　）。
   A. L2TP　　　　B. PPTP　　　　C. TLS　　　　D. IPSec

8. AH 协议不具有（　　）功能。
   A. 数据加密　　　B. 完整性保护　　　C. 防重放　　　D. 数据源验证

9. ESP 协议具有（　　）功能。
   A. 数据加密　　　B. 完整性保护　　　C. 防重放　　　D. 数据源验证

10. IKE 工作过程分为（　　）个阶段。
    A. 1　　　　　B. 2　　　　　C. 3　　　　　D. 4

二、填空题

1. IPSec 的密钥管理包括密钥的确定和分发，IPSec 支持＿＿＿＿＿和＿＿＿＿＿两种密钥管理方式。

2. IPSec 是 IETF 以 RFC 形式公布的一组安全协议集，它包括 AH 与 ESP 两个安全机制，其中＿＿＿＿＿不支持保密服务。

三、简答题

1. 常见的 VPN 隧道协议有哪些？
2. VPN 技术的优势有哪些？

四、操作题

实现基于 Windows 的 VPN 通信。

参 考 文 献

[1] 刘士贤.网络设备配置与管理项目教程[M].北京：机械工业出版社,2013.

[2] 姚奇富,马华林.中小型网络安全管理与维护[M].北京：中国水利水电出版社,2012.

[3] 思科网络技术学院.CCNA 安全[M].3 版.北京：人民邮电出版社,2015.

[4] 汪双顶,余明辉.网络组建与维护技术[M].2 版.北京：人民邮电出版社,2014.

[5] 杨波.Kali Linux 渗透测试技术详解[M].北京：清华大学出版社,2015.

[6] 李源.系统防护、网络安全与黑客攻防实用宝典[M].北京：中国铁道出版社,2015.

[7] 天河文化.最新黑客攻防从入门到精通[M].北京：机械工业出版社,2015.

[8] 九天科技.黑客攻防从新手到高手[M].北京：中国铁道出版社,2013.

[9] 科教工作室.黑客攻防实战必备[M].北京：清华大学出版社,2012.

[10] 杨功元,窦琨,马国泰.Packet Tracer 实用指南及实验实训教程[M].北京：电子工业出版社,2012.

[11] 王隆杰,梁广民,韦凯.网络攻防案例教程[M].北京：高等教育出版社,2016.

[12] 石淑华,池瑞楠.计算机网络安全技术[M].4 版.北京：人民邮电出版社,2016.

[13] 汪双顶,杨剑涛,余波.计算机网络安全技术[M].北京：电子工业出版社,2015.

[14] 汪双顶,陆沁.计算机网络安全[M].北京：人民邮电出版社,2016.

[15] 杨文虎,刘志杰,平寒,等.网络安全技术与实训[M].3 版.北京：人民邮电出版社,2014.

[16] 杨云,汪辉进.Windows Server 2012 网络操作系统项目教程[M].4 版.北京：人民邮电出版社,2016.

[17] 杨云,张菁.Linux 网络操作系统项目教程(RHEL 6.4/CentOS 6.4)[M].2 版.北京：人民邮电出版社,2016.

[18] 李世明.跟阿铭学 Linux[M].北京：人民邮电出版社,2014.